普通高等教育"十五"国家级规划教材

水 灾 害

河海大学　徐向阳　主编

中国水利水电出版社
www.waterpub.com.cn

内 容 提 要

本书为普通高等教育"十五"国家级规划教材。全书系统地分析了江河洪水、山洪、涝渍、干旱、风暴潮、灾害性海浪、泥石流、水生态环境恶化等水灾害的主要成因、形成过程及时空分布特征，评估了水灾害对生态环境的影响和对人类社会的危害，并提出了相应的防治对策及措施。

本书是高等学校水文与水资源工程本科专业规范的核心课程教材，也可作为水利、地理、环境、土木专业的相关教材，或供从事水灾害防治工作的技术人员参考。

图书在版编目（CIP）数据

　水灾害/ 徐向阳主编. —北京：中国水利水电出版社，
2006（2025.3 重印）.
　普通高等教育"十五"国家级规划教材
　ISBN 978 - 7 - 5084 - 3758 - 3

　Ⅰ. 水⋯　Ⅱ. 徐⋯　Ⅲ. 水灾—高等学校—教材
　Ⅳ. P426.616

　中国版本图书馆 CIP 数据核字（2006）第 042169 号

书　　名	普通高等教育"十五"国家级规划教材 **水灾害**
作　　者	河海大学　　徐向阳　主编
出版发行	中国水利水电出版社 （北京市海淀区玉渊潭南路 1 号 D 座　100038） 网址：www. waterpub. com. cn E - mail：sales@mwr. gov. cn 电话：（010）68545888（营销中心）
经　　售	北京科水图书销售有限公司 电话：（010）68545874、63202643 全国各地新华书店和相关出版物销售网点
排　　版	中国水利水电出版社微机排版中心
印　　刷	清淞永业（天津）印刷有限公司
规　　格	184mm×260mm　16 开本　13.25 印张　314 千字
版　　次	2006 年 5 月第 1 版　2025 年 3 月第 5 次印刷
印　　数	8501—10500 册
定　　价	**39.00 元**

出 版 说 明

为了贯彻落实教育部《关于"十五"期间普通高等教育教材建设与改革的意见》（教高［2001］1号文件），制订好普通高等教育"十五"教材规划，教育部高等教育司于2001年8月向有关部委与高校发出《关于申报普通高等教育"十五"国家级教材规划选题的通知》。受水利部人事劳动教育司委托，高等学校水利学科教学指导委员会在刚刚完成第五轮教材建设规划的基础上组织了"十五"国家级规划教材的申报工作。经过广泛发动，积极申报，水利学科教学指导委员会与各专业教学组根据前四轮教材的使用情况、第五轮教材的建设规划以及近几年教学内容课程体系改革所取得的成绩与经验，对申报教材进行了认真的审核，并经水利部人事劳动教育司的同意，向教育部高等教育司推荐了30种教材（其中CAI、多媒体课件3种）。2002年5月教育部印发了《普通高等教育"十五"国家级教材规划选题》，水利学科共有23种（其中包括高职高专教材8种）教材入选。

在列入规划的教材中，除一部分是质量较高、在教学中反映较好的修订教材外，更多的是反映教学内容课程体系改革成果、在内容和体系上有明显特色的新教材，还有3种是经多次使用修改，教学效果较好的CAI、多媒体教材。每种规划教材的作者均是经过各专业教学组认真遴选与推荐的，他们不仅具有丰富的教学经验和较深厚的学术造诣，而且近几年活跃在教学、教改第一线，这为保证规划教材的高质量提供了最重要的条件。

一部优秀教材在保证教学质量上所起的作用是众所周知的。一部优秀教材的产生，除了需要作者的精心编著，更需要使用者将教学实践中所取得的经验及时地反馈给作者，以便在修订再版时精益求精。因此，我们不仅推荐各院校水利类专业积极选用合适的规划教材，更希望在使用后能将有关的意见与建议告诉作者。经过作者与使用者的共同努力，出版若干种水利类的精品教材是完全可能的。

高等学校水利学科教学指导委员会

2004 年 7 月

前　言

自古至今，水灾害一直是人类面临的最严重自然灾害之一。千百年来，水灾害吞噬了亿万人民的生命，造成了巨大的财产损失，严重制约着社会的发展。因此，战胜水灾害一直是人们梦寐以求的期盼。

近代科学技术的进步和经济的迅猛发展，极大地增强了人类改造自然与抗御灾害的能力，给人类社会带来空前的繁荣，"人定胜天"曾经是一个值得我们自豪的口号。但是，在与自然的长期争斗中，人们逐渐开始认识到水灾害是无法根本消除的，它可能会与我们长久地共生共存。因此，人类不能总想战胜自然，而是要认识自然，学会与自然和谐相处，只有科学地了解灾害、正确地面对灾害，才能抵御灾害、降低灾害对人类社会所造成的后果。如果对灾害没有清楚的认识，采取了错误的行为，反而可能对人类社会造成更大的危害。

以往对水灾害的研究侧重于水灾害形成的自然因素，即水灾害的形成机制、变化规律和时空危险性。自20世纪80年代以来，水灾害的社会属性逐渐引起人们的普遍关注，人们开始重视探讨人类社会与水灾害的相互关系，尤其是研究人类行为和社会活动对水灾害形成、发展及后果的影响，为正确有效地防治水灾害奠定了科学基础。

本书是在总结国内外水灾害的众多实践经验和研究成果的基础上编写的，主要针对常遇的水灾害，包括江河洪水、山洪、涝渍、干旱、风暴潮、海浪、泥石流、水生态环境的灾害，研究水灾害的自然属性和社会属性，系统地分析这些灾害的主要成因、形成机理及时空分布特征，评估它们对生态环境的影响和对人类社会的危害，提出可行的防治对策及措施，尤其是非工程性防治措施。书中分析了人类社会活动与水灾害发生和发展造成的影响之间的相互关系，强调了控制人类的不当行为，以降低水灾害发生的风险及其造成的损害。

全书共分为8章。其中，第一、四、六章由徐向阳编写；第二章由刘俊编写；第三章由王栋编写；第五章由李国芳编写；第七章由徐慧编写；第八章由姜翠玲编写。全书由徐向阳统稿，南京大学周寅康教授主审。

本书是普通高等教育"十五"国家级规划教材，主要适用于水利、地理、环境等相关专业，也可供从事水灾害防治工作的工程技术人员参考。本书具有较强的专业性，要求学员必须具备地理、气象、水文、环境、农业等学科的一些基本知识。

本书在编写过程中，参考了不少单位和个人的相关专著、教材、文章、文献等资料，同时本书的出版还得到河海大学"211工程"项目的资助，编者在此一并表示感谢。

编　者

2005 年 12 月 31 日

目　　录

第一章

绪　论

第一节　人类面临的水灾害

自然灾害系指由于某种不可控制或未能预料的破坏性因素的作用，对人类生存发展及其所依存的环境造成严重危害的非常事件和现象。自然灾害是人类面临的最重大问题之一，是制约社会和经济可持续发展的重要因素。因此，减轻自然灾害的影响已成为各国政府和科学家共同关心的问题。而在各类重大自然灾害中，水灾害是影响最广、死亡人数最多的灾害。据统计，在世界范围内每年因水灾害造成的损失占各种自然灾害总损失的比例达55%之多。

一、我国的水灾害

我国地处中纬度，东濒太平洋，西有"世界屋脊"之称的青藏高原，南北国土跨纬度近50°。由西向东似三级阶梯，从高原到洼地海拔差5000多米。全国境内高原面积占26%，山地占33%，盆地占19%，平原占12%，丘陵占10%。气候差异大，地势复杂，是我国致灾因素和灾种多的主要原因。我国人口13多亿，占世界人口总数的22%，而耕地面积只占世界耕地面积的7%，由于我国土地资源紧张，经济密度在地理上分布很不平衡，所以对水灾害更为敏感，防灾抗灾能力大受影响，易产生巨大灾害损失。水灾害不仅是影响我国最广泛的严重自然灾害，也是我国经济建设、社会稳定敏感度最大的自然灾害。据历史记载，我国自公元前206年到公元1949年的2155年间，发生过较大的水灾1029次，较严重的旱灾1056次。据1949年以后的统计资料，全国平均每年水旱灾的受灾面积约3000万km²，其中减产三成以上的成灾面积平均每年约1300万km²。20世纪90年代以来，平均每年约3亿多人受灾，因灾死亡6000多人，直接经济损失超过1500亿元。例如，1998年的大洪水，全国共有29个省（自治区、直辖市）遭受了不同程度的洪涝灾害，受灾面积2220万km²，成灾面积约1380万km²，死亡4150人，倒塌房屋785万间，直接经济损失约2500亿元。

二、常见的水灾害类型

根据长期统计分析，危害我国的水灾害种类很多，其中危害最大、范围最广、持续时间较长的是干旱、洪水、涝渍、风暴潮及灾害性海浪、泥石流、水生态环境灾害。

干旱是大气运动异常造成长时期、大范围无降水或降水偏少的自然现象。干旱造成空气干燥、土壤缺水、江河断流、禾苗干枯、供水短缺等灾害。

洪水是暴雨、冰雪急剧融化等自然因素或水库垮坝等人为因素引起的江河湖库水量迅速增加或水位急剧上涨，对人民生命财产造成危害的现象。山洪也是洪水的一类，特指发生在山区溪沟中的快速、强大的地表径流现象，特点是流速快，历时短，暴涨暴落，冲刷力与破坏力强，往往携带大量泥沙的地表径流。

涝是指过多雨水受地形、地貌、土壤阻滞，造成大量积水和径流，淹没低洼地造成的灾害；渍是因地下水位过高或连续阴雨致使土壤过湿而危害作物正常生长的灾害。涝渍是我国东部、南部湿润地带最常见的水灾害。每年由南向北，自 4 月份起至 10 月份止。

风暴潮是由台风和温带气旋在近海岸造成的严重海洋灾害。巨浪是指海上波高达 6m 以上引起灾害的海浪。它主要对海洋工程、海岸工程、航海、海上施工、海上军事活动、渔业等构成灾害性威胁。

泥石流是山区特有的一种自然地质现象。它是由于降水（暴雨、冰雪融化水）产生在沟谷或山坡上的一种挟带大量泥砂、石块和巨砾等固体物质的特殊洪流，是高浓度的固体和液体的混合颗粒流。泥石流经常瞬间爆发，突发性强，来势凶猛，且具有强大的能量，破坏性极大，是山区最严重的自然灾害。

水生态环境主要是指影响人类社会生存和发展并以水为核心的各种天然的和经过人工改造的自然因素所形成的有机统一体。由于自然和人为的各种因素交互作用，水生态环境影响人类社会的生存与长远发展。当水生态环境体系受到破坏，水生态和水资源的社会、经济功能就会受到影响，从而造成灾害。

第二节　水灾害的属性

人类的生存发展需要适宜的自然条件和环境，人类的生存和发展就是通过生产劳动等实践活动改变自然界，对自然界的运动和变化产生影响的过程。其中，有些影响是积极的，有利于人类的生存和发展；有些影响是消极的，危害人类的生存和发展。因此，灾害是一种自然与社会综合体，是自然系统与人类物质文化系统相互作用的产物，具有自然和社会的双重属性。

一、自然属性

地球表层由各种固体、液体和气体组成，形成了岩石（土壤）圈、水圈、气圈和生物圈。它们在地球和天体的作用和影响下，时时刻刻都在不停地运动变化，发生物理、化学、生物变化，并且相互作用和影响。绝大多数灾害都是在这些圈层的物理、化学和生物作用下直接造成的。水灾害是以气圈、水圈、土圈为主产生的灾害，如洪灾、涝灾、潮灾、旱灾、泥石流灾等。

水灾害产生的自然因素及其作用机制很复杂。虽然不同的灾害都有导致其产生的主要因素，但一般来说不是某种因素单独作用的结果，而是多种因素综合作用的产物。每个圈都有多种自然因素相互作用和影响。

水灾害是相对人类而言的，在人类生存的地区，均有可能发生水灾害，这就是灾害的普遍性。造成水灾害的原因很多，但在所有致灾原因中，自然因素占主导位置。即使人为原因造成的水灾害，也是先由自然因素形成灾源，继而爆发灾害的。我国水灾害种类繁多，发生频度高，致灾的自然因素十分复杂。从宇宙系统看，太阳、月亮、地球的活动都与水灾害有关，其中与地球有关的重要因素包括地形、地势、地质、地理位置、大气运动和植被分布等。

我国位于北半球，处于欧亚大陆的东部，濒临太平洋，大陆海岸线 18000km。全国地形呈西高东低向大洋倾斜的走势，十分有利于热带气旋的影响和侵扰。热带气旋的主要生成地区集中于菲律宾东侧洋面和南海中北部海面。由于西北太平洋是全球热带气旋发生次数最多的海域，而我国不仅地处西北太平洋的西北方，而且地势向海洋倾斜，没有屏障，成为世界上受台风袭击次数最多的国家之一。此外，我国大部分江河入海口为喇叭状，潮水溯河而上可达几十公里。台风登陆或在近海形成的风暴潮，也因我国向海倾斜的地势及漫长的海岸线而使致灾几率和强度加大。

我国的国土辽阔，地理位置特殊，处于副热带高压和极地高压、西风带与季风带以及大陆性气候与海洋性气候的交汇地带。冬季极地冷气团聚集于西伯利亚，经常由此向南入侵我国，不仅能在我国北方造成寒潮，而且常能南达江浙。影响我国的另一个天气系统是副热带高压，在各类地形地貌作用下，我国降水量时空分布极不均匀。每年 6～9 月份将全年降水量的 60%～80% 带入我国，在一个地区形成洪涝灾害的同时，又使另一地区在旱灾的控制之下。由大气环流因素造成的灾害损失，占我国各种灾害总损失的 50% 以上。

我国的地貌差异较大，地形多种多样，错综复杂，境内高山大川众多，湖泊盆地星罗棋布。我国山地、高原、丘陵约占国土总面积的 2/3，有世界上最高的山脉喜马拉雅山和青藏高原。这种地形地势使发源于高原山区的江河与中下游之间高差甚大，造成地面和河床坡降较陡，降雨、融雪后汇流速度快，易短期形成洪峰。我国洪水的这种突发性强、水量集中、冲刷破坏力大的特点，是造成山洪分布广、发生频次高的主要原因。此外，我国江河突发洪峰凭借地势梯度的高差流向平原，使洪水的破坏力加大，危害更加严重。此外，我国具有易形成滑坡、泥石流的地层，如粘土层、红色砂页岩层、杂色粘土层、千枚岩层、片岩层、煤系地层、松散的第四纪沉积物及风化层，在川滇地区、四川盆地、甘肃、陕西、青海、山西等地均有分布。当这类地层遇上山洪骤发，就会形成滑坡、泥石流等灾害。

二、社会属性

现代社会中，除自然原因外，人类不当的或缺乏必要保护措施的开发活动，对河流会构成直接的威胁。人类是生物圈中的主宰，不仅要依靠自身，而且要利用整个自然界壮大自身的能量，改变自然界，创造人为世界。但是，人类虽然可以改变自然界的面貌，却无法根本改变自然界的运行规律。由于人类改造和干预自然界的行为存在盲目性，违反了自然规律，激化了自然界内部的矛盾和自然界同人类的矛盾，反过来也对人类自身产生危害。

随着科技和工业文明的发展、人口的膨胀，造成水灾害的人为因素不断增加。中华人民共和国成立后人口由 4.5 亿增至 13 多亿，社会财富增长加上人对自然界的干预和影响加深，使资源和生态环境遭到破坏，灾害发生的危险和可能产生的损失都大大增加了。例如，盲目砍伐森林，不合理的筑坝拦水、围垦，跨流域调水、引水灌溉和开采地下水等都有可能带来负面影响，造成水土流失、生态环境恶化、河道淤积、水体调蓄能力降低、地面沉降和海水入侵、灌区次生盐碱化、河川径流减少甚至断流、河道淤积萎缩、湿地缩小、河口水生态环境恶化、生物多样性减少等恶劣后果。在我国，有很长一段时间，人们对保护水环境意识淡薄，走了一条"先发展经济，后治理环境"的路子，留下了许多后遗症。我国工业企业的废污水排放量很大，而且大部分未经处理直接排入江河湖库等水体，使得不少支流小河变成了排污沟，很多大江大河出现了严重的岸边污染带。这带来了严重的生态与环境问题，加剧了一些地区和城市的缺水程度，甚至出现缺乏安全饮用水的危机。可以说，今天绝大多数的水灾害都有或轻或重的人为因素，其中，水土流失、水质恶化、水生态系统破坏等水灾害主要就是人为灾害。

我们赖以生存的自然界，是由生物群落和地理环境相互作用构成的一个系统，这个系统便是我们生存的生态环境。当人为因素在自然力能够限定的条件下时，生态环境的内在净化、平衡机制是和谐的。所谓生态环境因素引发的灾害，通常是人为因素或地理条件，通过引起气候、土壤、生物条件的变化，影响和干扰大自然的链状循环系统，破坏其平衡功能而形成的灾害。其中，为害最深、历时最久的是水土流失。据有关资料表明，现今世界每天水土流失 800 万 t，我国每天水土流失就达 137 万 t，约占世界水土流失总量的 17%。全年水土流失总量达 50 亿 t，相当于毁地 100 万 hm²。其中黄海与长江入海泥沙每年为 20 多亿 t。水土流失淤积河床，形成黄河那样高出地面 4~12m 的"悬河"；淤积水库，每年仅陕、晋两省的水库淤积沙就达 1.3 亿 m³，相当于损失一个大型水库；抬高湖底，削弱湖泊蓄水分洪能力。凡此种种，其结果使暴雨形成洪水的峰量大大提高，洪涝损失加大。突发性水土流失灾害，还能酿成泥石流、崩岗侵蚀和滑坡。

从生态学的角度看，若不受大自然的限制，就可能打破自然平衡，造成某种灾害。人是有理性和智慧的动物，他在追求自身目的的时候，能够通过不断的努力，寻求不同的方式，采用不同的手段来摆脱自然的限制。不仅如此，人还能在摆脱这种限制的过程中，不断选择、改造、调节和影响自然环境。这种选择、改造、调节和影响自然环境的行为，不能不破坏自然界业已形成的秩序。从大量已发生的灾害中我们可以看到，在现代社会里技术越先进，越创新，造成灾害后其影响的广度、波及的深度、危害的强度和灾害周期的长度就越突出。如果说水土流失灾害需要一定的时间才能形成的话，那么，现代化生产可以在极短的时间内，通过污染环境来危害人类，酿成灾害。

现在，同一等级的灾害，由于工业企业密度增加和农业单产的大幅度提高，灾害程度要比过去严重得多。乡镇企业的迅速发展，同级洪水，过去淹没的只是民房，而今天受灾的是企业，其经济损失自然比过去严重得多，水利工程也是如此，一旦工程失事，其损失将远远超过未建工程之前。因此，把国民经济增长、城市发展及人口控制与水、土资源的负荷能力与代谢功能很好地协调起来，制定有利于区域可持续发展的最佳开发模式，无疑是防治水灾害的一项紧迫的任务。

江 河 洪 水

第一节　洪水灾害及其时空分布

洪水是由于暴雨、融雪、水库垮坝等引起江河流量迅速增加、水位急剧上涨的自然现象。洪水是自然环境系统变化的产物，其发生和发展受自然环境系统的作用和制约，影响洪水特性的主要自然因素有流域气候条件，地形、地质、地貌等。洪水虽然是一种自然现象，但洪水能否成为灾害与人类社会经济活动有密切关系，只有当洪水威胁到人类安全和影响社会经济活动并造成损失时才能成为洪水灾害，洪水灾害是自然因素和社会因素综合作用的结果。

一、洪水灾情概述

（一）世界洪灾情况

在世界陆地总面积中，河流流域面积占 86.4％。全世界集水面积超过 100 万 km² 的大河共有 19 条，其中 7 条在欧亚大陆，5 条在非洲，北美、南美洲各为 4 条和 3 条。河流与人类的生存和发展关系非常密切，她哺育了人类，为人类文明做出了贡献。但是，江河洪水也常常给人类带来巨大的灾难和痛苦。

美国国土面积为 936 万 km²，百年一遇洪水位以下洪泛区面积为 54 万 km²，占全国总面积的 5.8％。有 1880 万人口处于洪水威胁之中，占全国人口的 8.7％。洪灾所造成的经济损失，1957 年为 15.96 亿美元，1966 年 17.37 亿美元，1980 年 24.39 亿美元，2000年 35.36 亿美元。1993 年，密西西比河发生了 20 世纪北美洲最大的洪水，肆虐美国中西部的 9 个州，造成直接经济损失 150 亿美元，死亡 50 人，数以百计的堤防决口，数千人无家可归。

日本洪泛区面积为 3.8 万 km²，占国土面积的 10％，洪泛区人口占全国总人口的50％，财产占全国的 75％。据统计，在 1946～1976 年间，平均每年洪灾损失 5300 万美元。在 1960 年前每年水灾死亡 2000 多人，1960 年后为 200～500 人。

印度面积 326 万 km²，其中 1/8 面积经常受洪水威胁，每年有大约 370 万 km² 土地被淹。1953～1960 年平均每年洪灾损失为 63 亿卢比，1961～1970 年均为 96 亿卢比，1971～1980 年均 139 亿卢比，而 1998 年洪灾损失为 463 亿卢比。

在欧洲中部及东部地区，2002 年夏天发生的特大暴雨和洪水。德国受灾人口超过 400万，几十万人被迫转移，直接经济损失 150 亿欧元；俄罗斯南部黑海地区，18 座城镇受灾，2.1 万座房屋被淹，3 万多人被围困，至少 58 人死亡，数十人失踪，经济损失超过

10 亿卢布；捷克伏尔塔瓦河水暴涨，引发了 175 年以来最严重的洪灾，20 万人疏散，布拉格等 5 个受灾严重地区宣布进入紧急状态；在瑞士中西部，连日的暴雨引发的洪水造成 4 人死亡，3 人失踪，经济损失达 16 亿美元；罗马尼亚有 32 人死亡，3 人失踪，2000 所房屋被洪水毁坏；在匈牙利首都布达佩斯，多瑙河水位为 30 多年的最高值。

（二）我国的洪灾情况

洪水灾害历来是我国最严重的自然灾害之一，历史上有关水灾的文字记载可以追溯到 4000 年之前。据不完全统计，公元前 206 至 1949 年的 2155 年间，我国共发生可查考的洪灾 1092 次，平均每两年发生一次。自春秋战国到建国前的 2000 多年中，黄河决口泛滥 1590 次，重大改道 26 次，涉及范围北抵天津，南达江淮，纵横 28 万 km^2；长江发生特大洪水 200 余次，平均每 10 年一次。

我国七大江河 20 世纪上半叶大洪水频发。长江中下游 1931～1949 年仅 19 年间，荆江地区被淹 5 次，汉江中下游被淹 11 次；黄河下游自 1900～1951 年间决口 13 次；淮河中下游是两年一小水，3 年一大水，其中 1921 年、1931 年洪水尤其严重；松辽流域平均每 2～3 年发生一次洪水；海河自 1910～1949 年间发生较大洪水 7 次，平均 5.5 年一次。中华人民共和国成立后，经过 50 余年的江河治理，"大雨大灾，小雨小灾"的局面已经得到很大的改变，主要江河常遇洪水基本得到控制，洪灾发生频次显著下降。但是由于人口剧增、水土资源的不合理开发、经济发展和江河自然演变，又产生了许多新的问题，遇到特大洪水，灾害依然十分严重。据统计，1950～2000 年全国因洪涝灾害累计受灾 47800 万 hm^2，倒塌房屋 1.1 亿间，死亡 26.3 万人。随着我国经济的迅速发展，20 世纪 90 年代由于水灾造成经济损失显著增加（表 2-1），年平均直接经济损失 1214 亿元，约占同期 GDP 的 2.3%，远远高于西方发达国家的水平（例如，美国为同期 GDP 的 0.1%，日本为同期 GDP 的 0.3%）。

表 2-1　　　　　　　中国 20 世纪 90 年代洪涝灾害经济损失情况

年度	经济损失（亿元）	占 GDP（%）	年度	经济损失（亿元）	占 GDP（%）
1990	239.0	1.29	1996	2208.4	3.25
1991	779.4	3.61	1997	930.1	1.25
1992	412.4	1.55	1998	2550.9	3.26
1993	641.7	1.85	1999	930.2	1.13
1994	1796.5	3.84	平均	1214.2	2.30
1995	1653.3	2.83			

1. 1954 年长江流域特大洪灾

1954 年 5～7 月初，长江出现百年罕见的流域性特大洪水，其特点是雨季来得早，暴雨过程频繁，持续时间长，降雨强度大，笼罩面积广。四川盆地雨季提前两个月，汉水中游提前一个月，而两湖流域却延长了一个月。长江干、支流洪水遭遇，长江流域出现了罕见的全江型特大洪水，从枝城至镇江河段最高水位均超过了有记录的最高洪水位。长江干堤和汉江下游堤防溃口 61 处，扒口 13 处，支堤、民堤溃口无数。由于中华人民共和国成立后，加高了长江堤防，开辟了荆江分洪区，又及时采取了临时分洪的应急措施，保住了荆江大堤等重要堤段和武汉等重要城市，但仍然造成了巨大的经济损失和人员伤亡。长江中下游有 123 个县市受灾，受灾人口 1888 万，死亡 3.3 万人，淹没农田 317 万 hm^2，损毁房屋 427.6 万间，京广铁路近百日不能正常运行。

2. 1975 年淮河流域特大洪灾

1975 年 8 月 2 日西太平洋上形成的台风在福建登陆后，变为热带低压深入到河南中部及湖北西部停滞，5、6、7 三日发生连续暴雨，降雨量超过 1000mm 的面积达 1480km^2，暴雨中心林庄最大 24h 降雨量达 1060.3mm，造成淮河支流汝河、沙颍河水系发生我国历史上罕见的特大暴雨洪水。老王坡、泥河洼等滞洪区漫决，沙颍、洪汝河漫溢决口。板桥、石漫滩两座大型水库 8 日垮坝失事，溃坝最大流量 78800m^3/s，形成高 5～9m 的洪水波冲向下游。另外还有 2 座中型、44 座小型水库失事。流域下游河堤决口 2180 处，总长 810km。河南省 29 县市、110 万 hm^2 农田被淹，其中 70 万 hm^2 遭到毁灭性破坏；受灾人口 1100 万，8.56 万人死亡；毁房 560 万间；京广铁路被冲毁 102km，中断行车达 18d 之久。

3. 1991 年江淮特大洪灾

1991 年江淮地区提早一个月进入梅雨季，自 5 月中旬开始大面积降雨，一直持续到 7 月上旬。5 月份淮河水系平均降雨 176mm，是常年的 2.1 倍。6 月 28 日～7 月 11 日，淮河两岸雨量大于 400mm 的面积有 49490km^2，暴雨中心吴店最大一日降雨 273mm，最大三日降雨 536mm，频率分别为百年和千年一遇。由于长期暴雨，引起江湖水位猛涨，为缓解汛情，淮河先后开放 14 个行洪区和 3 个蓄洪区，同时梅山、响洪甸等水库超汛限高度运用，在采取这些措施后，正阳关和蚌埠洪峰水位分别为 26.51m 和 21.98m，相应流量为 7450m^3/s 和 7860m^3/s，居中华人民共和国成立以来第二位。6 月 11 日～7 月 16 日，进入太湖水量达 49.5 亿 m^3，经采取多种排水措施后，湖区存蓄水量仍达 31.3 亿 m^3，导致湖区平均高水位达 4.79m，高出历史最高平均水位 0.14m。这次大洪水，造成淮河及太湖流域受灾耕地 590 万 hm^2，损失粮食 74.2 亿 kg，2 万多家工矿企业停产，津浦、淮南、淮阜等铁路干线几度中断，直接经济损失 453 亿元。

4. 1998 年长江流域特大洪灾

1998 年长江大洪水，仅次于 1954 年，为 20 世纪第二位全流域型洪水。长江干流宜昌先后出现 8 次洪峰，中下游干流沙市—螺山、武穴—九江河段以及洞庭湖、鄱阳湖水位多次突破历史最高记录。干流荆江河段洪水位超过 1954 年最高洪水位 0.55～1.25m，时间长达 40 多天。8 月 7 日 13 时左右，长江九江段决堤 30m 左右。长江下游和洞庭湖、鄱阳湖共溃垸 1075 个，淹没总面积达 32.1 万 hm^2，耕地 19.7 万 hm^2，涉及人口 229 万人，共死亡 1562 人。

二、洪水灾害的影响

（一）洪灾对国民经济各部门的影响

1. 对农业的影响

洪水灾害常常造成大面积农田受淹，作物减产甚至绝收。在 1950～2000 年的 51 年中，全国平均每年农田受灾面积 937 万 hm^2，成灾 523 万 hm^2。其中 1954 年、1956 年、

1963 年、1964 年、1985 年、1991 年、1994 年、1998 年都是洪水灾害比较严重的年份，农田受灾面积均在 1400 万 hm² 以上。

1949～1993 年期间，全国粮食总产量平均年增长率为 3.43%，但历年增长率的变化很不稳定，遇到严重洪水灾害，粮食总产量的增长率就会出现下降。例如 1954 年遭受大范围水灾，全国农田受灾面积 1613.1 万 hm²，成灾面积 1130.5 万 hm²，该年粮食增长率为 1.61%，远远低于 1949～1952 年间的平均增长率 13.2%；1991 年也是水灾比较严重的年份，全国农田受灾面积 2459.6 万 hm²，成灾面积 1461.4 万 hm²，粮食总产量的增长率为 -2.45%，远低于 1990 年增长率 9.49%。虽然造成农业减产的因素是多方面的，但洪水灾害是重要原因之一。

农业是国民经济的基础，粮食产量增长率制约着国民生产总值增长率。洪水灾害对农业的影响主要在当年，而农业对国民经济其他部门的影响，不仅在当年，还可能滞后一年甚至几年。如 1954 年受洪水灾害影响粮、棉、油料减产，影响了 1955 年国民经济的发展，在江苏、湖北等省，由于严重洪水灾害迫使部分工业停产，尤其是轻纺工业，1955 年较 1954 年棉纱减产 14%，棉布减产 16%。

2. 对交通运输业的影响

铁路是国民经济的动脉，随着国民经济的不断发展，铁路所担负的运输任务越来越繁重，但是每年洪水灾害对铁路正常运输和行车安全构成了很大威胁。我国七大江河中下游地区的许多铁路干线，如京广、京沪、京九、陇海和沪杭甬等重要干线，每年汛期常处于洪水的威胁之下。全国受洪水威胁的铁路干线超过 10000km。据统计，1980～1995 年，暴雨洪水引起全国铁路运行中断 2553 次，中断时间累计 38799h，平均每年分别为 170 次和 2587h，经济损失达到 10 亿元。特大洪灾对铁路的破坏尤其严重，如 1954 年江淮河流域大水造成京广铁路中断 100d；1958 年黄河大水造成京广铁路中断 14d；1963 年海河大水造成京广、石德、石太铁路分别中断 27d、48d 和 11d；1981 年 7 月四川洪灾造成成昆、成渝、宝成线中断行车 10～20d。

我国公路网络里程长，洪水对公路的破坏更加严重。例如，1963 年海河大水冲毁河北省保定、石家庄、邯郸等地公路 6700km，1981 年四川洪灾造成全省 80 条公路干线和 48 条县级以上交通线中断，1985 年辽河大水造成 9 条国家级公路中断或勉强维持通车。随着公路建设迅速发展，水毁公路里程也成倍增加，据四川、黑龙江省以及黄河、淮河流域资料统计，20 世纪 80 年代每年平均水毁公路的里程，相当于 50～80 年代平均数的 3 倍以上。

3. 对城市和工业的影响

我国大中城市基本上是沿江河分布，地势平坦，又多位于季风区域，极易遭受洪水的侵袭。城市是地区政治、经济和文化中心，人口集中，资产密度高，目前我国工业产值中约有 80% 集中在城市，一旦遭受洪水袭击，损失较为严重。例如，1931 年长江大洪水，汉口被淹没 100d，市区最大水深 6m，78 万人受灾，3.26 万人死亡。1960 年太子河洪水，本溪市淹水面积 7.9km²，死亡 1064 人，全市停水停电，交通中断，直接经济损失 3 亿元，相当于该市全年工业生产值的 1/4。1983 年汉江上游发生大洪水，洪水位高出安康城堤 1.5m，安康老城主要街道水深 7～8m，9 万人受灾，死亡 870 余人，直接经济损失 5.1

亿元。1998 年长江大洪水,九江城区因长江干堤溃口而部分被淹,全市直接经济损失 114 亿元。1999 年太湖流域发生特大洪水,全流域洪灾损失 131 亿元,其中城市洪灾损失占 50% 以上。浙江省 20 世纪 90 年代城市洪灾损失总额达 600 亿元,占到全省洪灾损失总量 的 60%,相当于浙江省国内生产总值 1/10 左右。

（二）洪灾对社会的影响

1. 人口死亡

洪水灾害对社会生活的影响,首先表现为人口的大量死亡。我国历史上每发生一次大 的水灾,都有严重的人口死亡的情况发生。从 20 世纪 30 年代几次重大水灾来看,死亡人 数是很惊人的。1931 年发生全国范围大水灾,灾情最重的湘、鄂、鲁、豫、皖、苏、浙 等江淮 8 省,死亡人数达 40 万人;1932 年松花江大水,仅哈尔滨市就死亡 2 万多人,相 当于当时全市总人口数的 7%;1935 年长江中游大水,死亡 14.2 万人;1938 年黄河花 园口人为决口,死亡 89 万人。这里还没有计及因水灾造成疫病饥馑等间接死亡的人 数。人口的大量死亡,不仅给人们心理造成巨大创伤,而且给社会生产力带来严重的 破坏。

中华人民共和国成立以后,因水灾死亡的人数大幅度下降,但遇到特大洪水,灾害仍 然是很严重的。例如,1954 年长江特大洪水死亡 3 万余人;1975 年河南特大洪水,死亡 8.56 万人。据统计,1950～1990 年间,全国洪灾累计死亡人数达 225500 余人,平均每年 死亡 5500 人。

2. 灾民的流移

洪灾对社会生活影响的另一个方面是人口的流徙,造成了社会的动荡不安。在历史 上,严重的水灾对人口的伤亡、社会经济的破坏,其惨烈程度往往是难以想象的,水灾对 生产、生活的破坏,不是短期内可以恢复的。

以 20 世纪几次大水灾为例,1915 年珠江大水,两广灾民 600 余万;1931 年全国性大 水灾,仅江淮 8 省灾民达 5100 余万,大量农村人口流离失所,据调查,湘、鄂、赣、皖、 苏各省农村人口每 1000 人中离村的平均有 125 人;1939 年海河大水,灾民 900 余万。大 量灾民成群结队逃荒流移,无所栖止,求食困难,使社会处于动荡不安状态。即使到现 代,水灾对社会的冲击依然是严重的。1991 年华东地区大水灾,灾情最重的淮河、太湖 流域有 156 县（市）的 6858 万人受灾,房屋倒塌 214 万间;1994 年我国南北相继发生大 洪水,受灾较重的辽宁、河北、浙江、福建、江西、湖南、广东、广西 8 省（自治区）受 灾人口达 1.39 亿,倒塌房屋 271 万间。国家需要安置巨大数量的灾民,帮助其重建家园, 恢复生产。

3. 疫病

水灾和疫病常有因果的关系,水灾之后瘟疫流行是常有的事。水灾具有伴生性的特 点,水灾发生后会导致一连串的次生灾害,疫病即是其中一个方面。水灾造成瘟疫的暴发 和蔓延,给社会带来的冲击和影响,更甚于水灾本身。如 1860 年浙江淫雨为灾,嘉兴、 湖州两府大疫,死者无数;与此同时毗邻的江苏苏南一带也发生了瘟疫,无锡"农历五、 六、七三个月疫气盛行、死亡相藉";常熟"时疫又兴死亡相继至七月十死二三";吴县一 带"秋冬大疫死者甚众"。疫区主要在浙北苏南一带。1861 年安徽春夏淫雨为灾,徽州、安庆暴发瘟疫，安庆"染疫而死亡者十之八九"。

随着社会的发展，科学技术的进步，防洪水平的不断提高，疫病等灾情已可以得到有效控制，但是洪水造成的铁路、交通、输电、通信等线路设施的破坏，直接影响社会的正常生产和生活秩序。

（三）洪灾对环境的影响

1. 对生态环境的破坏

洪水对生态环境的破坏，最主要的是水土流失问题。至 2000 年，全国水土流失面积 356 万 km²，约占国土面积的 37%，每年土壤流失量约 50 亿 t，大量泥沙淤积在河、湖、水库中，同时带走大量氮、磷、钾等养分。水土流失不仅严重制约着山丘区农业生产的发展，而且给国土整治、江河治理以及保持良好生态环境带来困难。国际上普遍认为每年冲蚀表土 2cm 时即为灾害性水土流失。我国北方黄土高原严重的水土流失区，每年冲蚀表土近 10cm。南方花岗岩或沙页岩分布地区，土层薄，水土流失后果比北方地区更为严重。部分坡耕地，受雨水冲击，岩石裸露，土地石化，不能耕作，同时大量石英砂或岩屑冲进水稻田，使有限的可耕地被迫弃耕且很难恢复。四川省万县地区自 20 世纪 50 年代以来，"石化"面积每年扩大 2500hm²，毕节地区"石化"面积已达到耕地面积的 13%，湖北省秭归、贵州省清镇等县每年增加"石化"面积达 300～400hm²。如果发生特大暴雨洪水，水土流失更加严重。1981 年 7 月四川省暴雨洪水，全省受冲刷的坡耕地约 667 万 hm²，乐至县全县约有 160hm² 坡耕地被冲刷成了基岩裸露的光板山。

2. 对耕地的破坏

洪水灾害对耕地的破坏，从水利的角度看，一是水冲沙压，毁坏农田。如 1963 年海河大水，因水冲沙压而失去耕作条件的农田达 13 余万 hm²。黄河决口泛滥对土地的破坏更为严重。每次黄河泛滥决口，大量泥沙覆盖沿河两岸富饶土地，导致大片农田被毁。二是洪涝灾害加剧盐碱地的发展。洪水泛滥以后，土壤经大水浸渍，地下水位抬高，其中所含大部碱性物质被分解，随着强烈蒸发，大量盐分被带到地表，使土壤盐碱化，对农业生产和生活环境带来严重危害。滨海地区还会因为海水入侵造成土地卤化，大片农田变为不毛之地。若无丰富淡水的冲洗，单靠自然降水脱盐，须经 10 年以上才可能重新进行耕作。据调查，山东省胶东地区因盐碱抛荒的耕地有 40 万 hm²。

3. 对河流水系的破坏

河流与人类的关系极为密切，在航运、灌溉、发电、行洪、水产养殖和旅游等方面有着重要的意义。

我国河流普遍多沙，洪水决口泛滥，泥沙淤塞，对河道功能的破坏极其严重，尤其是黄河泛滥改道，对水系的破坏范围极广，影响深远。

黄河多次决口改道，使华北平原北至海河、南至淮河水系都受其影响，凡黄河流经的故道都将过去的湖泊洼地淤成高于附近地面的沙岗、沙岭，使黄淮海平原水系紊乱，出路不畅，成为洪水灾害频发的根源。

4. 对水环境的污染

洪水泛滥还会引起水环境的污染，包括病菌蔓延和有毒物质扩散，直接危及人们的健康。洪水泛滥，使垃圾、污水、人畜粪便、动物尸体漂流漫溢，河流、池塘、井水都会受到病菌、虫卵的污染，导致多种疾病暴发，严重危害人们身体健康。大水期间水质会受到严重污染，如1991年大水，据无锡市饮用水质化验，大肠杆菌比洪水前增加了10倍；安徽省农村的情况更为严重，在一些重灾区，细菌总数比标准饮用水高100倍，大肠杆菌比标准饮用水高700倍以上。

当一些城镇、厂矿遭到洪水淹没后，一些有毒重金属和其他化学污染物被大量扩散，对水质产生污染。如1981年四川省洪灾，仅据绵阳、内江、重庆、南充、成都、永川等6个地市统计，被洪水冲走的有毒、有害物质就达60余种，数量达3550t；重庆东风化工厂，含铬废渣被洪水浸泡后，浸出大量高浓度的含铬废水，含铬量超过地表水水质标准200多倍。

三、主要江河洪水特性

中国幅员辽阔、地形复杂、跨多个气候带，各地河流特性差别较大，洪水特性也有显著的不同。

长江洪水主要由暴雨形成，主汛期为5～9月。洞庭湖、鄱阳湖水系洪水多发生于5～7月，金沙江和长江上游北岸支流洪水发生时间为6～9月。长江上游干流洪水发生时间为7～9月，中下游干流为5～10月。长江洪水峰高量大，历时长，上游一次洪水过程短则7～10d，长的可达一月以上；中下游由于众多支流汇入，常形成多峰洪水，持续30～60d。一旦上游洪水提前或中下游洪水延后，上游洪水就可能与中下游洪水遭遇，形成全流域的大洪水。

黄河洪水主要由暴雨和冰凌形成。2～3月上游发生凌汛；暴雨洪水多发生在7～10月，是黄河的主汛期。黄河上游洪水过程平缓，含沙量小，洪水历时40d左右；中游洪水主要来源于河口镇—龙门区间、龙门—三门峡区间及三门峡—花园口区间；下游洪水主要来自中下游地区，含沙量大、水少沙多、水沙异源、水沙过程不同步以及年际变化大，使黄河防洪具有特殊难度。近年来，由于持续来水偏少，河道主槽淤积萎缩严重，平滩流量下降，部分河段甚至形成了"二级悬河"，一旦发生特大洪水，有导致黄河大堤出现溃决的危险。

淮河流域洪水发生时间集中在5～9月。大范围连续多次暴雨可形成历时达2个月以上的流域型洪水；而由台风或涡切变天气系统暴雨则可形成的局地性洪水，且洪峰流量很大，部分山区河流洪峰流量创下了全国同样汇流面积实测最大洪峰流量的记录。淮河水系为非对称的羽状河流，来自淮南山区的暴雨洪水源短流急，暴涨暴落，而来自北部平原支流的洪水在比降平缓的中游河段相继汇入，干支流洪水相互顶托影响，作用关系十分复杂。13～19世纪黄河夺淮期间，大量泥沙淤积在淮河下游，使淮河丧失了自己的入海通道，在淮河平原洼地上蓄积成洪泽、高邮等湖泊后，被迫向南汇入了长江。而在干流中游入洪泽湖的河段甚至形成了倒比降，使得中游洪水消退缓慢，汛期长时间处于高水行洪状态，不得不沿河设置大量行洪区与蓄洪区以分滞大量的洪水。

海河洪水来自夏季暴雨，可分南系洪水和北系洪水，南系洪水主要来源于太行山区，北系洪水主要来源于燕山山区。海河洪水发生时间主要集中在7～8月份，洪水季节在七大江河中最为集中。洪水源短流急，洪量集中。洪水洪峰流量量级和洪水年际变化大。

辽河暴雨洪水多出现在7～8月份，其主要支流大都流经山丘地区，集水面积小，流程短，洪水一般为陡涨陡落，一次洪水过程一般不超过 7d，最长为半个月左右。辽河洪水年际变化大，仅次于海河洪水。

松花江的暴雨洪水多发生在 7～9 月，干流洪水涨落缓慢，洪水过程持续时间长，一次洪水过程历时可达 90d 甚至更长。哈尔滨以上干流大洪水主要来自于嫩江和第二松花江，干流下游大洪水则是由干流上游洪水和支流呼兰河、牡丹江或汤旺河洪水遭遇形成。

珠江流域的洪水主要由暴雨形成，4～7 月份为前汛期，主要是大气环流热带季风影响的结果；8～9 月份为后汛期，主要由热带风暴和台风形成。洪水峰高量大，历时长。

太湖流域汛期为 5～9 月，其洪水可分两类：一类是梅雨型洪水，发生在 5～7 月，洪水历时长、范围广、洪量大，可影响全流域；另一类为台风暴雨型，出现在 7～9 月，洪水历时短，范围相对小，多为地区性洪水，但降雨强度大，局部灾害严重。由于太湖流域大部分区域为平原水网区，往往具有洪涝不分的特点。

我国东南部沿海还有许多独流入海的中小河流，河流比降大、源短流急、洪水暴涨暴落。西北地区一些内陆河流，包括季节性河流，行洪能力较弱，一旦遭遇暴雨就会洪水泛滥。

四、洪灾的时空分布

（一）灾情的地区分布

根据 1950～1990 年全国水灾灾情统计资料，对农田受灾、成灾面积、房屋倒塌数量和水灾直接死亡人口数等各项灾情的地区分布，作简要分析。

1. 农田受灾（成灾）面积地区分布

按全国 30 个省（自治区、直辖市）统计（台湾省缺），全国每年农田受灾面积平均为 780.4 万 hm²，成灾面积 430.8 万 hm²，成灾率 55.2%。以各省（自治区、直辖市）受灾面积占全国总受灾面积的百分率来看，最高的是河南省，占全国农田受灾面积总数的 12%，其次是安徽省，占 11%，江苏省占 8.7%，居第 3 位。

2. 房屋倒塌数量的地区分布

房屋倒塌和损坏在水灾损失中占相当大的比重。通过典型调查统计，洪灾直接经济损失中，房屋倒塌约占 20%～40%。1950～1990 年全国累计水毁房屋 7800 万间，平均每年倒塌房屋约 190 万间。从全国来看，房屋倒塌主要分布在平原地区，七大江河下游平原（海拔高程 200m 以下）房屋倒塌的数量占全国总数的 3/5，山区、丘陵区占 2/5。

3. 死亡人口数的地区分布

在 1949 年之前，因水灾死亡的人口是十分惨重的。中华人民共和国成立以后，水灾死亡人数大幅度下降，1950～1990 年的 41 年中，全国累计死亡 225517 人，死亡人数超过 1000 人的水灾有 10 次，这 10 次总死亡人数为 82102 人（表 2-2）。水灾造成的人员伤亡，很大程度上集中在几次不可抗御的特大洪水。我国地域辽阔，有多种类型的洪水，每年都不可避免会发生人员伤亡。如果扣除以上 4 次特别严重的水灾，在一般情况下，每年平均死亡人数为 3753 人。从地区分布看，水灾导致的人口伤亡，主要发生在山丘区，据近 41 年资料分析，死亡人数中，山丘区占 67.4%，平原区占 32.6%。

表 2 - 2　　　　　　　　1950～1990 年死亡人数 1000 人以上的大水灾

序号	洪 水 时 间	死亡人数（人）	受 灾 地 区
1	1951 年 8 月辽河洪水	3100	辽宁省
2	1954 年江淮洪水	35099	湘、鄂、赣、苏、鲁、豫、皖、陕等 8 省
3	1956 年 8 月浙江风暴潮	4925	浙江省
4	1957 年 7 月沂、沭、泗洪水	1070	山东省、江苏省
5	1960 年 8 月浑河、太子河地区洪水	2414	辽宁省、吉林省
6	1961 年 8 月徒骇、马颊河洪水	1160	鲁北
7	1963 年 8 月海河洪水	5616	河北省、河南省、天津市
8	1969 年 7 月长江中、下游洪水	1655	湖北省、安徽省
9	1975 年 8 月淮河上游洪水	26000	河南省
10	1983 年 8 月汉江上游洪水	1063	陕西省
	合　计	82102	

（二）洪灾频率地区分布

全国每年都会遇到不同程度的洪水灾害，但各地洪灾发生的频率是不同的。洪灾频率地区之间的变化与自然条件、社会经济状况关系密切，地区之间的变化有一定规律。根据 1840～1949 年全国各地水灾的记载资料，对洪灾频率地区分布进行分析。

（1）洪灾常发区主要分布在东部平原丘陵区，其位置大致从辽东半岛、辽河中下游平原并沿燕山、太行山、伏牛山、巫山到雪峰山等一系列山脉以东地区，这一地区处于我国主要江河中下游，地势平衍，河道比较平缓，人口、耕地集中，受台风、梅雨锋影响，暴雨频繁、强度大，在多种因素共同影响下，常常发生大面积洪水灾害，洪灾频率一般都在 10% 以上。除东部平原丘陵区外，西部四川盆地、汉中盆地和渭河平原，也是洪灾常发区。

（2）在东部洪灾常发区中，洪灾频率也不相同，其中有 7 个主要频发区，其位置自北往南依次为：辽河中下游、海河北部平原、鲁北徒骇马颊河地区、鲁西及卫河下游、淮北及里下河地区、长江中游（汉江平原、洞庭湖区、鄱阳湖区以及沿江一带）、珠江三角洲，这 7 个地区洪灾频率均在 20% 以上。上述 7 个洪灾频发区的形成有历史原因，也有地理上的条件，一个共同的特点是它们都位于湖泊周边低洼地和江河入海口区。其中海河下游、淮北部分地区和洞庭湖区为全国洪灾频率最高的地区，洪灾频率高于 33%，为洪灾高发区。

（3）中部高原地区除了若干山间盆地洪灾频率比较高以外，大部分地区属于洪灾低发区或少发区，山陕高原、内蒙古高原一般洪灾频率都低于 5%，只有少数暴雨中心地区频率在 5% 以上，这是因为该地区洪灾主要是由局地性暴雨形成的，影响范围小，对整个高原地区而言，这类局地性暴雨年年都会遇到，甚至一年之内可以出现多次，而对于某一具体地点（县、市范围内）遭遇的机会不是很多。云贵高原也是如此，灾害性洪水的范围大多是局地性的。东北地处边陲，地广人稀，除嫩江、松花江沿江地带为洪灾低发区外，大部分地区为洪灾少发区，其频率在 5% 以下。

随着我国城乡结构的变化，洪水灾害在城乡间的分布也发生了变化。直到 20 世纪 60

～70年代，我国作为农业大国，农业在国民经济中一直占据较大的比重，粮食生产在国民经济中有举足轻重的作用，因此，洪水灾害损失的主要部分为农作物损失。之后，我国城市化发展速度较快，截止到2003年，我国城市人口已达5.4亿人，城市化率已达到40.6%，我国城市GDP占全社会GDP的60%～70%，由于我国城市大多具有防洪任务，而相对于城市化速度，我国的城市防洪安全建设相对滞后，因此，城市洪灾经济损失越来越突出。1991～1998年间，进水受淹的县级以上城市约有700座（次）。

（三）洪灾的时间分布

集中性和阶段性是我国洪灾时间分布上的两个重要特点。

1. 集中性

暴雨洪水量级年际之间的变化极不稳定，常遇洪水与稀遇的特大洪水，其量级往往差别悬殊。大江大河少数特大洪水所造成的灾害，在洪灾总损失中占有很大比重。如1950～1990年期间，全国水灾累计死亡人数225517人，其中1954年、1956年、1963年、1975年这4年死亡人数累计93217人，占41年全国水灾总死亡人数的41.3%；因水灾倒塌房屋的情况也是这样，倒塌的数量很大程度上集中在几场大水灾，上述4个年份倒塌房屋的数量占全国41年倒塌房屋总数的45.6%。所以洪灾损失虽然年年都有，但主要集中在几个特大水灾年。

2. 阶段性

洪灾的阶段性，是指在全国范围内，连续一个时期水灾频繁、灾情严重，而另一个时期风调雨顺或者水灾较轻，在时序分布上二者呈阶段性交替出现。从洪灾历年变化情况来看（图2-1），重灾年和轻灾年连续分布的特点很明显。如果将受灾县（市）数分阶段加以平均（图中虚线所示），不难看出，在110年期间，重灾期和轻灾期交替出现，时序分布呈周期性的变化。自1846～1945年有5个完整的准周期，周期长度最长的25年，最短的15年。

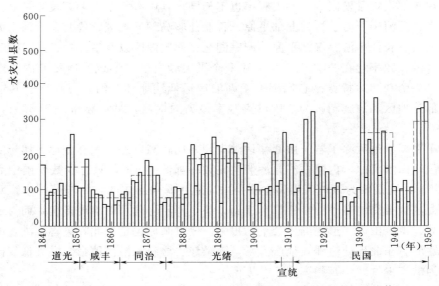

图2-1　1840～1949年全国水灾县数时序变化（虚线为阶段平均值）

1950 年以来，全国水灾灾情历年变化也反映了这种阶段性特征。1954～1964 年是水灾比较频繁的时期，长江、淮河、黄河、海河、松花江、辽河等流域都发生了中华人民共和国成立以来最大的洪水，全国每年平均农田受灾面积 1007.4 万 hm²；1965～1979 年，七大江河水势比较平稳，没有发生大面积水灾，是水灾比较轻的一个时期，全国每年平均农田受灾面积 482.5 万 hm²；1980 年以后水灾又趋频繁，1980～1990 年期间，平均每年农田受灾面积 1005 万 hm²。1990 年后接连出现大范围的洪水，如 1991 年江淮大水、1994 年珠江大水、1996 年长江大水、1998 年珠江、长江和松花江大水、1999 年太湖大水等。

第二节　洪灾的成因

洪水现象是自然系统活动的结果，洪水灾害则是由自然系统和社会经济系统共同作用形成的，是自然界的洪水作用于人类社会的产物，是自然与人之间关系的表现。产生洪水的自然因素是形成洪水灾害的主要根源，但洪水灾害不断加重却是社会经济发展的结果。我国的自然生态环境因自然结构和地理特点决定了其具有先天脆弱性，同时人类社会经济系统对灾害承受和调整能力较低，只注重经济发展规模和速度，忽视防洪减灾和生态环境保护，致使我国成为世界上洪水灾害最为严重的国家之一。因此，应从自然因素和社会经济因素两个方面对我国洪水灾害的成因加以分析。

一、影响洪灾的自然因素

我国地域辽阔，各地洪水情况千差万别。有些地区洪水频繁发生，有些地区洪水很少，还有些地区根本没有洪水；有些季节洪水严重，有些季节不发生洪水；有些地区洪水历时长、范围广，有些地区则历时短、范围小；有些地区是暴雨引起洪水，有些地区是其他成因的洪水灾害。为了从成因上阐明我国不同地区、不同河流的洪水规律和防洪形势，有必要分析我国洪水形成的自然地理背景，主要是气候和地貌等。

（一）气候

我国国土面积约为 960 万 km²，国境东西相距约 5200km，南北相距达 5500km，大部分地区处于中纬度地带，欧亚大陆的东部，太平洋西岸，西南距印度洋很近。青藏高原隆起于西南部，境内多山，地势分布趋势为西高东低。这样的幅员、地理位置和地形背景，决定了我国气候的基本格局：东部广大地区属季风气候；西北部深居内陆，属干旱气候；青藏高原则属高寒气候。

影响洪水形成及洪水特性的气候要素中，最重要、最直接的是降水；对于冰凌洪水、融雪洪水、冰川洪水及冻土区洪水来说，气温也是重要要素。其他气候要素，如蒸发、风等也有一定影响。降水、气温情况，都深受季风的进退活动的影响。

1. 季风气候的特点

我国的地理位置处于中纬度和大陆东岸，受到青藏高原的影响，季风气候异常发达。季风气候的特征，主要表现为冬夏盛行风向有显著变化，随着季风的进退，降雨有明显季节变化。在我国冬季盛行来自大陆的偏北气流，气候干冷，降水很少，形成旱季；夏季与冬季相反，盛行来自海洋的偏南气流，气候湿热多雨，形成雨季。我国广大地区冬干夏湿，降雨主要集中在夏季。

随着季风进退，雨带出现和雨量的大小有明显季节变化。受季风控制的我国广大地区，当夏季风前缘到达某地时，这里的雨季也就开始，往往形成大的雨带；当夏季风南退，这一地区雨季也随之结束。季风进退同主要雨带的季节性位移关系密切。

我国夏季风主要有东南季风和西南季风两类。大致以东经105°～110°为界，其东主要受东南季风影响，一般每年4、5月华南夏季风盛行，6月中下旬北移至长江流域，7月中下旬又北移至华北和东北地区。8月底、9月初夏季风开始南撤，约经一个月退出我国大陆。与之相应，华南地区4月开始进入雨季，长江流域和华北地区分别在6月上旬和7月上旬开始多雨。东经105°～110°以西主要受西南季风影响，5月下旬西南季风突然爆发北进，西藏东部、四川西部和云南等地降水迅速增加，一直到10月份西南季风撤退，雨季才结束。雨季连续最大4个月雨量一般是当地全年降水总量的60%～80%。南岭以南地区也会受到西南季风的影响。

随着季风的进退，盛行的气团在不同季节中产生了各种天气现象，其中与洪水关系最密切的梅雨和台风。

（1）梅雨　梅雨是指长江中下游地区和淮河流域每年6月上中旬至7月上中旬的大范围降水天气。一般是间有暴雨的连续性降水，形成持久的阴雨天气。梅雨开始与结束的早晚，降水多少，直接影响当年洪水的大小。例如，1931年、1954年、1991年的江淮特大洪水，就是梅雨来临早、结束迟、雨期长、降水多造成的。有的年份，江淮流域在6～7月间基本没有出现雨季，或者雨期过短，称为"空梅"，将造成严重干旱。

（2）台风　每年6～10月，由我国东南低纬度海洋形成的热带气旋北移，携带大量水汽途经太湖地区，造成台风型暴雨。根据1950～2000年在我国台风和热带风暴资料统计（表2-3），登陆台风和热带风暴具有明显的季节性特点，初始登陆时间平均为6月30日，最早在5月3日（1971年），最晚在8月3日（1975年）；末次登陆时间平均为10月8日，

表 2-3　　　　　　　　　1951～2000年各地各月台风和热带风暴登陆次数

登陆地点	5月	6月	7月	8月	9月	10月	11月	12月	全年	平均
广东	4	19	39	31	37	11	4	1	146	2.92
台湾	2	7	23	26	26		2		86	1.72
海南	3	7	12	15	21	12	4		74	1.48
福建		2	15	30	23	2			72	1.44
浙江			9	13	4	1			27	0.54
广西	2	3	3	2	5	1			16	0.32
山东			4	5					9	0.18
辽宁			1	5					6	0.12
江苏			1	2					3	0.06
上海			1	1	1				3	0.06
全国	11	38	108	130	117	27	10	1	442	8.84

最早在 8 月 29 日（1997 年），最晚在 12 月 2 日（1974 年）。7～9 月的登陆总数约占全年的 77％，为登陆的集中时段。台风和热带风暴登陆具有明显的地域性特点。东南沿海（桂、粤、琼、闽、台、浙）一带共登陆 421 次（包括首次登陆和再次登陆），占全国登陆总数的 95％，为登陆的集中区域。其中，登陆最多的是广东，其次是台湾，海南、福建分列第三、第四位。5～6 月，登陆地点只分布在华南沿海；7～8 月，扩大到全国沿海；9～10 月，收缩到长江口以南沿海；11 月，缩小到广东、海南、台湾三省；12 月，仅广东偶有登陆。

台风登陆后一般都要减弱，速度变慢，但大多数还能进入内陆，影响到江西、湖南、安徽、吉林、黑龙江、天津、河北、河南、湖北等省。例如，1992 年 16 号强热带风暴在福建登陆，很快变成低压北进，途经浙江、上海、江苏、山东、河北、天津等省（直辖市）造成了严重的风暴潮和洪水灾害。

2. 降水

降水是影响洪水的重要气候要素，尤其是暴雨和连续性降水。我国是一个暴雨洪水问题严重的国家。暴雨对于灾害性洪水的形成具有特殊重要的意义。

（1）年降水量地区分布　形成大气降水的水汽主要来自海洋水面蒸发。我国境内降水的水汽主要来自印度洋和太平洋，夏季风（包括东南季风和西南季风）的强弱对我国降水量的地区分布和季节变化有着重要影响。

我国多年平均年降水量地区分布的总趋势是：从东南沿海向西北内陆递减。400mm 等雨量线由大兴安岭西侧向西南延伸至我国和尼泊尔的边境。以此线为界，东部明显受季风影响，降水量多，属湿润地区；西部不受或受季风影响较小，降水稀少，属干旱地区。这一线与我国内陆河流域和外流河流域的分界线也大致相同。

在东部，降水量又有随纬度的增高而递减的趋势。东北和华北平原年降水量在 600mm 左右，其中高值区长白山区可达 1000mm；秦岭和淮河一带大约 800～900mm；长江中、下游干流以南年降水量在 1000mm 以上，其中山丘区为 1400～1800mm；东南沿海山区、台湾、海南岛东部及我国西南部分地区可超过 2000mm。台湾省东北部的火烧寮多年平均年降水量高达 6569mm，最高年（1912 年）降水量达 8409mm，均为全国最高记录。

在西部，除阿尔泰山、天山和祁连山等山地年降水量有 600～800mm，降水较多外，绝大部分地区在 200mm 以下，并向内陆盆地中心迅速减少。新疆塔里木盆地和青海柴达木盆地年降水量不足 25mm，吐鲁番盆地托克逊站，实测 21 年平均年降水量为 7.1mm，1968 年全年降水量仅 0.5mm，都是全国最小记录。

我国是一个多山的国家，各地降水量多少受地形的影响也很显著。这主要是因为山地对气流的抬升和阻障作用，使山地降水多于邻近平原、盆地，山岭多于谷地，迎风坡降水多于背风区。这类多雨中心区如浙闽交界处武夷山区、广东云开大山南坡、广西十万大山的东南坡、海南岛五指山东部、台湾山脉东部、四川峨眉山等。全国年降水量分布图上有一些明显的多雨中心和少雨中心。秦岭南坡年降水量较北坡要大 20％～40％，天山南北相差一倍，喜马拉雅山南北坡相差更为悬殊，横断山脉阻挡了来自印度洋的西南气流，西坡比东坡降水量大很多。在我国西南部高山峡谷地区，垂直气候显著，地形影响十分突出。青藏高原的屏障作用尤为明显，它阻挡了西南季风从印度洋带来的暖湿气流，造成高原北侧广大地区干旱少雨的气候。

（2）降水的年内分配　各地降水年内各季分配不均，绝大部分地区降水主要集中在夏季风盛行的雨季。各地雨季长短，因夏季风活动持续时间长短而异。在东南沿海的琼、桂、粤、闽、台等省区，夏季风开始较早，9、10月还有台风影响，雨季可长达7个月左右；西南地区降水受西南季风影响，雨季也较长，近半年之久；长江中、下游地区雨季一般开始于4月，长约5个月；淮河以北的华北和东北地区，6月开始进入雨季，8月雨季结束，雨季最短。

冬季我国降水较少，特别是北方地区在强大的西伯利亚高压控制下，气候干燥，降水尤少。因此，大部分地区积雪不多，春夏融雪洪水一般不大。降雪量在年降水量中所占比重最大是新疆北部的阿尔泰山区及准噶尔盆地西部山地。阿尔泰地区冬雪，时间从11月至次年3月，历时5个月，降雪量在山区平均约270mm，占年降水量46%；丘陵区约50mm，占35%；盆地30mm，约占23%。全国只有台湾东北一隅，冬季降水较多，12月至次年3月的4个月总雨量可占年降水量的一半。

我国降水年内分配高度集中，是造成防洪任务紧张的一个重要原因。根据对历年连续最大4个月降水量资料统计，江西大部、湖南东部、福建西部及南岭一带连续最大4个月降水量出现在3～6月，为全国雨季最早的地区。其周围地带则稍迟，出现在4～7月，西藏西南边境一带，海南岛东部及黄河流域的渭河一带出现在7～10月，是最晚的地区。新疆大部及青海、甘肃部分地区出现在5～8月。其他地区，也是全国大部地区，连续最大4个月降水量都出现在6～9月。

最大4个月降水量占全年降水量的百分率，最低的地区是新疆北部（受西风带影响较多）、西藏东南一隅及太湖和钱塘江一带，不超过50%；其次是淮河以南至南岭一带广大地区及琼、台的部分地区，不超过60%；最高的是华北平原、东北平原、内蒙古高原、西藏大部、新疆和青海的部分地区，均占80%以上；其他广大地区占60%～80%。我国（特别是北方）降水量年内分配的集中程度远远超过同纬度的欧洲各国。

降水强度对洪水的形成和特性具有重要意义。我国各地大的降水一般发生在雨季，往往一个月的降水量可占全年降水量的1/3，甚至超过一半，而一个月的降水量又往往由几次或一次大的降水过程所决定。在西北、华北等地这种情况尤为显著。东南沿海一带，最大强度的降水一般与台风影响有关。江淮梅雨期间，也常常出现暴雨和大暴雨。

3. 气温

气温对洪水最明显的影响主要表现在融雪洪水、冰凌洪水和冰川洪水的形成、分布和特性方面。另外，气温对蒸发影响很大，间接影响着暴雨洪水的产流量。

我国地域辽阔，所跨纬度大，境内多高山，致使南北温差很大，地形对气温分布影响显著。我国气温分布总的特点是：在东半部，自南向北气温逐渐降低；在西半部，地形影响超过了纬度影响，地势愈高气温愈低。气温的季节变化则深受季风进退活动的影响。

一般说，1月我国各地气温下降到最低值，可以代表我国冬季气温。1月平均0℃等温线大致东起淮河下游，经秦岭沿四川盆地西缘向南至金沙江，折向西至西藏东南隅。此线以北以西气温基本在0℃以下，愈向北温度愈低，大兴安岭北部多年平均1月气温为

－30℃，是全国最寒冷的地方。黑龙江省漠河气温曾降至－52.3℃（1969 年 2 月 13 日），为我国最低气温记录。有的年份，冬季强寒潮南下，除南海诸岛外，各地均可出现低温，华南可能结冰，甚至海南岛也曾出现过负气温。西部地区多高山和大高原，气候寒冷，高山积雪线 4000～5000m 以上有现代冰川；青藏高原分布有多年冻土。

1月份以后气温开始逐渐回升，4月平均气温除大兴安岭、阿尔泰山、天山和青藏高原部分地区外，由南到北都已先后上升到0℃以上，融冰、融雪相继发生。

（二）地貌

我国地貌十分复杂，地势多起伏，高原和山地面积比重很大，平原辽阔，对我国的气候特点、河流发育和江河洪水形成过程有着深刻的影响。

我国的地势总轮廓是西高东低，东西高差悬殊。高山、高原和大型内陆盆地主要位于西部，丘陵、平原以及较低的山地多见于东部。因而向东流入太平洋的河流多，流路长且水量大。

自西向东逐层下降的趋势，表现为地形上的三个台阶，称作"三个阶梯"：最高一级是青藏高原，海拔 4000～5000m，由高山、高原组成，有"世界屋脊"之称。高原南缘的喜马拉雅山，海拔平均在 6000m 以上，珠穆朗玛峰为世界第一高峰，其海拔 8848m，是来自印度洋暖湿气流的巨大障碍。青藏高原的外缘至大兴安岭、太行山、巫山和雪峰山之间，为第二级阶梯，主要是由以东的内蒙古高原、黄土高原、云贵高原、四川盆地和以北的塔里木盆地、准噶尔盆地等广阔的大高原和大盆地组成。最低的第三级阶梯是我国东部宽广的平原和丘陵地区，由东北平原、黄淮海平原（华北平原）、长江中下游平原等几乎相连的大平原和江南广大丘陵盆地，以及由北向南的长白山—千山山脉、山东低山丘陵及浙、闽、粤等近海山脉组成，是我国洪水泛滥危害最大的地区。第三级阶梯向东、向南延伸到海面以下，形成了我国宽广的大陆架。三个地形阶梯之间的隆起地带，是我国外流河的三个主要发源地带和著名的暴雨中心地带。

我国是一个多山的国家，山地面积约占全国面积的 33%，高原面积约占 26%，丘陵地区约占 10%，山间盆地约占 19%，平原仅占 12%，平原是全国防洪的重点所在。

我国山脉按其走向可分为东西走向、南北走向、北东走向和北西走向四大类。水汽输送受其影响，使我国降水分布形成大尺度带状特点。

（1）东西走向的山脉　主要有天山、阴山—燕山、昆仑山、秦岭—大别山、喜马拉雅山和南岭等，形成我国地理上几条重要分界线。天山是南疆和北疆的分界线，秦岭则是长江与黄河的分水岭，也是我国南方暖湿气候与北方干冷气候的分界线，南岭是长江与珠江的分水岭，也是华中与华南的分界线。

（2）南北走向的山脉　主要有贺兰山、六盘山和横断山脉等。贺兰山和六盘山阻碍夏季风西进，东侧降水明显多于西侧；横断山脉阻挡来自孟加拉湾的西南气流，西侧降水明显大于东侧。

（3）北东走向的山脉　主要有大兴安岭、太行山、雪峰山等，为地形第二阶梯与第三阶梯的分界线，这些山脉阻挡来自东南方的海洋暖湿气流，致使山脉两侧降水量相差悬殊。还有小兴安岭、长白山到鲁、浙、闽、粤沿海山脉一线，临近海洋，迎风坡使气流抬升，雨量增多，往往形成暴雨中心地区，成为暴雨洪水的重要源地。

（4）北西走向的山脉　主要有祁连山、阿尔泰山等。

除了上述宏观的地貌格局，影响我国洪水地区分布和形成过程的重要地貌特点还有黄土、岩溶、沙漠、冰川等。

我国境内的黄土大多分布在昆仑山、秦岭和大别山以北地区，可分为三个地段：青海湖和乌峭岭以西为西段，大兴安岭和太行山以东为东段，这两段之间是黄河中游流域为中段。中段是我国黄土分布最集中的地区，其分布面积广，厚度大，地势较高，称为黄土高原。黄土多而集中的地带，土层疏松、透水性强、抗蚀力差，植被缺乏，水流侵蚀严重，水土流失突出，洪水含沙量很高，甚至有些支流及沟道往往出现浓度很高的泥流。这是我国部分河流洪水的特点之一。

冰川是由积雪变质成冰并能缓慢运动的冰体。我国是世界上中低纬度山岳冰川最发达的国家之一。现代冰川分布南起云南玉龙雪山，北抵新疆阿尔泰山，西至帕米尔，东到四川松潘以东的雪宝顶，纵横我国西北、西南的甘、青、新、藏、川、滇 6 个省（自治区）的高山雪线以上地区。据截止到 1987 年的统计，我国冰川面积为 58651km²（其中约 61％分布在内陆河流域），居亚洲首位，年融水量 564 亿 m³，分布在内陆河的冰川年融水量为 236 亿 m³，占内陆河水资源总量的 24％。冰川径流是我国西部干旱地区的一种宝贵水资源，但有时也会形成洪水灾害。

二、影响洪灾的社会经济因素

洪水灾害的形成，自然条件是一个很重要的因素，但形成严重灾害则与社会经济条件密切相关。由于人口的急剧增长，水土资源过度的不合理开发，人类经济活动与洪水争夺空间的矛盾进一步突出，而管理工作相对薄弱，引起了许多新的问题，加剧了洪水灾害。

1. 水土流失加剧，江河湖库淤积严重

森林植被既可以减少蒸发、减少地表径流、增加降水，又可以截留降水、涵养水源、保持水土、改变局部地区的水分循环，从而调节气候。它既能防治洪水，又能防治干旱。森林被盲目砍伐，一方面导致暴雨之后不能蓄水于山上，使洪水峰高量大，增加了水灾的频率；另一方面增加了水土流失，使水库淤积，库容减少，也使下游河道淤积抬升，降低了调洪和排洪的能力。

据统计，1957 年我国长江流域森林覆盖率为 22％，水土流失面积为 36.38 万 km²，占流域面积的 20.2％，到 1986 年森林覆盖率减少了一半多，水土流失面积增加一倍，仅四川省的水土流失面积就超过了 20 世纪 50 年代长江流域水土流失面积的总和。黄河流域森林覆盖率更低，水土流失面积达 43 万 km²，大量泥沙源源不断地输往下游，平均每年有 4 亿 t 泥沙淤积在河道内。海河、淮河、黑龙江等流域植被破坏造成的水土流失也非常严重，河水含沙量不断增加，生态环境日益恶化。水土流失造成大量下泄泥沙淤塞江河湖泊、加高河床、缩小湖泊容积。根据洞庭湖的龟山、城陵矶两个水文站测得的数据，与 20 世纪 60 年代的情况相比，在相同的洪峰流量下，20 世纪 80 年代的水位要高出 2～3m，最大达 6m。1996 年、1998 年两年长江洪峰流量比 1954 年小，而水位却比 1954 年高出几十厘米以上。

2. 围垦江湖滩地，湖泊天然蓄洪作用衰减

我国东部平原人口密集，人多地少矛盾突出，河湖滩地的围垦在所难免。虽然江湖滩

地的围垦增加了耕地面积，在围垦后不太长的时期内即可成为国家商品粮、棉和副食品基地，但是任意扩大围垦使湖泊面积和数量急剧减少，降低了湖泊的天然调蓄作用。

中华人民共和国成立后，湖滩地的围垦速度和规模超过过去任何历史时期。据粗略统计，近 40 年来，湖南、湖北、江西、安徽、江苏 5 省围垦湖泊的面积在 12000km² 以上，相当于今洞庭湖面积的 4 倍多，因围垦而消亡的大小湖泊达 1100 个左右，其中对调蓄长江洪水起关键作用的通江湖泊围垦和淤积尤为严重。湖南省的洞庭湖，20 世纪 50 年代初期面积为 4350km²，因大量围垦，先后建起垦区面积在 100km² 的大皖有大通湖蓄洪垦殖区、西洞庭湖蓄洪垦殖区等 7 处，总计围垦区面积在 1500km² 以上，至 1977 年仅剩湖面 2740km²。

3. 人为设障阻碍河道行洪

河道是宣泄洪水的空间，河道内是不允许有阻碍行洪的障碍物存在的，《中华人民共和国水法》第二十四条明确规定："在江河、湖泊、水库、渠道内不得弃置、堆放阻碍行洪、航运的物体，不得种植阻碍行洪的林木和高秆作物。未经主管部门批准，不得在河床、河滩内修建建筑物。"但是随着人口增长和城乡经济发展，沿河城市、集镇、工矿企业不断增加和扩大，滥占行洪滩地，在行洪河道中修建码头、桥梁等各种阻水建筑物，一些工矿企业任意在河道内排灰排渣，严重阻碍河道正常排洪。武汉市江滩 20 世纪 70 年代以来被抢占了 184 万 m²，大量阻水建筑物抬高了长江水位，1980 年洪水最大流量比 1969 年小 2900m³/s，而最高洪水位却比 1969 年高出 0.57m，严重威胁武汉市安全。荆江分洪区在 1952 年新建时，区内只有 17 万人口，一次分洪只需安置移民 6 万人。现在区内共有 47 万人，固定资产 17 亿元，事实上很难继续启用。目前，与河争地、人为设障等现象仍在继续，据初步统计，目前主要江河滩地、行洪区居民约 400 万人，耕地约 93 万 hm²，不仅影响常遇洪水的正常下泄，滩区内数百万人的生命财产安全也存在很大风险。

4. 城市集镇发展带来的问题

近代以来城市集镇发展迅速。城市范围不断扩展，不透水地面持续增加。降雨后，地表径流汇流速度加快，径流系数增大，峰现时间提前，洪峰流量成倍增长。与此同时，城市的"热岛效应"使城区的暴雨频率与强度提高，加大了洪水成灾的可能。此外，城市集镇的发展使洪水环境发生了变化，城镇周边原有的湖泊、洼地、池塘、河沟不断被填平，对洪水的调蓄功能随之消失；城市集镇的发展，不断侵占泄洪河道、滩地，给河道设置层层卡口，行洪能力大为减弱，加剧了城市洪水灾害。城市人口密集，经济发达，洪水灾害的损失十分显著。

第三节　洪　灾　评　估

洪灾评估是对洪水灾害造成的损失进行调查统计，评估在不同情况下发生洪灾损失的价值。衡量洪灾的大小，不仅要掌握洪灾的范围和程度，还要评定洪灾对社会经济的影响，做出全面的定量分析。统计洪水灾害、进行洪灾评估在指导抗洪抢险和防洪规划建设中均有重要的意义。

一、洪灾统计

我国的洪水灾害有史以来多见诸文字记载，但是受历史条件的限制，史料的记载只给出了粗略的描述，没有定量统计。中华人民共和国成立以后，在水旱灾害统计方面，有了统一的部署和要求，规定每年上报农业受灾和成灾的耕地面积，按照农业减产三成以下为受灾，三成以上为成灾。从1949年至今每年都有水灾统计资料（1967～1969年缺）。回顾多年来的水灾统计工作，仍然存在统计项目不全面，偏重农业灾害，缺少公共和个体财产损失统计，统计制度不严格，统计结果准确性差的情况。

为了准确、及时、全面地反映我国洪灾造成的损失，为制定防洪、抗洪、抢险和救灾决策提供依据，需要加强对洪灾的预报、预防和评估工作。国家防汛抗旱总指挥部和国家统计局于1992年制定了洪灾统计报表制度，对于统计范围、内容、上报时间以及各项统计指标的解释都做出了明确规定，要求各有关部门积极配合做好洪灾统计工作，逐步实现正规化、规范化，使洪灾统计有了很大的进展，初步扭转了已往虚报、重报的现象，提高了洪灾统计的准确性。

二、洪灾评估系统

在"九五"期间，我国逐步建立了从中央到地方的洪灾评估系统。通过洪灾评估系统的建立和使用，对洪水灾害的损失情况做出真实、准确、科学的评估，提高了洪灾统计资料的应用价值。

洪灾评估对象主要是江河两岸、沿海地区、易受洪水灾害的蓄滞洪区和低洼易涝地区以及重点防洪、防台风城市等。对这些地区以往所发生的洪水灾害，造成的人员及生活设施、财富、农业生产、工矿企业、交通运输、通信、水利设施的损失价值进行调查统计，从而提供不同阶段的评估类型。

建立洪水灾情评估系统，是有效地进行防洪规划，抗灾减灾，灾后恢复的重要基础工作，按照灾情评估的目的和防洪阶段可以分为灾前、临灾和灾后三个不同的评估类型。

1. 灾前评估

灾前评估就是洪水灾害尚未发生之前，对可能发生的灾情进行评估，这类评估的目的和用途为：

（1）针对流域或城市防洪工程规划，按指定频率的设计暴雨过程或历史暴雨过程，分析得出可能发生的洪水过程及相应的经济损失、人员伤亡及社会影响，用来评估防洪规划的社会效益和经济效益。

（2）按流域或城市现有工程条件，按一定的防洪调度方案以及减灾措施，重演历史雨洪过程，或某种可能发生的恶劣暴雨过程，模拟可能产生的灾情后果，以检验调度方案及减灾措施的合理性和可靠性。

灾前评估可以为防灾救灾的准备工作提供依据，在进行灾前评估时重点考虑以下因素：

（1）未来的洪水灾害可能达到的强度和可能性。

（2）预评估地区历史上的洪水灾害发生的频率。

（3）灾区人口密度，经济发展水平。

（4）评估地区的防洪标准与灾害承受能力。

2. 临灾评估

通过水文和气象预报，确认洪水过程即将或已经发生时，针对决策人员所作出的各种防洪调度方案，抗灾减灾措施，及相应的洪水过程，进行洪灾损失评估，供防洪人员决策时对方案进行筛选。有助于防洪部门和地方政府了解可能的灾情后果，及时地进行救灾和灾后恢复工作。由于洪水灾情的突发性，临灾评估的要求是简捷快速。

3. 灾后评估

灾情基本稳定后，组织力量赴灾区进行实地调查评估，灾后评估需要对灾区经济损失进行分类、分项、分区，在选点、抽样和统计分析的基础上，提出洪水灾害的总评估。灾后评估主要是根据各部门提供的灾情资料，进行归类，分类统计分析洪水灾害的损失情况，并对各部门灾情资料进行分析鉴别，以增加灾情损失统计结果的可靠性。灾后评估的结果可作为有关部门救灾的主要依据和评价临灾评估结果可靠性的依据。

建立洪灾评估系统是一项新的工作，我国国土广阔，地区差别很大，以往的灾情统计不够规范，要做好评估工作，必须提高认识，加强基础工作，由点到面逐步推行。建立洪灾评估系统要做好以下几方面工作：

（1）做好洪灾评估试点　各省（自治区、直辖市）根据本地区洪水灾害的特点，全面安排，选出一条重点防洪河段和一座重点防洪城市作为洪灾评估试点。流域机构可选出一个重点防洪河段或一处蓄滞洪区作为洪灾评估试点。试点工作要在总结以往水灾统计资料的基础上，进行社会经济调查，研究各项财产损失的成因和增减规律，提出水灾评估试点报告，取得经验加以推广。

（2）完善洪灾统计指标　我国的洪灾统计报告，多年来沿用了一些传统的办法，存在着受灾项目不齐全，统计标准不统一，缺乏量化指标，准确性差的缺点。在建立洪灾评估系统时，首先要研究确定水灾所包括的基本内容，制定统一的水灾调查提纲，确定调查项目、内容、相关因素、影响程度，以及统计计算方法等。

（3）开展洪水风险分析工作　洪灾风险分析是指对造成洪水灾害的一些不利因素发生可能性的后果进行分析，进而制定洪灾风险图或提出各种洪灾模式，这是当前国内外研究未来不确定性灾害后果所采用的较全面的分析方法。如果有了某个地区或城市的洪水风险图或风险模式，就可以预先了解发生洪水的灾害范围、灾害频次、灾害程度等，有利于指导抗灾救灾和研究治理决策，为灾害评估打下基础。近几年浙江省防汛指挥部办公室开展了县级以上城市编制洪水风险图的工作，已有 27 个县市完成，占计划编制数的 60%，这些风险图在抗御洪水中取得了很好的经济效益。四川省防洪部门为吸取 1981 年特大洪水灾害教训，对全省 90 多个城市河段开展划定"三线"工作（即警戒水位线、保证水位线和江河管理范围线），对线内城镇建制、历史沿革、地理位置、社会经济概况以及历史洪水灾害等，都绘制成详细图表资料，形成了洪水风险图的雏形。

三、洪灾评估的具体内容

一般洪水灾害评估的具体内容包括这样几个方面：

（1）灾害影响的范围和强度。范围可用面积、数量表示；灾害强度可以定性为若干级，如特大、重大、大、中、小等。

（2）城市经济损失。按农业损失、工业损失、商业损失、居民损失、其他行业损失等分类统计，也可以分地区统计。

（3）城市生命线受害统计。所谓生命线系指交通系统、供电系统、供水系统、供气系统、邮电系统等，一般可按中断时间统计。

（4）人员伤亡数目。

（5）疾病及环境污染情况。

（6）社会影响。

经济损失评估是洪灾评估的主要内容，还存在生命损失、水源污染、疾病流行、社会不安定、生命线受损影响等无法用货币表示的无形损失。如果能将无形损失按某种指标转换成经济损失，更有助于各种方案、措施、决策的制定和分析。否则，在决策过程中须单列考虑。

洪水灾害所造成的经济损失包括直接损失和间接损失。直接损失主要是由于洪水直接淹没所造成的集体及个人财产的损失；间接损失指由于洪水期交通、电力中断，厂房、设备受损等造成的产品成本增加，停工、误工损失，以及合同无法按期完成的违约损失等，还包括防洪抢险、灾民撤离、疾病防治、灾后恢复等费用。

由于对间接损失的详细分析和精确估计是很困难的，一般是根据典型实例的调查结果或经验估计得出间接损失占直接损失的百分数作为间接洪灾损失估算的依据。

对于不同灾区，由于地形地貌、经济状况、季节、淹没程度（面积、水深、历时）、抢救措施的差别，洪灾损失是不同的，但对于某城市确定地区，洪灾损失的影响因素主要是淹没程度。如果资料充足，可以分区分类建立洪灾损失 S 与淹没历时 t 和淹没水深 h 之间的相关关系，如图 2-2 所示。

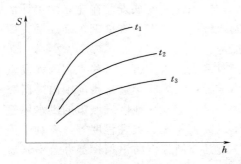

图 2-2　洪灾损失（S）—淹没历时（t）—淹没水深（h）的关系

在灾前和临灾损失评估中，一般都是以洪水严重程度分析计算经济损失。因此，灾情评估必须依靠合适的水文和水力学方法或模型进行模拟计算，才能得出可靠的结果。

洪水灾情评估系统可以与防洪决策支持系统联合应用，作为防洪抗灾决策的主要依据之一。评估系统包含大量的资料信息，需采用数据库按一定规格分类保存或调用。为了使洪水灾情评估系统和防洪决策支持系统在数据处理、图形表示、资料查询方面做到既直观、方便、简捷，又满足高精度、多目标及网络联接的要求，必须采用较好的微机软件开发平台。目前比较合适的是采用地理信息系统，具体功能和内容可参考有关计算机软件书籍。

第四节　防　洪　抢　险

防洪抢险是指汛期防洪工程设施发生危及工程安全的事态时所采取的紧急抢护措施。由于汛期各类水工建筑物在高水位、大流量的作用下，极易暴露出一些险情，而且演变过程极快，发展过程多半是急促短暂的，所以抢护工作刻不容缓。汛期防洪抢险工作的行动历来都强调一个"抢"字，多年来各地经验说明，如果抢之及时，方法合理，就能获得防洪全胜，否则可能会前功尽弃，甚至造成整个防洪体系的崩溃。

防洪工程设施种类繁多，设计条件和建筑材料多不相同，出险的情况也千差万别，所以防洪抢险所遇到的问题和应采取的措施也是多种多样的。多年来各地在实际防洪抢险中采取了很多好的抢护方法，取得许多宝贵经验。根据工程设施的基本要求、建筑材料性能和外部水力条件等，大致有以下几种主要的抢险原则和方法。

一、渗漏险情抢护

水工建筑物一般都有挡水束水的作用，在一定水位下容易发生渗漏险情。特别是堤防、土坝多为透水性材料筑成，平时就可能产生隐患，汛期在高水位作用下，更易发生渗漏险情。混凝土、圬工护岸、涵闸等也有渗漏问题，但多发生在基础或侧翼部分。渗漏险情抢护是防洪抢险的重点，现以堤防、土坝渗漏险情抢护为例加以介绍。

（一）渗漏险情的类别与特征

堤坝渗漏险情的不同类别及特征见表 2-4。

表 2-4　　　　　　　　　　渗漏险情的类别和特征

类别	特征
散浸	堤、坝背水坡及坡脚附近出现土体湿润或洇水发软，甚至有细流渗出。如果湿润位置过高有可能发展成脱坡
流土	土体在渗流的作用下，渗流渗透力超过覆盖土的有效压力，局部土体表面隆起、浮动或部分颗料块体同时起动而流失。堤、坝坡脚处的土体向上鼓起，经上下晃动有水析出，称之谓"牛皮涨"，也属于流土
管涌	土体中的细颗料在孔隙通道中发生移动并被水流带到土体以外，呈现冒水冒沙现象，形成"沙环"。冒水孔径小的如蚁穴，大的可达几十厘米，有的连成片。随着孔内土粒流失增多，逐渐贯穿成通道而成管涌。发生在水塘里的管涌，水面出现翻花壅水现象
漏洞	堤、坝背水坡或坡脚附近出现横贯堤坝本身或基础的渗水孔洞，或者是涵管、水闸与土体结合部位因集中渗流形成漏洞。漏洞流出的水体浑浊或由清变浑，或时清时浑，均表明漏洞正在扩大，险情发展严重

（二）渗漏的成因分析

土的渗透性通常是指水在土孔隙中流动的过程。堤、坝本身和地基，都具有一定的透水性，渗水现象是必然的，但是如超过正常渗水范围，就会引起堤坝土体强度减弱，外部变形和结构破坏，从而影响工程安全。如遇此种情形就要分析其原因，立即进行抢护。近些年来由于土力学的发展，可以从机理上对土的渗漏破坏成因进行分析、判别。例如分析研究土的渗透性与颗粒级配的关系，细粒含量的作用；无粘性土的抗渗强度等。掌握这些科研成果，对分析渗漏成因具有指导意义。但对大多数堤坝的土工资料比较欠缺，抢险时间紧迫，分析渗漏险情的成因仍然是从直观现象和以往的施工、管理经验方面查找。如果情况掌握准确，分析全面，也会准确地找出发生险情的原因。

1. 散浸

散浸指由于河水上涨，堤身泡水，背水堤坡或坡脚出现渗水。形成散浸主要原因是水位超过堤、坝设计标准且持续时间较长；堤、坝断面单薄；土质渗透性大又无截渗和控制渗流的设施;填筑质量差、夯压不实;堤、坝内有硬土块、冻土、砖石、树根等隐患;排水反滤失效等。

2. 管涌

管涌是堤、坝地基在较大渗透压力的作用下而产生的险情。管涌的主要成因是堤、坝地基内含较强的透水层;坡脚外因取土、开渠、钻探、基坑开挖等破坏了覆盖层;水闸、涵洞接触面填筑不实;截渗或排水设施失效;老决口口门;土层之间级配不规格。

3. 漏洞

漏洞是堤、坝内部的透水通道。形成漏洞的主要成因是堤、坝填筑质量差,如土料含沙量大,有机质多,有大土块夯压不实,分段填筑结合部位留有弱点;堤、坝内有蚁穴、獾洞、裂缝等隐患;堤坝留有抢险堵口的腐烂物;不均匀沉陷或地震引起的横向裂缝未彻底处理;涵管、输水洞、护岸等建筑物与堤、坝结合部位填筑不密实,截渗失效,形成集中渗水,带走颗粒,形成漏洞。

(三) 渗漏破坏的抢护方法

堤、坝渗漏抢护的原则是"临水坡截渗、背水坡导渗"。截渗就是封堵渗漏入口,截断渗漏途径。导渗是在下游采用滤水措施,在不带走土颗粒的情况下把水排走。各地抢护渗漏险情的办法,都是根据渗漏的原因、上述抢护原则和具体抢险条件,因地制宜分析确定的。常用的抢险方法有以下几种。

1. 临水面截渗

为减少堤坝的渗水量,降低浸润线,达到控制渗漏险情发展和稳定堤坝边坡的目的,凡发生渗漏现象的堤坝,均可做临水面截渗。截渗的方法有:

(1) 土工膜截渗 沿渗漏堤段的临水坡面用土工膜或土工膜和土工织物的合成体进行满铺,下部伸入坡脚外,上部超出最高水位。土工膜铺好后上面再用编织袋装土压实防冲。

(2) 抛粘土截渗 对堤身单薄,取土较容易的堤段,在临水堤、坝坡处由下而上向水中推抛渗透性小的土料,直至堤脚形成截渗前戗。当河道流速较大,土料易被冲走时,可在抛土前沿用土袋填砌防冲,或用排桩编柳防冲。当堤、坝临水较深时,可用船只投土料。

2. 背水坡导渗

通常采用反滤原理,降低土壤渗透压力,以稳定边坡。利用反滤层滤水减压,不允许被保护土体颗粒穿过反滤孔隙,使渗流进入反滤层后渗透压力降低。各地根据反滤的基本原理,按经验和当地的具体条件,创造出许多反滤导渗的抢险方法,实施中边抢护边观察,以渗出清水为准。反滤导渗按照其形式分为,反滤沟导渗、反滤层导渗和透水后戗,所用材料则有沙石反滤、柴草反滤以及无纺土工织物等。

(1) 反滤沟导渗 在堤坝背水坡发生大面积散浸和渗水部位,开挖"Y"字形或"人"字形纵横连通的导渗沟,沟内按反滤要求填铺沙石或粗细秸料或无纺土工织物等材料。把渗水集中在导渗沟,滤成清水排至坡脚以外。

(2) 反滤层导渗 对堤身断面单薄,开导渗沟有困难时,可在渗水堤坡及坡脚上满铺反滤层,在反滤层上部压块石或土袋保护。反滤层延至堤外并起镇脚作用。

（3）抢筑透水后戗　当堤坝渗水严重，并有流土、管涌现象，有必要加大堤身断面，以稳定堤坡，采用透水性大的砂料，填筑成后戗，戗顶高出浸润线逸出点，可取得稳定堤坡的效果。

3. 背水地面反滤压盖

堤坝和涵闸地基透水性强，当背水地面和涵闸下游出现翻砂、鼓水、管涌现象时，可采取反滤压盖的办法抢护。做法是在涌水涌沙严重的出口先铺填一层块石或土袋，然后在其上普遍压盖沙、石、反滤材料或无纺土工织物等材料，控制涌水带走土壤颗粒。对于渗水集中，范围小的管涌，可在周围先用土袋抢筑围井，井内填反滤材料，也可拦蓄一定水位，减小水头差，以制止渗透破坏，稳定管涌险情。

4. 抢堵漏洞

堤坝和涵闸等建筑物汛期发生漏洞，是最严重的险情，抢堵比较困难。一般漏洞险情发展较快，特别浑水漏洞，容易发展成溃决和塌陷事故。所以抢堵漏洞要抢早抢小。采取的方法有前堵后导，临背并举。抢护时首先在临水坡设法找到漏洞进口，进行封堵，截断漏水来源，同时在漏洞出水口采用反滤和围井，降低水头差，制止土料流失，防止险情扩大。

封堵进口可以用帘布盖堵，选用草帘、苇箔或土工编织布在洞口前由上而下平铺在堤坝坡上，帘布下端可以坠重物，上端系于堤坝顶，使其与堤坡贴紧，然后帘布上压盖土袋或抛填粘土。对于漏洞进口较小，周围土质较硬时，采用棉絮、草包、草捆或编织袋等进行堵塞。如果临水坡漏洞较多，范围较大，漏洞进口又难以找准时，可采用抛粘土填筑前戗或临水面筑月堤的办法抢护。对于水库土坝水位较深时，采用在漏洞大致范围内抛土堵漏。

漏洞出口的抢护则多采取反滤压盖、反滤围井、平衡水压等方法。1996年湖北省浠水县长江堤发生漏洞，最大洞口1.5m，堤顶下沉0.6m，长150m。采用临水覆盖油布，背水做导滤围埝，成功地抢住大堤未决口。

二、滑塌险情抢护

滑塌险情是堤坝和建筑物汛期结构强度减弱失稳，产生威胁工程安全的变形、变位等现象。这类险情来的突然，破坏性很大，必须立即进行抢护，稳定其发展。

1. 滑塌破坏的类别与特征

堤、坝和建筑物滑塌破坏按照其性质和特征，常见的如表2-5所列。

2. 滑塌破坏的原因

堤、坝和其他水工建筑的滑塌破坏，主要是在高水位作用下其工作状况超过了本身的结构强度或地基的承载能力而丧失稳定性。一般滑塌破坏发展较快，是建筑物平时隐患、弱点的总暴露。

滑坡险情的起因包括：高水位持续时间长，浸润线升高、渗透压力增大；边坡过陡；施工质量差，填筑不实；新旧土体之间结合不好；地基有淤泥层，坡脚有渊潭、水塘；排水设施失效；临水坡水位骤降，设计指标选择不当等。

崩塌险情多因地基或坝体的不均匀沉陷发生裂缝；施工的结合面存在有软弱层；设计坝坡过陡，渗透水压力大；地基或坡脚掏空，上部土体失稳等。

表 2－5   滑塌险情的类型和特征

类型	特　征
滑坡	开始在堤坝顶部或边坡上出现裂缝，裂缝呈弧形向两端延伸。当裂缝继续开裂，滑动力超过阻滑力，即快速下滑，滑面光滑，呈圆弧形。堤坝本身与地基一起滑动时，滑面较深，滑体较大，坡脚有外移和隆起现象，堤坝滑坡多发生在背水坡。堤岸临水坡滑动多发生在落水阶段
崩塌	堤坝坡面内部沿软弱层开裂，土体失稳，逐渐发展成崩塌。崩塌发生在堤坝坡上的又叫脱坡，脱坡相对滑坡范围小，开裂面参差不齐。发生在堤坝身局部缺陷处成为塌陷，如与岸坡的结合部，施工交界处，合龙口以及埋设管涵的部位等
滑动	修建在软基上的水闸等刚性建筑物遇上下游水位差超限，地基浮托力增大，闸身位移出现异常现象
倾倒	建筑物位移和沉陷值超过允许范围或长期存在渗水管涌问题。建筑物与土坡结合部、土石结合部或填土表现出现裂缝后，逐渐发展到一定阶段，快速倾倒。当发生较大的不均匀沉陷时，建筑物顶部出现裂缝，有明显的下沉和倾斜现象

　　滑动险情主要是发生超设计标准洪水或上下游水位差过大，截渗设施失效，浮托力增大等。

　　倾倒险情多发生在地基问题上，地基渗流处理不当，产生渗流破坏，地基被掏空，建筑物下沉倾倒，或者建筑物顶部堆放料物或填土不当，地基承载力不足而发生不均匀沉陷倾倒。如 1985 年广东省北江刘寨水闸因地基掏空下沉 3.5m，1996 年安徽省东至县长江杨墩水闸因基础沉陷，启闭机房倾斜，堤坝下沉 1.5～2m。

　　3. 滑塌破坏的抢护方法

　　堤、坝、护岸、挡土墙、水闸等当发现有滑塌破坏险情征兆时，应及时进行分析判断。从裂缝的形状、变化规律、建筑物表面位移量，浸润线位置等判断滑坡、倾倒的可能性。从水位差、渗透压力、载重等判断建筑物滑动的可能性。还应根据已有材料进行抗剪、抗压、抗滑等稳定性校核。当分析认定有发生滑坡、脱坡、滑动、倒塌的可能时，要立即消除发生险情的根源，控制险情发展，尽可能把抢护做在事故之前。

　　当堤、坝滑坡崩塌已经形成，应详细研究分析其原因，进行维护观测，尽量防止扰动，按照上部减载，下部固脚的原则，采取措施，先稳定险情，防止滑坡继续扩大。然后在滑坡体下部修筑压坡体固脚，底部一般设水平滤层，尽量与原有滤水设备相连接。滤层上部压坡体最好用沙、石料填筑。在缺少沙、石料时，亦可用土料分层回填。压坡体的边坡应放缓，已松动的土体应进行翻筑，新旧土体的结合面要处理好。1994 年广东省佛山市珠江大堤发生大滑坡，长约 100 余 m，堤顶滑塌 1/3，情况危急，抢险时先进行填塘固基，然后进行堤身翻筑。

　　修建在软基上的水闸或其他挡水建筑物发生滑动征兆时，抢护的原则是降低水头减小扬压力和滑动力，增加抗滑阻力，抢护方法有：

　　(1) 闸顶加重增大摩阻力，加强稳定安全。在水闸的闸墩、交通桥面等部位堆放块石、土袋或钢铁等重物。对需要增加的重量要经过核算，不得超过地基的承载能力。

　　(2) 下游堆重阻滑。在水闸可能出现的滑动面下端，堆放沙袋、块石等重物，以防止滑动。

除上述阻滑外还可以在下游一定范围内用土袋或土料筑成围堤，抬高下游水位，减少上下游水位差以降低水平推力。围堤的高度应根据降低水位差所需要的壅水高度而定。

如果挡水、泄水等建筑物发生不均匀沉陷，地基掏空以及倾倒等险情溃决，要及时抢修围堤封堵，或直接进行堵口。如1991年江苏省扬州市排水闸倒塌即采取沉船强行堵口成功。

三、冲刷险情抢护

冲刷险情，包括堤、坝临水坡遭受风浪冲击、水流淘刷崩岸以及泄水建筑物消能破坏等。这种险情轻者把堤、坝临水坡冲刷成陡坎，掀翻护坡，重者造成坍塌，严重危及堤坝安全，需要针对不同情况采取有效的抢护措施。

（一）冲刷险情的类型与特征

按照冲刷险情的性质和特征，分类见表2-6。

表 2-6 冲刷险情的类型和特征

类 型	特 征
风浪冲刷	堤坝临水坡在风浪连续冲击下，土体被带走形成陡坎，或者砌筑的块石，面板护坡翻动脱落。风浪将护坡垫层掏空，护坡陷落形成跌坑
淘刷	堤、坝坡脚受水流淘刷岸坡变陡形成崩塌，又称崩岸。崩岸土体成条的为条崩，土体宽厚的形成窝崩。淘刷崩岸不但在汛期高水位发生，在中水位或落水阶段也常发生
消能设施破坏	挡水建筑物下泄水流的消能部位形态发生异常，水流偏移或者消能不完全，造成边坡和底部冲刷

（二）冲刷破坏的原因

冲刷破坏的根本原因是水流与边界之间的相互作用，一旦水流超过土体、护坡、护岸以及消能设施等边界的抗冲能力，就形成破坏险情。如汛期迎水水深、水面宽，风速大，强大的风浪冲击堤坝岸坡，若堤坝土质碾压不实，护坡质量差，垫层不合格，则易产生风浪破坏险情。在河道行洪期间，流势靠岸，水流集中，土质不佳、岸坡较陡或河势坐湾的堤岸容易因坡脚被掏空而崩塌。如果堤岸土体经长期冻融、剥蚀、干缩，发生裂缝，有雨水渗入，一旦遇到水流和风浪冲击以及外力扰动等，也会造成堤坝岸坡的崩塌。

（三）冲刷破坏的抢护

风浪冲击和水流冲刷具有连续性，如抢护不及时或方法不当，很容易扩大险情，抢护的原则是根据具体情况和防守的人力、物力条件因地制宜，缓解冲刷力，加强抗冲能力。常有的抢护方法为：

1. 防风浪抢护

一般采用漂浮物消浪和增强临水坡抗冲能力两种办法。利用漂浮物是将柳枝、捆枕、木排、秸料等，浮于水面将波浪拒于临水坡以外，波浪经过漂浮物以后，运动规律被阻乱，波峰和波谷消失，上卷高度降低，水质点形成的速度减缓，冲击力减弱。另外是利用防冲的材料如草袋、编织袋、土工布软排体等铺护在临水坡上增强临水坡的抗冲能力。也可用柳枝、芦苇、秸料扎成0.5~0.8m的枕，将枕贴敷在堤坝坡上，用绳系于堤坝顶，绳缆长度以能适应枕随水面涨落而升降为宜。

2. 崩塌险情抢护

河道堤岸崩塌险情不论汛期还是平时都会发生。抢护的原则是护脚固基，控导缓溜，减载加帮，维护堤岸的稳定，防止险情继续扩大。抢护堤岸崩塌的方法有：外削内帮、挂柳缓溜，护脚固基，桩柳护坡，柳石搂厢等。

（1）外削内帮　将临河崩塌段水上陡坡削缓，铲除堤坡顶上的堆积物，以减轻下层压力，降低崩塌速度。同时在背水坡脚铺沙石导渗层，用削坡土做内帮。此法适用于堤身断面较宽大，临水坡前无滩或滩地狭窄处。

（2）护脚固基　当堤岸受水流冲刷，堤脚或堤坡已冲成陡坎，应摸清堤岸前水流的冲掏情况，进行护脚固基。护脚固基常用的物料有：块石、土石袋、铅丝石笼、柳石枕等。抛石防冲的使用最为广泛，因为施工简易，备料方便，能适应河床形态。抛石防冲的关键是掌握好抛石的落点，使抛石的坡度和厚度分布均匀，达到防止冲刷、稳定堤脚的目的。对于水深流急的河段，可用铅丝笼、竹笼、土工布袋装土石抛护。

当堤岸崩塌严重，散抛防冲不能够有效地控制冲刷时，可用抛枕护岸。由于抛枕形状规则，防护面大，能准确地抛护在冲刷部位，而且捆枕具有柔韧性和适应性，能适应坡的变化，贴紧床面，抗冲效果好。特别是对于沙质河床抗冲能力差的河道，如黄河，多使用抛枕或柳石搂厢抢护崩塌堤岸，抢险效果很显著。柳石搂厢又是我国传统的河工技术。由于它就地取材，制作简便，便于急用，而且柳柴等软料有利于缓溜落淤、稳定河势。这一方法相传较久，操作要求不断改进，至今仍是一种有效的抢护措施。

（3）土工编织布软体排抢护　土工合成物料是以人工合成的聚合物为原料，制成多种用途的土木工程建筑所需产品。由于这类材料施工简便，工程质量易于控制，适应性强，运输方便，在水利工程和防洪抢险中得到了广泛应用。土工编织布软体排是抢护冲刷时常用的一种。做法是用聚丙烯或聚乙烯编织布双层缝制成 12m×10m 的排体，在排体下端横向缝制 0.4m 宽的袋子，排体竖向每隔 3~4m 缝制一条 0.4~0.6m 袋子，竖袋的两侧各加一条拉绳。抢险时在堤岸顶部，将土装入横袋内，以横袋为轴卷起，把拉绳系在顶桩上，将排推入水中。随着排体的展开，同时向竖袋内装土或装土袋，直到横袋沉落河底。沉放后上口和底部要压实，防止淘刷和后溃。有时还用混凝土编织布软体排作为永久性护岸。

3. 建筑物消能设施破坏的抢护

涵闸的消能设施有消力池、消力槛、护坦（海漫）等，在汛期过水中如发生险情，如条件允许抢护时可采取关闭闸门或堵塞闸口断流修复。如果不能断流，对被冲部位除进行抛石、抛铅丝笼抢护外，可在护坦末端或下游做各种形式的潜坝，以增加水深缓和冲刷力。

四、漫溢险情抢护

堤、坝工程当堤坝前水位超过其顶面时，就会发生漫顶溢流。汛期漫溢险情极易发展成决口漫决。漫溢险情按照成因分为超标准洪水漫溢、壅高水位漫溢和局部塌陷漫溢三种。

1. 超标准洪水漫溢

修建堤坝工程有一定的设计防洪标准，抵御洪水的能力有一定的限度。目前我国一些堤防和水库的防洪标准不高，汛期随时都可能发生超标准洪水，因此抢护漫溢险情的任务相当重要。

2. 壅高水位漫溢

河道、湖库水位壅高多半是自然淤积造成的，也常因人为因素造成，如在河道内设置阻水障碍、围垦滩地、乱建临河码头等，都会侵占行洪断面，缩小河道过水能力，以致壅高水位。北方一些河道由于冰凌拥塞河道形成冰坝，引起水位大幅度上涨，发生凌汛漫溢。盲目抬高水库汛期限制水位，超额蓄水或者是泄水设备运用不当等，也会造成水位壅高。

3. 局部塌陷漫溢

由于堤坝的施工质量差、填土夯压不实、内部存在隐患、地基有软弱层或者地基被掏空，在高水位作用下堤坝产生下沉，顶面高程低于洪水位就会发生漫溢。

漫溢险情将会直接导致决口，因此汛期时刻都要警惕漫溢的发生，做好漫溢抢险的各项准备，并且制定防御超标准洪水的预案和应付各种意外险情的对策。

漫溢抢护的原则是当堤防接近或超过保证水位、水库接近最高洪水位时，根据预报水位将继续上涨，有可能超过堤坝顶高程时，在洪峰到来之前抓紧一切时机，尽可能调动全部力量在堤坝顶部抢修子埝。抢护的方法因地制宜，一般有土料子埝、土袋子埝、桩柳子埝、挡板子埝、柳石（土）枕子埝等，水库土坝可利用防浪墙加固挡水。堤防漫溢抢护因战线长，时间紧，工程量大，要有周密的计划和统一的指挥。子埝挡水后，要加强巡查补强，防止子埝溃决，造成更大的灾害。

对因河道阻水障碍和冰坝冰塞引起的壅高水位所形成的漫溢，在堤防加筑子埝的同时，要立即组织拆除阻水障碍，如破除生产堤、围堤、套堤、桥梁引道等。对于凌汛期间的防凌河段，多年来的经验是按照统一部署，事前对狭窄弯曲河段的卡冰进行爆破，防止形成冰坝。一旦形成冰坝，要立即采取群炮轰击、飞机投弹炸冰，或炸药爆冰等爆破措施，炸开冰坝冰塞，避免壅高水位造成漫溢。

当水库土坝遭遇超标准洪水并有漫溢可能时，要积极采取抢护措施保证土坝安全，同时为避免漫溢及时确定对策，如启用非常溢洪道，或者利用副坝临时过水等。对浆砌石重力坝和混凝土重力坝，如果加高坝体有困难，应做好坝顶溢洪的撤离准备，在采取以上各类非常措施时，要对下游河道行洪区和可能受洪水威胁的地区发布洪水预报和紧急警报，及时组织居民转移。

我国人民在防洪抢险方面有着悠久的历史。由于汛期出险的情况千变万化，抢护的条件也不尽相同，多年来各地都是按照抢护各类险情的基本原则，因地制宜，因险施治，积极稳妥地进行防洪抢险的各项工作，积累了丰富的经验。

第五节　洪　水　保　险

一、洪水保险的作用

洪水保险是按契约方式集合相同风险的多数单位，用合理的计算方式聚资，建立保险基金，以应对可能发生的洪灾损失，实行互助的一种经济补偿制。实行洪水保险是我国救灾体制和社会防洪保障体制的重大改革，是一项主要的防洪非工程措施，有利于帮助受灾单位迅速恢复生产，减少对受灾家庭正常生活的影响，减轻国家的财政负担。

洪水保险的功能是把不确定的巨额灾害损失风险转化为确定性的、稳定的和小量的开支，在救灾和恢复生产中发挥重要的经济补偿作用。投保的单位和个人，虽然平时付出一定数量的保险费，但在遇到不可抗御的洪水侵袭时，受到的损失可以得到补偿。同时，保险公司对参加投保单位的防洪工作进行检查监督，协助抢险救灾，可以减少损失。

美国国会 1956 年通过《联邦洪水保险法》，认定民间保险业应得到联邦政府支持，否则不能提供洪水保险。1968 年又通过《全国洪水保险法》，开始推行自愿洪水保险，但在实际推行过程中，自愿投保者甚少，而洪泛区的不合理开发利用仍在继续，联邦政府每年支付的洪灾救济费也不断增加。1973 年联邦政府又颁布了《洪水灾害防御法》，该法令强制性地推进了洪水保险，促进了洪泛区的管理。迄今为止，在易遭洪灾的 2 万多个乡镇中参加洪水保险的已达 90% 左右，财产保险值迅速增加，现在保险的财产价值是 20 世纪 70 年代初的 200 倍。例如，2005 年 8 月，美国墨西哥湾地区遭受"卡特里娜（Katrina）"飓风暴潮，新奥尔良市堤防溃决，造成巨大经济损失和人员伤亡，为此，保险公司支付洪灾赔款高达 160 亿美元。

中国洪水保险工作尚在起步和完善之中，但已经开始发挥作用。1991 年 8 月 7 日上海地区大暴雨中，保险公司向投过保的 4275 家企业和 3.2 万户居民赔偿了 1.73 亿元，使部分企业和居民及时恢复了生产和正常生活。1998 年长江流域大洪水中，保险公司支付洪灾赔款 30 多亿元，为受灾地区和群众恢复生产，重建家园发挥了重要作用。浙江省近10 年中，全省家财、企财保险中支付洪灾赔款 13 亿元，其中城镇占 81.3%，为 10.57 亿元。

洪水保险也是洪泛区洪水风险管理的重要手段。洪水保险与洪泛区管理结合在一起可以有效防止洪泛区内经济的盲目发展，如果单纯限制洪泛区的发展，实施起来阻力较大，运用防洪保险作为经济杠杆调控洪泛区的经济发展，是一种更有效的办法。人们将认识到什么是洪水高风险区，厂矿企业建设如何避开这些高风险区以避免将来可能产生的损失，政府如何加强这些地区防洪，限制某些易受洪灾影响企业的发展，对当地经济开发和城市规划起到引导作用。防洪保险业务的开展对提高政府和人们的防洪意识和洪水风险认识也是一个推动，广大居民和单位参加了洪水保险，每年要缴纳保险费用，使其增加防洪意识、树立经常性的防灾观念，还可动员更多的社会力量来关心防洪事业，促进防洪建设的发展。

二、洪水保险的原理和方式

洪水保险是建立在洪水风险分析的基础上的。如果保险公司按实际洪水损失赔款，则参与保险的单位平时缴纳的保险费与洪水风险大小、洪水损失的程度及投保金额成正比关系。以一个简单的例子说明，如某企业受洪水灾害的风险概率 $P=1\%$，受灾后损失金额为 100 万元，若保险公司全额赔偿损失，则该企业每年需向保险公司缴纳保险费 100 万 × 1% 即 1 万元。这样方能保证保险公司的收支在概率意义上的平衡。对这一企业而言，若遭遇洪水损失 100 万可能造成停产或倒闭等严重后果，那么每年缴纳 1 万元是完全可以承担得起的。因此，该企业选择每年缴纳 1 万元保险费，避免有 1% 概率的停产和倒闭的风险。一个投保企业或个人遭受洪水损失的赔偿金来自于其他洪水保险的投保户所缴纳的保险费；同样，今年未受损失的投保金额可能被保险公司用于支付其他地区受灾投保户的赔偿金。因此，保险业也是一个公益事业，有时，国家或地方政府会在一定程度上对这一事业给予一定资助，使洪灾救济款得到更合理有效的应用。当然，在上述的例子中，实际保险费一般大于 1 万元，因为保险公司正常工作需支出一部分业务经营费，还要考虑洪灾损失风险的偏差系数等因素。

洪水保险可分两种方式：一是强制保险，是国家以法律、法令的行政手段来实施的；二是自愿保险，由保险双方当事人在自愿的基础上协商、订立保险合同而成立的。不少国家和地区开展了强制性洪水保险，主要是为了征收防洪救灾资金，减少国家对受灾地区提供洪灾损失补偿的重大负担，将国家救灾物资用于最需要的地区，更好地达到救灾和灾后恢复的目的，并且提高全民防洪意识。

我国的洪水保险业务还刚刚开始，需要广泛地开展宣传，提高社会各阶层对洪水保险的认识并结合我国的实际情况，进一步研究、完善合乎我国国情的洪水保险制度，使其在我国的防洪事业中发挥更大的作用。

三、投保金额与赔偿方式

保险金额是保险公司对保险财产承担赔偿责任的最高金额，正确地确定保险金额具有十分重要的意义。在企业财产保险中，保险金额是根据财产的实际价值确定的，如果企业对其财产的估价过低，保险金额也会随之减低，若企业一旦遭受灾害损失时，就不可能得到保险公司充分的经济保障和充足的经济补偿，若企业对财产的估价过高，也是毫无意义的。因为估计过高，则保险金额过高，应缴纳的保险费数额随之增大，而保险公司只能按企业财产的实际价值作为最高赔偿限额。因此，超过企业财产实际价值的那一部分保险金额并无实际意义。

保险企业确定保险金额的主要方法有两种：第一种是以财产的账面价值为依据确定保险金额；第二种是以财产的实际价值为依据，由企业自行作价确定保险金额。保险金额越接近财产的实际价值，被保险财产在受到损失时得到的保险赔偿就越合理、充分。由于通货膨胀的影响，企业固定资产的账面原值往往与现价相差较大，因而存在着保险金额严重不足的问题。对于企业竣工之日起 3 年以上的单位并账册健全的，采用按账面价值加成（10％以上）确定保险金额的方法，使之趋近于重置重建价值，这种方法对企业较为有利。

保险公司赔偿的原则是"以修复为主"，如果保险财产遭受损失后的残余部分尚有经济价值，应当充分利用，残留物资可以经协议作价归还被保险人，保险公司在支付赔款中扣除残值；如果保险标的实行比例赔偿，残值一般也按比例扣除；残留物资在必要时也可以由保险公司处理。

为了促使参保人注意防范洪水损失，在保险中常设有自负额条款，一般采用定额式或起赔式两种自负额。定额式自负额是较常见的一种方式，按这一方式，保险公司仅支付洪灾损失的部分比例，其余由投保人自负。例如，投保人自负 25％损失时，当实际损失为10000 元，则保险公司仅赔偿 75％，即 7500 元，投保者自己承担 2500 元损失。起赔式自负额是指洪灾损失超过一定数额时，保险公司才给予赔偿。例如，投保金额为 20000 元，个人自负 10％，保险公司仅赔偿损失超过 2000 元的部分，当损失低于 2000 元时，保险公司不予赔偿。

对于保险公司，为了保证业务的正常开展，必须可靠地掌握投保单位洪水灾害发生的可能性。目前，一些省份的水利和保险部门联合制定了城市洪水风险图，给保险业计算投保和赔偿资金提供了可靠依据。保险公司为了减少灾害赔款，会加强对投保单位的防洪检查，与投保单位签订防灾责任书，敦促投保单位采取各类防洪措施，加强洪水灾情预报，在洪水到来之前及时发布警报和转移财产、人员。

企业参加保险后，具有发生洪灾事故时向保险公司索取经济赔偿的权力，同时要承担相应的义务，这些义务包括：按照规定时限交清保险费；在保险财产情况发生变更时向保险公司申请办理批改手续；在保险财产发生保险事故时，积极抢救财产，采取必要的措施，减少财产损失，防止灾害扩大，并对未受损和受损的财产进行保护和妥善处理；受灾后立即通知保险公司，以便保险公司及时派员赶到现场查勘和作必要的处理。

被保险人还应当遵守国家有关部门制定的保护财产的各项法规和条例，被保险人不能因为已经参加保险而放松防灾工作。对防灾主管部门和保险公司提出的做好安全防灾工作的意见和整改通知，必须认真付诸实施。否则，由此引起保险事故造成的损失，由被保险人负责，保险公司不负赔偿责任。

四、洪水保险基金

洪水保险基金是洪水保险履行补偿的基础，是洪水保险的核心。洪水保险基金的性质是一种特殊形式的防洪后备基金，是由洪水保险费交纳聚集起来的，其费率的大小是按概率论的原理，通过计算同一保险事项在一定时期内保险额的损失率来确定的。要保持洪水保险基金的独立性，严格按专项控制，保证补偿的可靠性，并长期积累，保持适度平衡。

根据我国的实际情况，洪水保险基金的筹措坚持"谁受益、谁出资；多受益，多出资"的原则，其构成包括防洪受益地区的工矿企业、农村乡镇企业和农民个体户缴纳的洪水保险费；行、蓄洪区在非行、蓄洪年份也要按照规定缴纳的保险费。在由国家集中承担洪灾救济的体制转变为洪水保险机制过程中的一定时期内，国家应给予扶持，对洪水保险基金的筹措给予一定补助。洪水保险基金是非营利性的，因此，国家给予免征利税的政策。

第六节 防 洪 规 划

防洪规划是开发利用和保护水资源，防治水害所进行的各类水利规划中的一项专业规划。它是指在江河流域或区域内，着重就防治洪水灾害所专门制定的总体战略安排。防洪规划除了应该重点提出全局性工程措施方案外，还应提出包括管理、政策、立法等方面在内的非工程措施方案，必要时还应该提出农业耕作、林业、种植等非水利措施意见，作为编制工程的各阶段技术文件、安排建设计划和进行防洪管理、防洪调度等各项水事活动的基本依据。防洪规划和其他各项水利规划一样，是水利建设和管理事业中一项重要的前期工作。

一、防洪规划的指导思想和作用

（一）防洪规划的指导思想

防洪规划必须以江河流域综合治理开发、国土整治以及国家社会经济发展需要为规划依据，从技术、经济、社会、环境等方面进行综合研究。结合中国洪水灾害的特点，体现在规划的指导思想上，可以概括为正确处理八方面的关系。

1. 正确处理改造自然与适应自然的关系

随着社会、经济的发展，防治洪水的要求越来越高，科技水平和经济实力的提高使我们有能力防御更恶劣的洪水灾害。但另一方面洪水的发生和变化是一种自然现象，有其自身的客观规律。如果违背自然界的必然规律，人类活动有时会成为加重洪水灾害的新因素。所以，防洪建设既要为各方面建设创造条件，也要考虑防治洪水的实际条件和可能。

2. 正确处理局部与整体的关系

局部要服从全局，全局也要照顾局部的利益。正确处理好上下游、左右岸和相邻地区之间的关系，最大限度地协调各类矛盾。

3. 正确处理需要与可能、近期与远景的关系

认真进行不同时期防治洪水标准的分析、投入产出分析、经济效益与生态环境效益分析。在兼顾长远发展的前提下，重点解决近期最迫切的问题。

4. 正确处理点、线、面治理的关系

这就是要妥善处理骨干河道与面上治理的关系，主体工程与配套工程建设的关系，工程设施的巩固完善与更新改造的关系，使各项水利设施有机配合，全面发挥工程效果。

5. 正确处理一般洪水与特殊洪水的关系

规划中除了要对设计标准下的洪水做出正常防御措施方案，还要对超标准洪水或可能最大洪水制定预案，以保障重点，保护人民生命财产安全，把整体损失控制在尽可能小的范围内。

6. 正确处理蓄、滞、泄的关系

防治洪水要因地制宜采取"蓄泄兼施"的方针，处理好蓄、滞、泄的关系。结合水资源的综合利用，调蓄、控制上中游洪水，充分利用河道宣泄能力，按牺牲局部保护全局的原则，有计划地安排临时分蓄洪区，分滞超额洪水、洪量，以防止大洪水造成大面积的毁灭性灾害。

7. 正确处理除害与兴利的关系

综合治理，综合利用，防治洪水必须根据洪水旱碱（渍）各种灾害的内在规律，统筹研究，防止顾此失彼；防治水害要尽量与水资源的开发利用相结合，充分发挥工程与水资源的综合效益。

8. 正确处理水利工程措施与其他措施的关系

正确处理水利工程措施与非工程措施，水利措施与农业、林业等非水利措施之间的关系。

（二）防洪规划的作用

1. 江河流域综合规划的重要组成部分

一个流域的水利建设大都涉及防洪、治涝、灌溉、发电、航运、城乡供水和水资源保护等其中的一项以上的任务要求。防洪规划就是统筹研究上述防治水害和开发利用、保护水资源的总体战略安排。防治洪水与其他任务要求既有结合的一面，也有互相矛盾的一面。因此，防洪规划一般都和江河流域综合规划同时进行，使单项防洪规划成为拟定流域

综合治理方案的依据，而拟定后的综合治理方案又对防洪规划进行必要调整，达到各项治理任务之间的相互协调。一般在洪水灾害较为突出的江河，往往防治洪水是综合开发水资源的首要任务和先决条件，要求首先单独编制防洪规划。单独编制防洪规划必须处理好当前与长远的关系，在工程措施上留有与其他任务相协调的调整余地。

2. 国土整治规划的重要组成部分

我国是一个洪水灾害较严重的国家，防治洪水是国土整治规划中治理环境的一项重要的专项规划。它既以国土整治规划提出的任务要求为依据，又在一定程度上对国土整治规划的安排，如拟定区域经济发展方向、城镇布局和一些重大设施安排等，起到约束作用。

3. 国家和地区安排水利建设的重要依据

为使规划能更好地为不同建设时期的计划服务，通常需要在规划中确定近期和远景水平年。一般以编制规划后 10～15 年为近期水平，以编制规划后 20～30 年为远景水平，水平年的划分应尽可能与国家发展计划的分期一致。

4. 防洪工程可行性研究和初步设计工作的基础

在规划过程中，一般要对近期可能实施的主要工程兴建的可行性，包括工程在江河治理中的地位和作用、工程建设条件、大体规模、主要参数、基本运行方式和环境影响评价等进行初步论证，使以后阶段的工程可行性研究和初步设计有所遵循，并深入研究工程的重点问题，为工程决策提供依据。

5. 进行水事活动的基本依据

江河河道及水域的管理、工程运行、防洪调度、非常时期特大洪水处理以及有关防洪水事纠纷等往往涉及不同地区、部门的权益和义务，只有通过规划，才能协调好各方面的关系。《中华人民共和国水法》规定："开发利用水资源和防治水害应当全面规划、统筹兼顾、综合利用、讲求效益，发挥水资源的多种功能。"还规定："经批准的规划是开发利用水资源和防治水害活动的基本依据。"这些规定确立了防洪规划的法律地位和作用，使防洪规划在水利建设和管理的各个方面发挥更重要的作用。

二、防洪标准

防洪标准是指通过采取各种措施后使防护对象达到的防洪能力，一般以防护对象所能防御的一定重现期的洪水表示。

防洪标准的高低，要考虑防护对象在国民经济中地位的重要性。我国许多受洪水威胁地区，人口稠密，财富集中，又是交通枢纽，一旦被洪水淹没将造成巨大经济损失并带来严重的社会影响，所以要求达到的防洪标准往往很高。但防洪标准的选定还要取决于人们控制自然的实际可能性，包括工程技术的难易、所需投入的多少等。一般说，要求通过控制使其完全符合人们的愿望是难以做到的。进行防洪治理，只能根据一定的投入，力求最大限度地适应各方面的需求，并使可能受到的损失和影响限制在国民经济与社会发展所能承受的风险之内。防洪标准越高，需要的投入越多，承担的风险越小。相反，标准越低，投入越少，承担的风险越大。因此，采用的防洪标准实质上是国家在一定时期中技术政策和经济政策的具体体现，要在防洪规划中根据任务要求，结合国家或地区的经济状况和工程条件，通过经济技术论证选定。

1949 年以来，我国各有关部门曾对所管理的防护对象的防洪标准先后作过一些规定。

水利部根据国家要求，在各部门规定的基础上，针对我国社会经济发展状况，研究制定了《中华人民共和国防洪标准》（GB50201—94），作为强制性国家标准已经颁发实施。

国家防洪标准对城镇、乡村、工矿企业、民用机场、文物古迹和风景区以及位于洪泛区的铁路、公路、管道、水利水电工程、动力设施、通信设施等防护对象，分别按其重要程度，统一规定了适当的防洪安全度。其中，关于城市、乡村和工矿企业的标准规定见表2-7、表2-8和表2-9。

表2-7　　　　　　　　　　城市的等级和防洪标准

等级	重要性	非农业人口（万人）	防洪标准（重现期·年）
Ⅰ	特别重要的城市	≥150	≥200
Ⅱ	重要的城市	150～50	200～100
Ⅲ	中等城市	50～20	100～50
Ⅳ	一般城镇	≤20	50～20

表2-8　　　　　　　　　　乡村防护区的等级和防洪标准

等级	防护区人口（万人）	防护区耕地面积（万亩）	防洪标准（重现期·年）
Ⅰ	≥150	≥300	100～50
Ⅱ	150～50	300～100	50～30
Ⅲ	50～20	100～30	30～20
Ⅳ	≤20	≤30	20～10

表2-9　　　　　　　　　　工矿企业的等级和防洪标准

等级	工矿企业规模	防洪标准（重现期·年）	等级	工矿企业规模	防洪标准（重现期·年）
Ⅰ	特大型	200～100	Ⅲ	中型	50～20
Ⅱ	大型	100～50	Ⅳ	小型	20～10

注　1. 各类工矿企业的规模，按国家现行规定划分。
　　2. 如辅助厂区（或车间）和生活区单独进行防护的，其防洪标准可适当降低。

在进行防洪规划时，首先要根据各防护对象所处的位置和范围，综合拟定江河左右岸、各河段的不同防洪要求，再研究可行的对策，对多数防护对象都要求达到的防洪标准通常采取统一防护方式，并依靠正常的措施解决；对只有少数对象如个别城市、个别重要的厂矿区要求达到较高的防洪标准应单独防护并根据具体情况选定合理的方案。如工程量不大，所需投资不多，也可采取较正常的措施；有的受条件限制应依靠非常措施，必要时采取临时紧急对策，牺牲局部，以保证防护区的安全。

三、防洪规划的内容

防洪规划研究的基本内容包括以下几个方面：

（1）确定规划研究范围，一般以整个流域为规划单元。一个流域洪水组成有其内部联系和规律。某局部地区的洪水除受本地区降水影响外，往往受到流域上游洪水威胁和下游水位的顶托；而某局部的防洪措施，也在一定程度上给上下游、左右岸带来影响。只有把整个流域作为研究对象，才能全面治理洪水灾害。当洪水问题受到外流域的影响，或采取的防洪措施可能影响到外流域时，规划范围应扩大到所影响的地区。当然，如略去某些局部区域，不影响整体防洪问题的研究，也可以简化缩小研究范围，以减少规划工作量。

（2）分析研究江河流域的洪水灾害成因、特性和规律；调查掌握主要河道及现有防洪工程的状况和防洪、泄洪能力。

（3）根据洪水灾害严重程度，不同地区的地理条件、社会经济发展的重要性，确定不同的防护对象及相应的防洪标准。

（4）根据流域上中下游的具体条件，统筹研究可能采取的蓄、滞、泄等各种措施；结合水资源的综合开发，选定防洪整体规划方案，特别是拟定起控制性作用的骨干工程的重大部署。对重要防护地区、河段还应制定防御超标准洪水的对策措施。

（5）综合评价规划方案实施后可能的影响，包括对经济、社会、环境等的有利与不利的影响。既要对重要工程进行评价，也要对总体方案从宏观上进行评价。提出消除或减少不利影响的措施。

（6）研究主要措施的实施程序，根据需要与可能，分轻重缓急，提出分期实施建议。提出不同实施阶段的工程管理、防洪调度和非工程措施的方案。

四、防洪规划的编制方法和步骤

防洪规划的编制工作一般都分阶段进行。一般的编制程序包括问题识别、方案拟定、影响评价和方案论证四个步骤。具体进行规划时，四个步骤不能截然分开。规划的各个环节都要反复研究，每规划一个阶段，就要通过反馈对前阶段的成果进行修正。

（一）问题识别

1. 确定规划范围和分析存在问题

在收集整理以往的水利调查、水利区划和有关防护林及其他水利规划成果的基础上，有针对性的进行广泛的调查研究，确定规划范围。收集整理有关自然地理、自然灾害、社会经济及以往水利建设和防治洪水、水资源利用现状的资料，明确规划范围内存在的问题和各方面对规划的要求。对防洪规划来说，特别是要对流域的河道、水文、气象、洪水和灾情的基本特性有明确的认识。计算确定现有河道的安全泄量和防洪能力。

2. 做好预测

（1）规划水平年 规划水平年，即实现规划特定目标的年份，水平年的划分一般要与国家发展计划的分期尽量一致。水平年划分越长，其不确定因素越多。分析不同水平年的规划条件和相应的"无规划状况"（指按编制规划前已实施的方案延伸到不同水平年的最可能情况），通常要考虑：①由于国家社会和经济发展引起的治理开发任务，主要是防治洪水及其迫切程度的变化；②由于各项人类活动引起的地表水、地下水、泥沙、土壤等自然条件的变化；③由于自然、社会经济条件变化引起的环境状况的变化；④由于技术进步等原因引起的某些技术或管理措施的变化；⑤各种因素引起有关产品价格和工程费用，工程效益的变化。

（2）规划目标 具体的规划目标必须满足：①具体的衡量标准即评价指标，以评价规划方案对规划目标的满足程度。对"国家经济发展"或"地区经济发展"等经济目标，通常以规划方案所取得的经济效益大小加以衡量。对"环境"和"社会"等难以用经济效益衡量的目标，多就其特定问题的性质，选择某些代表性指标为评价依据（如以河流、河段防洪保护的土地面积、保护的重要城市、工矿和主要交通干线等表示）。②结合规划地区的具体情况，以某些约束条件作为附加要求，如规划地区的特殊政策或有关社会习俗规定等。我们进行某项防洪规划，要从经济、环境、社会等方面进行综合分析，不仅要满足经济发展目标，还要满足国家或地方政府对规划地区在"环境"、"社会"等方面的特定要求。

（二）方案拟定

在规划目标的基础上，主要进行的工作有：

（1）根据不同地区洪水灾害的严重程度、地理条件和社会经济发展的重要性，进行防护对象分区，并根据国家规定的各类防护对象的防洪标准幅度范围，结合规划的具体条件，通过技术经济论证，选定相应的防洪标准。

（2）拟定现状情况与延伸到不同水平年的可能情况，即无规划措施下的比较方案，通称"无规划状况"。

（3）研究各种可能采取的措施。

（4）拟定实现不同规划目标的措施组合。

（5）进行规划方案的初步筛选。

在拟定防洪方案时，先要根据防护对象的特点和要求，研究可能采取的各种蓄、滞、泄的不同类别的措施，分别进行归纳、淘汰，提出相应的几个代表性措施方案，然后结合水资源综合利用，研究多种可能的措施组合，组成若干规划方案。拟定的各种方案，要反映各种不同意见和要求，特别要注意方案的代表性，然后逐步筛选集中。随着电子计算机技术的发展普及，采用系统分析方法并建立数学模型，从不同角度进行多方案比较。对不同的方案都要进行水文水利计算、洪水演进和洪水调度计算。对主要工程项目还要进行必要的地质勘测，选择合理的工程形式，并进行工程量、投资、效果的初步分析。

（三）影响评价

对初步筛选出的几个可比方案要进行影响评估分析，预期各方案实施后可能产生的经济、社会、环境等方面的影响，进行鉴别、描述和衡量。所谓预期影响，是相对"无规划状况"而言的，即以实施某一规划方案与不实施该方案的情况对比作为评价依据。规划地区的环境和条件总是不断变化的，不论是否实施拟定方案，都将按各自规律向有利或不利方面转化。因此，"无规划状况"，并不就是现状，而应看成现状基础上（或编制规划前已实施的某些工程措施的基础上）延伸到规划水平年的一个比较方案。否则，将夸大或缩小拟定方案的真正影响。评估内容要注意包括与方案决策有关的重要影响项目，不要漏项。为确定影响因素的重要性，通常首先弄清各规划方案中不同措施可能带来的影响，并对影响的类型、程度进行分析，以鉴别其社会价值。然后逐步筛选去掉影响价值较小的方面，尽可能缩小评价范围。

在影响评价中，传统的经济效果评价仍是研究防洪规划方案是否可行的一项依据。考虑到防洪工程属社会公益性项目，在已颁发实施的《水利建设项目经济评价规范》中规定，可同时按略低于国家要求的社会折现率进行评价，并尽可能结合其他方面的效益或影响在工程的综合评价中加以衡量。

社会和环境影响，是规划中社会、环境目标的体现。如上所述，这两类大多难以采用货币衡量，只能针对特定问题的性质以某些方面的得失作为衡量标准。有关环境影响评价，除了要对重点工程进行评价外，还要注意对江河流域整体规划方案进行综合评价。

（四）方案论证

在各方案影响评价的基础上，对各个比较方案进行综合评价论证，提出规划意见，供决策参考。主要工作包括：

（1）评价规划方案对不同规划目标的实现程度。

（2）拟定评价准则，进行不同方案的综合评价。

（3）推荐规划方案和近期主要工程项目实施安排。

各规划方案实施后产生的诸多影响，实质上是不同方案对各个规划目标所能实现的程度的具体体现。有的更有利于某一目标（如经济指标最优），有的更有利于另一目标（如改善环境质量最优），有的兼顾了几个目标要求。综合评价的核心问题即针对规划的侧重点对各种影响赋以不同的社会价值，以便在相互竞争，相互矛盾的目标间全面衡量，有所取舍。进行综合评价，要通过多种形式，广泛听取各方面的意见。一般的评价准则包括：公众的满意程度，目标的确定性，实现目标的可靠性，满足目标要求的有效性，规划的经济性，对社会各方面的公平程度，对环境的影响程度，规划涉及范围的准确性，规划的可逆性及对远景规划的稳定性等。

在推荐选定方案后，进行近期工程安排是规划工作的最后一步。近期工程选择原则上应能满足防护对象较迫切的要求，较好地解决流域内存在的主要问题，同时工程所需资金、劳力与现实国民经济水平相适应。为便于安排计划，还应进行有关实施程序的研究，并且提出工程方案未完全建成生效的时期内，遭遇不同洪水时的对策。

第三章

山　洪

第一节　山洪的活动规律及其危害

一、山洪的定义

山洪是指发生在山区溪沟中的快速、强大的地表径流现象。

山洪发生在山区，但不同于山区河流的洪水，而是特指发生在山区小流域的溪沟或周期性流水的荒溪中，流速快，历时短，暴涨暴落，冲刷力与破坏力强，往往携带大量泥沙的地表径流。引发山洪的流域面积一般小于 $50km^2$，历时几小时到十几小时，很少能达到 1d 以上。

发生山洪的溪沟处于山区，可以分为上、中、下游三个组成部分。

上游集水区，形如宽广的漏斗，逐渐收缩到隘口。这一区域的特点是水流具有侵蚀作用，如塌方与滑坡，雨水的冲蚀，水流对沟道的侵蚀等，然后水流将泥沙带往中游。

中游流通区，是上游集水区与下游沉积区之间的过渡段，界限很难明确划分。在理想的状况下，这一区域内既不发生侵蚀，也不发生沉积现象。该区域的特征是水流起输送泥沙的作用。粘土、粉沙及小云母片等以悬浮形式运动；沙粒、砾石等因重量较大，则以跳跃形式运动。

下游沉积区，常称为洪积扇。洪积扇为一半锥形体，锥尖对着溪沟出口，锥底沿沟汇入的河流展开。山洪流出沟口后，由于坡度减缓，挟沙能力减弱，使泥沙大量沉积。洪积物有一定的分选性，但远比一般洪水的堆积物分选性差。

山洪同江河洪水的另一显著差别是其含沙量较大，其容重可达 $13kN/m^3$，但小于泥石流的含沙量。随着山洪中挟带泥石的增加，其性质也将起变化。山洪和泥石流在其运动过程中可相互转化，但是二者的运动机理不同，在研究方法上存在较大的差异。对山洪一般可用水力学的方法进行研究，而对泥石流单纯用水力学的方法就难以解决。

二、山洪的活动规律

在影响山洪的众多因素中，暴雨是决定因素。山洪同暴雨两者的时空分布关系密切。每年 6～9 月为雨季，是我国大部分地区暴雨频发时间。山洪灾害也大多出现在这一时期，尤以 7～8 月为最多。

暴雨同地形的一定组合会利于山洪的形成。只要具备陡峻的地形条件，有一定强度的暴雨出现，就可能发生山洪并造成灾害。在同一地区，山的迎风面由于地形的抬升作用，暴雨发生的频率高，强度大，更易发生山洪。

山洪具有重发性，在同一流域，甚至同一年内都可能发生多次山洪。

山洪具有夜发性，暴雨山洪常在夜间发生。这一现象可以解释为：在白天，山下（山麓）空气增温很剧烈，促使上升气流很强，并且在黄昏时形成云。由于夜间降温很多，使云转化为雨降落，如果局部增温能促使从远处移来的不稳定的潮湿气团上升，就会使暴雨强度更大。暴雨山洪常在夜间发生这一特点，对于保护人畜财产，以及进行观测研究都是十分不利的，并由此带来许多困难和造成严重的灾害。

三、山洪的危害

人们一般把山洪、泥石流、滑坡等灾害统称为山地灾害。其中，作为一种广泛存在的自然灾害，山洪与自然环境和人类的社会经济活动有着密切的关系。它在山地灾害链（即由一种原发的主灾诱发出一系列的灾害）中属于主灾，例如，暴雨—山洪—泥石流—滑坡—崩塌灾害链。当前，由于气候变暖、地球变异等原因，山洪等山地灾害进入一个新的活动期，其发生日益频繁，危害日趋严重，影响逐步扩大。

我国是一个多山国家，山区面积约占国土总面积的 2/3，全国 2100 多个县级行政区中有 1500 多个位于山丘区，约 7400 万人不同程度地受到山洪及其诱发的泥石流、滑坡灾害威胁。我国山洪发生的频次、强度、规模及造成的经济损失、人员伤亡等方面均居世界前列。据统计，1950～1990 年，我国因山洪导致农田年均受灾面积近 300 万 hm^2，年均倒塌房屋 80 万间，死亡 15.2 万人，占同期洪涝灾害死亡人数的 67%。1990～2000 年因山洪导致农田年均受灾面积为 540 万 hm^2，年均倒塌房屋 110 万间。1992～2004 年全国因山洪灾害死亡约 2.5 万人，占同期洪涝灾害死亡人数的 65%。

山洪的危害表现为以下方面：

1. 对道路通信设施的危害

山洪对在山区经济建设中占有重要地位的铁路、公路、通信等设施危害极大。由于这些工程设施不可避免地要跨沟越岭，若在设计施工中，对山洪的防范缺乏认识，措施不力，山洪暴发时，将会造成重大损失。

2. 对城镇的危害

山区城镇常修建在洪积扇上，以利于城镇的规划与布局。但它也是山洪必经之路，一旦山洪暴发，将直冲城镇建筑，危害人民生命财产的安全。

3. 对农田的危害

山区农田大都分布于河坝与冲积扇上或沟道两侧，无防洪设施。一旦山洪暴发，山洪裹携的大量泥沙冲向下游，会冲毁或淤埋沟口以下的农田。

4. 对资源的危害

山区具有丰富的自然资源，若不能充分认识山洪的危害，进行有效的防治，山区的资源难以开发利用，阻碍山区的经济发展。

5. 对生态环境的危害

山洪的频繁暴发，破坏了山体的表层结构，增加了土壤侵蚀量，加剧了水土流失，使山区生态环境恶化，加剧了山地灾害的发生和活动。

6. 对社会环境的危害

有山洪的地区，人们难于从事正常的生活与生产，一到雨季人心不安。有的山区城镇，迫于山洪等山地灾害的威胁，不得不部分或全部搬迁。

第二节 山洪的分类与形成

一、山洪的成因分类

山洪按其成因可以分为暴雨山洪、冰雪山洪、溃水山洪三种类型。

暴雨山洪：在强烈暴雨作用下，雨水迅速由坡面向沟谷汇集，形成强大的暴雨山洪冲出山谷。

冰雪山洪：由于迅速融雪或冰川迅速融化而成的雪水直接形成洪水向下游倾泄形成的山洪。

溃水山洪：拦洪、蓄水设施或天然坝体突然溃决，所蓄水体破坝而出形成山洪。

以上山洪的成因可能单独作用，也可能几种成因联合作用。在这三类山洪中，以暴雨山洪在我国分布最广，暴发频率最高，危害也最严重，故以暴雨山洪为主进行阐述。

二、山洪的形成条件

山洪是一种地表径流水文现象，它同水文学相邻的地质学、地貌学、气候学、土壤学及植物学等均都有密切的关系。但是山洪形成中最主要和最活跃的因素，仍是水文因素。

山洪的形成条件可以分为自然因素和人为因素。

（一）自然因素

1. 水源条件

山洪的形成必须有快速、强烈的水源供给。暴雨山洪的水源是由暴雨降水直接供给的。我国是一个多暴雨的国家，在暖热季节，大部分地区都有暴雨出现，由于强烈的暴雨侵袭，往往造成不同程度的山洪灾害。

所谓暴雨，是指降雨急骤而且量大的降雨。一般说来，虽然有的降雨强度大（1分钟十几毫米），但总量不大，这类降雨有时并不能造成明显灾害。而有的降雨虽然强度小些，但持续时间长，也可能造成灾害。所以定义"暴雨"时，不仅要考虑降水强度，还要考虑降雨历时，一船是以 24h 雨量来定。

我国南方地处低纬度地区，属亚热带、热带海洋性季风气候区，夏季风开始较早，台风影响频繁，暴雨出现的次数多，暴雨强度往往也较大。我国东北地区，暴雨出现的频次与强度，除具有向高纬度地区逐渐减少的特点外，还具有明显的东西差异。尤其是 45°N 以南的吉林与辽宁一带，其东半部受海洋气候与地形的影响。暴雨出现的强度与频次均多于西部邻近的内蒙古沙漠地区以及同纬度的太行山以西之北方内陆地区。我国西北及青藏高原的西部，暴雨出现的变率很大，虽然也会出现一些超过年降水量数倍的降雨，但出现的次数很少。

综上所述，由于我国各地暴雨天气系统不同，暴雨强度的地理分布不均，暴雨出现的气候特征以及各地抗御暴雨山洪的自然条件不同。因此，暴雨的定义亦因地区而有所不同。此外，一般降雨强度大的阵性降雨其每小时降水强度的变率也较大，甚至 1h 降雨就可达到 50mm 以上，不过就多数情况看，1h 降雨同 24h 降雨有一定的关系，因此，暴雨可用表 3-1 的各级雨量来定义。

表 3 - 1 　　　　　　　　　　　　　　　**降 雨 量 分 级 表**　　　　　　　　　　　　单位：mm

级别	微雨	小雨	中雨	大雨	暴雨	大暴雨	特大暴雨
24h	<0.1	0.1～10.0	10.1～25.0	25.1～50.0	50.1～100.0	100.1～200.0	>200.0
1h	<0.1	0.1～2.0	2.1～5.0	5.1～10.0	10.1～20.0	20.1～40.0	>40.0

需要特别指出，强暴雨的局地性和短历时雨强对于山洪以及泥石流的激发起着重要作用。

2. 下垫面条件

（1）地形　我国地形复杂，山区广大。按各种地形的分布百分率计，山地占 33%，高原占 26%，丘陵占 10%。因此由山地、丘陵和高原构成的山区面积超过全国面积的 2/3。在广大的山区，每年均不同程度的有山洪发生。

陡峻的山坡坡度和沟道纵坡为山洪发生提供了充分的流动条件。由降雨产生的地表径流在高差大、切割强烈、沟道坡度陡峻的山区有足够的动力条件顺坡而下，向沟谷汇集，快速形成强大的洪峰流量。

地形的起伏，对降雨的影响也极大。湿热空气在运动中遇到山岭障碍，气流沿山坡上升，气流中水汽升得越高，受冷越甚，逐渐凝结成云而降雨。地形雨多降落在山坡的迎风面，而且往往发生在固定的地方。从理论上分析，暴雨主要出现在空气上升运动最强烈的地方。地形有抬升气流，加快气流上升速度的作用，因而山区的暴雨大于平原，也为山洪提供了更加充分的水源。

（2）地质　地质条件对山洪的影响主要表现在两个方面：一是为山洪提供固体物质，二是影响流域的产流与汇流。

山洪多发生在地质构造复杂，地表岩层破碎，滑坡、崩塌、错落发育地区，这些不良地质现象为山洪提供了丰富的固体物质来源。此外，岩石的物理、化学风化及生物作用形成的松散碎屑物，在暴雨作用下参与山洪运动。雨滴对表层土壤的冲蚀及地表水流对坡面及沟道的侵蚀，也极大地增加了山洪中的固体物质含量。

岩石的透水性影响了流域的产流与汇流速度。一般说来，透水性好的岩石由于孔隙率大、裂隙发育，有利于雨水的渗透。在暴雨时，一部分雨水很快渗入地下，表层水流易于转化成地下水，使地表径流减小，对山洪的洪峰流量有削减的作用；透水性差的岩石不利于雨水的渗透，地表径流产流多，速度快，则有利于山洪的形成。

地质变化过程决定了流域的地形，构成流域的岩石性质，滑坡、崩塌等现象，为山洪提供物质来源，对于山洪破坏力的大小，起着极其重要的作用。但是决定山洪是否形成，或在什么时候形成，一般并不取决于地质变化过程。换言之，地质变化过程只决定山洪中挟带泥沙多少的可能性，并不能决定山洪何时发生及其规模。因而，尽管地质因素在山洪形成中起着十分重要的作用，但山洪仍是一种水文现象而不是一种地质现象。

（3）土壤　山区土壤（或残坡积层）的厚度对山洪的形成有着重要的作用。一般说来，厚度越大，越有利于雨水的渗透与蓄积，减小和减缓地表径流，对山洪的形成有一定的抑制作用；反之，暴雨很快集中并产生面蚀或沟蚀土层，夹带泥沙而形成山洪，对山洪起促进作用。

（4）森林植被　森林植被对山洪的形成影响主要表现在两个方面。一方面，森林通过林冠截留降雨，枯枝落叶层吸收降雨，雨水在林区土壤中的入渗等，削减和降低雨量和雨强，从而影响了地表径流量。根据已有研究成果，林冠层的截留降雨的作用与郁闭度、树种、林型有密切关系，低雨量时波动大，高雨量时达到定值，一般截留量可以达 13～17mm。另一方面，森林植被增大了地表糙度，减缓了地表径流流速，增加了下渗水量，延长了地表产流与汇流时间。此外，森林植被还阻挡了雨滴对地表的冲蚀，减少了流域的产沙量。总而言之，森林植被对山洪有显著的抑制作用。

（二）人为因素

山洪就其自然属性来讲，是山区水文气象条件和地质地貌因素共同作用的结果，是客观存在的一种自然现象。但随着经济建设的发展，人类活动越来越多地向山区拓展，对自然环境影响越来越大。如果人类活动不当，则增加形成山洪的松散固体物质，减弱流域的水文效应，促进山洪的形成，增大山洪流量，使山洪的活动性增强，规模增大，危害加重。

（1）森林不合理的采伐，导致山坡荒芜，山体裸露，加剧了水土流失；烧山开荒，陡坡耕种同样会使植被遭到破坏而导致环境恶化。缺乏森林植被的地区在暴雨作用下，山洪极易形成。

（2）山区采矿弃渣，将松散固体物质堆积于坡面和沟道中。在缺乏防护措施情况下，一遇到暴雨，不仅会促进山洪的形成，而且会导致山洪规模的增大。

（3）陡坡垦殖扩大耕地面积，破坏山坡植被；改沟造田侵占沟道，压缩过流断面，致使排洪不畅，增大了山洪规模和扩大了危害范围。

（4）山区土建设施工中，忽视环境保护及山坡的稳定性，造成山坡失稳，引起滑坡与崩塌；施工弃土不当，堵塞排洪流径，降低排洪能力。

三、山洪的形成过程

山洪的形成必须有足够大的暴雨强度和降雨量，而由暴雨到山洪则有一个复杂的产流、汇流和产沙过程。

（一）产流过程

流域的产流过程受诸多因素的影响，影响山洪产流的因素有降雨、蒸发、下渗及地下水等。

1. 降雨

降雨是山洪形成的最基本条件，暴雨的强度、数量、过程及其分布，对山洪的产流过程影响极大。降雨量必须大于损失量才能产生径流，而一次山洪总量的大小，又取决于暴雨总量。

2. 下渗

我国干旱地区植被较差，降雨稀少，地下水埋藏深，土壤缺水量大，一次降雨往往难于满足土壤的含水量需要。要产生径流，必须满足降雨强度大于下渗率的条件，产生的径流主要是地表径流。而湿润地区，年降雨充沛、地下水位高、土壤湿润且下渗能力强，包气带土层很容易蓄满而形成径流，包括地表径流和地下径流。

由于山洪一般是在短历时、强暴雨作用下发生的，形成山洪的主体是地表径流。因此，无论是干旱地区还是湿润地区，地表径流的产流形式均为超渗产流，不同的是在湿润地区往往需要更大的降雨强度。

3. 蒸发

蒸发是影响径流的重要因素之一。每年由降雨产生的水量中，很大一部分蒸发掉了。据统计，我国湿润地区年降水量的 30%～50% 和干旱地区的 80%～95% 都耗于蒸发。但山洪的暴雨产流过程历时很短，其蒸发作用仅对前期土壤含水量有影响，雨间蒸发可忽略不计。

4. 地下水

在山区高强度暴雨条件下，地表径流量很大且汇流迅速，极易形成大的洪峰。而地下径流是由于重力下渗的水分经过地下渗流而形成的，径流量小，出流慢，对山洪的形成作用不大。

（二）汇流过程

山洪的汇流过程是由暴雨产生的水流由流域内坡面及沟道向出口处的汇集过程。该过程可分为坡面汇流和沟道汇流。

1. 坡面汇流

水体在流域坡面上的运动，称为坡面汇流。坡面通常由土壤、植被、岩石及松散风化层所构成。人类活动，如农业耕作、水利工程和山区城镇建设主要在坡面上进行。由于微地形的影响，坡面流一般是沟状流。降雨强度很大时，也可能是片状流。由于坡面表面粗糙度大，以致水流阻力很大、流速较小。坡面流程不长，仅 100m 左右，因此坡面汇流历时较短，一般在十几分钟到几十分钟内。

2. 沟道汇流

经过坡面的水流进入沟道后的运动，称为沟道汇流或河网汇流。流域中的大小支沟组成及分布错综复杂，各支沟的出口相互之间均有不同程度的干扰作用。因此沟道汇流要比坡面汇流复杂。沟道汇流的流速比坡面汇流快。但由于沟道长度长于坡面，沟道汇流的时间比坡面汇流时间长。流域面积越大，沟道越长，越不利于山洪的形成。所以，山洪一般发生在较小的流域中，其汇流形式以坡面汇流为主。

3. 影响流域水流运动的主要因素

（1）降雨空间分布　降雨空间分布不均匀是普遍存在的现象。因此，同样的降雨总量和降雨过程，其空间分布不同，所形成的洪水过程也不同。暴雨中心在下游所形成的洪水同中心在上游的洪水相比，其过程线形状尖瘦，洪峰出现时间早。此外，降雨中心若是从上游向下游移动，则形成的洪峰量大峰高；反之则峰量较小。

（2）阵雨强度　不同的降雨强度对流域汇流的供水强度不同。对于同样的降水总量，雨强越大，洪峰流量越大，流量过程线也越显尖瘦。

（3）流域坡度和水系形状　流域的平均坡度越大，坡面流速和沟道流速越快，降雨形成山洪所需的时间越短。流域形状和水系分布对山洪的影响也是明显的。在图 3-1 中，扇形流域（a）最利于水流的汇集，各支沟径流几乎同时到达主沟，主沟一般较短，调蓄功能较弱，易形成大的径流量。平行水系（b）（或羽状水系）则由于各支沟洪水在主沟的不同区段分别汇入主沟，并且在向沟口流动时又经沟道较长距离的调蓄作用，形成的径流流量相对较小。树枝状水系（c）对山洪的影响作用介于前述两者之间。

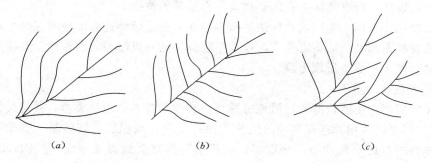

图 3-1　水系形状示意图
（a）扇形流域；（b）羽状水系；（c）树枝状水系

（4）**水源比重**　降雨后形成的地表和地下径流比重上的差异主要与降雨强度和下垫面的土壤、植被以及地质条件有关。由下渗的物理过程可知，雨强越大，地表径流的比重越大，所形成的洪峰流量过程越尖瘦。

（三）产沙过程

山洪中所挟带的泥石物质是由剥蚀过程以及流域中所积累的历史山洪的携带物、冲积物和冰水沉积物所形成。剥蚀作用是指地球表面上岩石破坏过程及破坏产物从其形成地点移往较低地点的搬运过程的总称。对于山洪而言，最重要的有三种剥蚀过程或作用：风化作用、破坏产物沿坡面的移动（崩塌、滑坡等）和侵蚀作用。这些不仅能直接为山洪提供丰富的物质来源，而且为壅塞溃决型山洪的形成准备了有利条件。

1. 地质因素

山洪挟带泥沙极多的地区，绝大多数是地质构造复杂、断裂褶皱发育、新构造运动强烈、地震烈度大的地区，易导致地表岩层破碎以及发生山崩、滑坡、崩塌、错落等不良的地质现象，为山洪提供了丰富的固体物质来源。

2. 风化作用

风化作用是指矿物和岩石长期处在地球表面，在物理、化学等外运动力条件下所产生的物理状态与化学成分的变化。有三种类型的风化作用，即物理风化、化学风化、生物风化。各种风化作用在自然界中是彼此交错进行不可分割的。只是在不同的时间、地点条件下，表现为某些作用的活动强一些，另一些作用的活动弱一些而已。

（1）**物理风化作用**　物理风化作用是指由于温度的变化，使岩石分散为形状与数量各不相同的许多碎块。在昼夜温差很大的地方，在大陆性气候地区，特别是干旱地区，这种现象非常显著。由于岩石的导热性差，急剧的温度变化会引起各部分（各层）体积变化的不均匀，从而形成裂缝，随后发生岩石分裂现象。在寒带地区，尤其是高山地区雪线附近，冻胀风化在物理风化中起着重要作用。这是因为水渗入岩石的缝隙或孔隙后，因温度下降而冻结，水冻结后体积膨胀。据试验，水冻结时加给岩石裂缝壁面上的压力可达 $600N/cm^2$，足以使岩石发生破坏。物理风化作用只是指岩石由大块变成小块，由小块变成砂与细土的现象，而岩石化学成分不发生变化或变化极小。

（2）**化学风化作用**　由于空气中的氧、水、二氧化碳和各种水溶液的作用，引起岩石中化学成分发生变化的作用称为化学风化作用。它与物理风化作用的区别在于化学风化作用不仅使岩石破坏，而且还使岩石的矿物成分有显著的改变。

（3）生物风化作用　生物风化作用是指生物在生长或活动过程中使岩石发生破坏的作用。例如植物根系和动物活动之孔穴，以及生物分泌的有机酸与岩石作用，致使岩石发生崩解、分解而破坏，逐步形成土壤。

3. 泥石沿坡面的移动

由风化作用而产生的松散物质沿地表移动，移动的基本动力是重力，并通过某种介质（水、空气）间接起作用。这样移动的风化产物有 3 种：残积层、坡积层、坠积层。残积层是指在原有岩石处形成的新的松散层；坡积层是指移动到剥蚀基面（坡脚）的风化产物；而坠积层是指已停止运动的风化产物。移动的方式主要可分为崩解、滑坡、剥落、土流、覆盖层崩塌等。

松散物质在坡面上能停住不动的最大倾角（安息角或休止角），依物质的特性的不同而不同，在 25°～50°范围内变化。石块越大，则其外形越不规则，棱角也越多，其安息角也越大。花岗石崖堆最陡（37°）；石灰岩崖堆的安息角在 32°～34°；而页岩崖堆的安息角则为 26°～32°。物理风化能将岩石变碎，减小其安息角，这样就能促使坡积物沿坡面向下移动。

4. 侵蚀作用

侵蚀泛指在风和水的作用下，地表泥、沙、石块剥蚀并产生转运和沉积的整个过程。对于山洪，主要是水蚀的作用，水蚀是雨蚀、冰（雪）水蚀、面蚀、沟蚀、浪蚀等侵蚀的总称。

（1）雨蚀　一般谈及侵蚀作用时，重点常放在地表径流所引起的侵蚀作用，不太注意雨滴的冲蚀作用。其实雨滴的冲蚀作用是十分巨大的，降雨侵蚀土量约有 80% 是雨滴剥离而造成的，其余部分才是地表流水侵蚀造成的。所以侵蚀量很大程度上取决于暴雨的强度及冲击力。

雨滴降落到地面的最大速度可达 8～9m/s，降雨时雨滴冲击地表或覆在地表上的薄水层，使土粒从原位分离、破碎、激溅到空中，激溅离地表的土粒跃起高度可超过 75cm；在平地上，土粒激溅的水平距离可达到 1.5m。

雨滴冲击土壤的能量在整个坡地上大致是平均分布的，而径流冲刷土壤的能量则随着流速的增大自坡顶向坡脚增大。所以雨滴对土壤的冲蚀，以坡顶最为强烈，径流对土壤的冲刷则以坡脚最甚。

由上论述，"土壤侵蚀"和"水土流失"在发生机理上有明显的差异，两个概念必须加以区分，即无土壤侵蚀，则无水土流失；反之，无水土流失，却仍有土壤侵蚀现象存在。要防止水土流失，首先要防止土壤侵蚀，即防止雨滴对表土的冲击。植物性措施能较好地使地面披上保护层，雨滴冲击力的大部分，甚至全部为植物的枝叶所承受，雨滴沿茎杆流到地表基本是清水，易渗入土中，不仅不直接激溅表土，也无土粒堵塞土壤孔隙，渗透量大，径流量小，更有利于保持水土。

（2）面蚀　即表面侵蚀，是指分散的地表径流从地表冲走表层的土粒。面蚀是径流的开始阶段，即坡面径流引起的，多发生在没有植被覆盖的荒坡地上或坡耕地上。坡面径流具有无固定方向和冲刷力较小的特点，因而从地表带走的仅是表层土粒。由于面蚀所冲走的是最肥沃的表层土，且影响面积较大，因此无论是对农业生产的危害，或是对于山洪的形成，影响都是很大的。面蚀的数量取决于坡面风化产物的数量与特性，以及地表径流的强度。

（3）沟蚀　沟蚀是指集中的水流侵蚀。沟蚀的影响面积不如面蚀大，但对土壤的破坏程度则远比面蚀严重。沟蚀由于水流集中，一遇较大山洪，发展异常迅速。对于耕地面积的完整、灌溉渠道及铁路、公路的桥梁、涵洞等建筑物都有很大的危害。

沟蚀按其发展程度，又可分为三种：

浅沟侵蚀　一般深达 0.5～1.0m，宽约 1.0m，横断面呈扁平状，后来逐步切入母质层。

中沟侵蚀　沟宽达 2.0～10.0m。

大沟侵蚀　沟宽在 10.0m 以上，沟床下切至少在 1.0m 以上，沟的断面成狭长形，危害严重。

（4）其他侵蚀　主要有冰（雪）侵蚀、浪蚀和陷穴侵蚀。陷穴侵蚀多发生在我国黄土区，原因是黄土疏松多孔，有垂直节理，并含有很多的可溶性碳酸钙，降雨后雨水下渗，溶解并带走这些可溶性物质。日积月累，内部形成空洞，至下部不能负担上部重量时，即下陷而形成陷穴。

综上所述，可用图 3-2 概化山洪形成过程中的诸多要素。

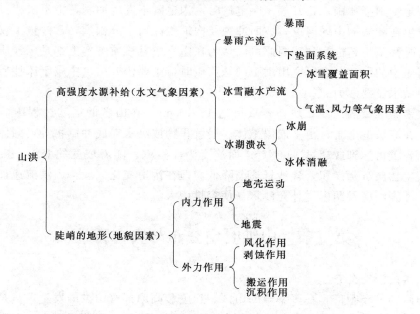

图 3-2　山洪形成过程中的诸多要素

四、山洪的运动特征和挟沙能力

山洪的运动特征不同于一般洪水，它具有流速大，冲刷强，含沙量高，破坏力大，水势陡涨陡落，历时短的特点。

1. 山洪的运动特征

山洪发生在较小山区流域，在强烈的暴雨作用下，水流快速汇集，形成洪水，很快达到最高水位。洪水上涨历时短于退水历时。水流的最大流速同最高水位出现的时间基本一致，且涨水时的流速大于退水时的流速。在水位流速关系图上呈现绳套曲线。图 3-3 为一典型山洪流量过程线，图 3-4 为典型水位流速关系曲线。

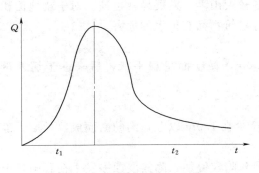 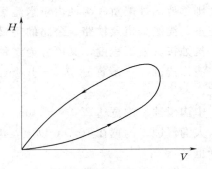

图 3-3　典型山洪流量过程线　　　　图 3-4　典型水位流速关系曲线

2. 山洪的挟沙能力

在一定的水流条件下，水流所能挟带悬移质中床沙质的饱和含沙量，称为挟沙能力。悬移质中床沙质的数量是由水流条件和床沙组成所决定的，若超过一定量，就会发生淤积；少于一定量则会冲刷；正好等于一定量时，沟道既不发生冲刷，也不淤积。

山洪发生在陡峻的山区河道，坡面冲蚀及沟道侵蚀均十分剧烈，含沙量不仅常常接近于饱和，有时甚至呈超饱和状。因此可以认为在山洪中悬移质基本上都是床沙质，即大部分存在于河床中的泥沙。在研究山洪中的悬移质时，主要研究山洪中属于床沙质的饱和含沙量，也叫做水流挟沙力。

山洪挟带着大量的泥沙石块，容重可达 $13kN/m^3$。在山洪的运动过程中，其含沙量不断变化。在流域的上游，由于崩塌土体、残坡积物或洪水揭底冲刷物等，固体物质大量加入山洪，容重可达到或超过 $13kN/m^3$ 而演变为泥石流。随着坡度的变缓，流动阻力增大，一些较粗物质沉降淤积，含沙量逐渐降低。但在沟道变化区段，山洪流速加快，挟沙能力增大，冲刷沟底及两岸，补充沙量，使容量增大。

第三节　山洪时空分布与灾害特性

一、山洪的时空分布

我国山洪的分布很广，在多暴雨的山区、丘陵和高原都有山洪的发生，只是破坏力大小则因地因时差异很大。因此，山洪的分布一般比泥石流的分布范围更大。我国山洪地域性分布广泛，全国 2/3 的山丘区都有发生，其中以西南山区、西北山区、华南地区、华北土石山区最为强烈。

山洪的时空分布与暴雨的时空分布相一致。每年春夏之交我国华南地区暴雨开始增多，山洪发生的几率随之增大，受其影响的珠江流域在 5～6 月的雨季易发生山洪；随着雨季的延迟，西江流域在 6 月中旬至 7 月中旬易发生山洪；6～7 月主雨带北移，受其影响的长江流域易发生山洪；湘赣地区在 4 月中旬即可能发生山洪；5～7 月湖南境内的沅、资、澧流域易发生山洪；清江和乌江流域在 6～8 月发生山洪；四川省汉江流域为 7～10 月发生山洪；7～8 月在西北、华北地区易发生山洪。此外，由于受台风天气系统的影响，沿海一带在 6～9 月的雨季也可能发生山洪。

二、山洪灾害的特征

1. 分布广泛

我国位于东亚季风区，季风气候决定了我国降雨在年内的高度集中，以强降雨引发的山洪灾害发生最为频繁，危害也最为严重。暴雨活动的广泛性决定了山洪灾害分布范围广，且以溪河洪水灾害更为突出。我国山丘区流域面积在 $100km^2$ 以上的河流有约 5 万条，约 70% 以上的河流因受降雨、地形、人类活动影响，经常发生山洪灾害。

2. 发灾突然

在我国发生最多的是暴雨山洪，且灾害也最为严重。由于激发山洪的暴雨具有突发性，导致了山洪灾害的突发性，导致预报难度大，加重了山洪灾害。

3. 成灾迅速

山洪的暴发历时很短，成灾非常迅速，破坏性强，在山洪过境的瞬间已造成巨大危害。

4. 范围集中

山洪的成灾对象是直接与山洪接触的区域和建筑物等，成灾范围小而集中，基本上是顺坡沿沟向下游延伸的，山洪的成灾面积一般小于洪水而大于泥石流的受灾面积。

5. 冲击为主

山洪具有较高的水位及很大的瞬间流量，其破坏形式主要是冲击。因山洪一般都发生在陡峻的山区，一次山洪的总径流量不大，造成涝灾的可能性比较小。山洪对沟道及沟岸的农田具有毁灭性的破坏作用。

三、山洪危害的表现形式

山洪对其活动区（包括集流区、流通区、堆积区）内的生态环境、城镇、居民点、工业、农业、交通、水利设施、通信、旅游、资源和人民生命财产等均会造成直接破坏和伤害。同时山洪携带的大量泥沙会堵塞干流，给干流上、下游地区造成危害。

由于山洪的规模、性质、地形条件和受害对象不同，山洪的危害也表现为多种形式，主要有以下几种：

（1）淤埋　在流域的中下游地区，即山洪活动的平缓地带，山洪流速降低。山洪所携带的大量泥沙沉积，淤埋各种目标。山洪规模愈大，上游地势愈陡峻，阻塞愈严重，对中下游淤埋就愈严重。

（2）冲刷　在山洪的集流区和流通区内，大量坡面土体和沟床泥沙被带走，使山坡土层被冲刷减薄甚至剥光，成为难以利用的荒坡；由于河床两侧被冲刷，会造成两岸岸坡崩塌，使沿岸交通、水利等工程设施遭破坏。

（3）撞击　快速运动的山洪，特别是当其中含有较大块石时，具有很大的冲击动能，能撞毁桥梁、堤坝、房屋、车辆等各种与之遭遇的固定设施和活动目标。

（4）堵塞　山洪汇入干流，携带的大量泥沙沉积堵塞河道，抬高干流上游水位，使上游沿岸遭受淹没灾害。一旦堵塞的泥沙发生溃决，又将重新形成大规模的山洪，对下游造成危害。

（5）漫流改道　当沟床坡度减缓，大量泥沙会淤积下来，使沟床抬高，造成山洪的漫流改道，冲毁或淹没下游各种设施。

（6）磨蚀　山洪中含有大量泥沙，在运动中对各种保护目标及其防治工程造成严重的磨蚀。

（7）弯道超高与爬高　山洪具有很大的流动速度，因而直进性较强。山洪在弯道处流动或遇阻塞时，超高或爬高的能力很强。有时甚至能爬脊越岸，淤埋各种目标。

（8）挤压主河道　山洪带来的大量泥沙使洪积扇不断扩大，形成滩地，并将主河道（干流）逼向对岸，使对岸遭受严重冲刷，造成岸坡失稳，并且由于流路改变，使沿岸各种设施遭受危害。

四、山洪灾害的调查评估

山洪灾害的调查评估主要是对山洪灾害的成因、活动规律、规模和灾情等进行调查和分析评估，为山洪防治提供依据。

由于山洪不同于一般的洪水，调查工作有其自身的一些特点。主要调查内容应包括山洪发生的时间、历时、过程；气候、气象特征；流域面积、地形、土壤、植被等自然地理特性；洪痕调查，沟道、断面测量，山洪发生时沟道状况；洪水流量及总量的推算；山洪频率的确定；社会环境及经济情况的调查。

在山洪灾害发生以后，应尽早进行灾情调查。否则，随着救灾工作的开展及受灾群众的搬迁，将给灾情调查工作带来很大的困难。在调查中，要特别注意了解不同层次群众的心理，对提供的灾情信息要加以多方印证，分析采用，防止夸大灾情，做出不合实际的报告。这将直接影响上级决策部门的抢灾、救灾措施的制定与实施。因此，必须在广泛调查研究的工作基础上，做出详实的灾情调查评估报告。

灾情调查评估工作主要内容如下。

1. 灾害发生的时间及区域

山洪发生的时间同灾害发生的时间有时并不同步，在调查中需对山洪到达时间与成灾时间区分开来，以利于资料的整理和分析，对灾害范围也应做出详细的调查和划定。

2. 成灾的表现形式

在调查中应按流域内山洪灾害的表现形式对各类灾害进行划分归类。例如，在山洪流经的沟道及沟岸两侧，主要以冲击、冲刷为主，山洪以其强大的冲击力，摧枯拉朽，破坏阻碍其流动的所有建筑物及农田坝坎，而在流域出口或坡度陡然变缓地带出现淤埋灾害。

3. 人员伤害

山洪的最大的威胁是对生命的伤害。在调查中应对死亡人数、受伤人数、下落不明人数分别做出统计，对其各自的原因及过程尽可能有详细的说明。

4. 经济损失

在以上调查的基础上做出经济损失的估算，包括直接经济损失和间接经济损失。直接经济损失包括山洪直接毁坏的农田、房屋、牲畜等集体及个人财产损失，应折算成人民币进行计算；间接损失指由于山洪引起的交通、电力中断，厂房、设备受损等造成的产品成本增加、停产、误工损失，合同无法按期完成的违约损失等，还包括防洪抢险、灾民撤离、疾病防治、灾后恢复等费用。由于对间接损失的详细分析和精确估计是很困难的，一般是根据典型实例的调查结果或经验估计得出间接损失占直接损失的百分数来作为间接洪灾损失估算的依据。

第四节　山　洪　预　报

我国山区山洪现象十分普遍，常造成人民生命财产的重大损失。为保护山区的城镇和重要经济建设工程，保障资源开发及人民生命财产安全，减轻或消除山洪危害，山洪的预报措施具有重要作用。

一、山洪的气象（降雨）预报方法

（一）我国暴雨特性

我国是多暴雨国家。在夏季风盛行季节，暴雨不仅强度大，而且发生频次也很高。从辽东半岛，沿燕山、太行山、大巴山到巫山一线以东的海河、淮河和长江中下游地区以及浙闽山地是我国特大暴雨经常发生地区；川西北、内蒙古与陕西交界处的中纬度内陆地区常有暴雨、大暴雨出现；东南沿海、台湾、海南岛及广西，有台风带来的大暴雨。

大暴雨一般在沿海出现机会多，内陆相对少些；但内陆暴雨历时短、强度大。几分钟到 1h 的暴雨最大值有一些发生在热带地区，另一些发生在中高纬度内陆。我国 24h 降雨最大值为 1672mm，1967 年 10 月 17 日发生在台湾新寮；大陆 24h 最大值为 1060mm，1975 年 8 月 7 日发生在河南林庄，同时出现 1h 暴雨最大值 198.5mm；5min 暴雨最大值为 53.1mm，1971 年 7 月 1 日发生在山西梅桐沟。

强暴雨的局地性和短历时雨强对于激发山洪所导致的泥石流灾害起着重要作用。我国川西地区激发泥石流的 1h 雨强一般在 30mm 左右，10min 雨强则在 10mm 以上。

（二）暴雨监视预报

1. 雷达暴雨监视预报

雷达在暴雨监视、短时降水预报中起重要作用，它能迅速及时对一定范围内暴雨系统进行监视和追踪，探测云雨和降水的发生、发展、分布及变化，取得降水天气信息。

雷达发射的电磁波在空中遇到降水水滴时，电磁波的部分能量被反射，并在雷达荧光屏上显示出来。由于雷达回波结构特征如回波形状、水平尺度、垂直尺度、回波强度与降水有密切关系，回波演变与暴雨密切联系。所以，可通过对降水回波的距离、高度、方位、强度、结构和随时间变化的分析，了解远处降水的发生、发展、分布和降水区的移动及降水强度变化。

2. 卫星云图暴雨监视预报

由卫星云图上云的分布，确定各种天气系统，如锋面、高空槽、台风等的位置，移动相变化，从连续的静止卫星云图上发现暴雨云团的形成过程；根据云图上的亮区预报降水，云图上较亮的云区发生降水的可能性大，特别亮的云团往往与暴雨中心相对应；根据云团的位置和移动来推求未来暴雨区位置；从云图上的云型特征预报降水，重要的降水天气系统有明显的云型特征。

3. 天气图预报暴雨

天气图用于分析大气物理状况和特性，反映一定时刻大区域内的天气实况和天气形势。一是根据预报区域暴雨出现时各种天气系统的活动情况，概括出暴雨出现时各种气压系统配置特点，并用概略模式图表示；二是根据预报区域暴雨出现时各种同降水有关系的气象因子分布特点，概括出暴雨出现时间、地点及这些气象因子必须满足的条件。

二、山洪预报中的地质地貌条件分析

山洪主要发生在山区和丘陵区溪沟中，由降雨径流冲蚀陡峻谷坡上的物质。因而山洪洪峰流量，洪水总量与地质地貌条件有密切关系。在同样条件下，地表山坡坡度大、沟道纵坡大的溪沟易发生山洪；而土壤多为沙性、孔隙大、透水性能比较良好的山区，在暴雨中不易形成地表径流，发生山洪的可能性较小。

进行地质、地貌调查时，应标明山洪分布的界线、山洪危险程度分区、山洪形成的一般规律；建立各山洪沟谷的数据库，包括流域特征、地质地貌、森林植被、水文、山洪发生频率、规模、危害程度、人类经济活动、沟道堵溃可能性及程度等参数。在各沟谷标明山洪发生条件、活动范围及可能遭受山洪破坏的范围。

上面介绍的降雨分析和地质地貌条件分析两种方法，通过分析来推断天气形势能否产生暴雨，流域地表条件是否有利于山洪形成，间接地对发生山洪的可能性作出判断估计，虽然预报精确性差些，但能够较早地预测可能发生的山洪灾害，从而提前做好防御准备。

山洪的形成因素众多，有雨量、雨强、降雨笼罩面积以及雨强随时间的进程；雨水入渗及其随时间与空间的变化，植物截留及洼地蓄水；坡面上及沟槽径流如何形成等，以及影响山洪形成的水文、气象、地貌之间的相互关系等。在形成山洪的各项因素中，暴雨是最活跃和最重要的因素，在进行预报时，要考虑暴雨、地质地貌及土壤植被等特点，综合判断山洪发生的可能性。

三、利用物象测雨和对异常征兆及天气谚语预报

各地群众都有长期积累起来的天气谚语，观察沟溪水汽、倾听风声及家禽动物异常变化来预报山洪。风反映空气的水平运动，是天气的前驱；云是天气的相貌，是空中凝结的水汽，通过看云可推测未来的天气变化；动物有其本身的活动规律和习性，在不同的天气条件下，某些动物对天气变化的反应很灵敏，通过动物一些异常的变化可判断天气的变化。

在有条件的地方，可以应用简单的气象仪器，如气压计、湿度计、温度计等测定当地的气象要素。空气中的水汽量增多，气压下降，就可能下雨；若观测到湿度逐日上升，温度也同时上升，人体感到闷热，以后温度突然下降，则表示即将下雨；若连续几天冷下去，湿度又不降低，则表示有较长时间的阴雨天气。

四、山洪预报的水文方法

水文方法预报山洪，是根据水文测验所得到的资料进行预报，即根据上游站的流量、水位，按山洪的汇流速度或汇流时间来预报下游站的流量。这首先要有足够的观测站，以便向下游所保护的对象发布山洪预报。山洪观测站的数目，由能够及时通知山洪出现的时

间来确定，且两个观测站不宜设置过近，按山洪汇流时间来说，不应少于 15min。一般在流域沟道长度小于 10km 的区域，设 3 个观测站即可。观测站应设在所预报的对象所处干流之上，并尽可能靠近支流汇入干流地点。山洪水文预报方法和要求与普通洪水预报基本相同，但是山洪预报应针对山洪特性，侧重掌握汇流时间，沟溪坡度以及侵蚀的边界条件变化等。

第五节　山洪设计流量计算

一、山洪防洪标准

防洪工程标准分为设计标准和校核标准两种。根据拟定工程规模、工程性质、范围及其重要程度、山洪灾害的严重程度、国民经济的发展水平等，要求准确、合理地选定某一频率作为计算洪峰流量的标准，称为防洪设计标准。防洪工程标准过高，平时发挥不了作用，并增加修建、维修费用，造成工程上的浪费；若设计标准定得过低，可能出现工程失事，甚至造成生命、财产的巨大损失。因此应认真分析研究，全面考虑选定设计标准。在大于设计标准或非常情况下（可能发生特大山洪）使工程仍能发挥其原有作用的安全标准，称为校核标准。

具体到城镇防洪标准、工业企业防洪标准、黑色金属矿山防洪标准、煤矿系统防洪标准、尾矿场防洪标准以及水工构筑物防洪标准等，可以参见有关国家标准规定。

二、设计洪峰流量计算

山洪洪峰流量是确定防治工程构筑物断面尺寸的主要依据。设计洪峰流量计算的目的是为山洪防治工程规划提供各种规定频率（或重现期）和相应的洪水流量。设计流量计算成果的准确、合理与否，将直接关系到防治工程的成败。若设计流量偏大，势必造成不应有的浪费；若流量偏小，又潜伏着危险。

我国幅员辽阔，各地气候、地质、地貌等条件差别大，影响山洪洪峰流量的因素十分复杂，不可能用一种简单方法或普遍公式去适用于全国范围。如果具有充分的水文资料，也可根据流量资料推求洪峰流量。但山区沟道一般缺乏实测流量资料或资料不足，难以用流量资料推求设计洪峰流量。在山洪设计洪峰流量计算中，一般采用洪水调查法、推理公式、经验公式三种方法。

（一）洪水调查法

调查方法前已详述，由洪水调查，可以确定洪水水位、调查沟段的过水断面及沟道的其他特征数值，根据这些数值可以通过比降法、急滩法或卡口法计算洪水流量。

当设计地点附近有已知河沟的洪峰流量时，可推算设计地点的洪峰流量。已知河沟的地形特征和其他条件与本河沟相似时，按下式推求设计断面处的洪峰流量：

$$Q_2 = Q_1 \left(\frac{F_2}{F_1} \right)^n \tag{3-1}$$

式中：Q_2 为设计断面洪峰流量，m^3/s；Q_1 为已知河沟洪峰流量，m^3/s；F_1 为已知河沟汇水面积，km^2；F_2 为设计断面的汇水面积，km^2；n 为汇水面积指数，采用按当地水利部门确定的数值或取 0.8。

（二）推理公式法

在缺乏水文资料的山区流域，推求设计暴雨多采用暴雨公式，水利部门常用的暴雨公式为

$$i_p = \frac{S_p}{t^n} \tag{3-2}$$

式中：i_p 为设计雨强，mm/h；t 为降雨历时，h；S_p 为雨力，mm/h；n 为雨强衰减指数。

假定流域产流强度在空间上分布均匀，汇流符合线性规律，汇流面积随汇流时间的增加而均匀增加，又设计暴雨推求设计洪峰流量计算的推理公式可以写成为

$$Q_p = 0.278 \left(\frac{S_p}{\tau^n} - \mu \right) F \qquad t_c \geqslant \tau$$

$$Q_p = 0.278 \left(\frac{S_p}{t_c^n} - \mu \right) \frac{t_c}{\tau} F \qquad t_c < \tau \tag{3-3}$$

式中：Q_p 为山洪设计洪峰流量，m^3/s；τ 为流域汇流时间，h；t_c 为净雨历时，h；F 为流域集水面积，km^2。

推理公式中的各项参数可按以下途径推求。

1. 暴雨参数 S_p、n

S_p、n 查当地暴雨参数等值线图或水文手册得出。若已知 24h 设计雨量 P_{24p}，也可根据查出的 n 代入暴雨公式反推 S_p

$$S_p = P_{24p} 24^{n-1} \tag{3-4}$$

2. 损失参数 μ

查当地损失参数等值线图或水文手册得出 μ，也可以采用设计公式推求

$$\mu = (1-n)^{\frac{n}{1-n}} \left(\frac{S_p}{h^n} \right)^{\frac{1}{1-n}} \tag{3-5}$$

3. 净雨历时 t_c

t_c 的计算公式为

$$t_c = \left[(1-n) \frac{S_p}{\mu} \right]^{\frac{1}{n}} \tag{3-6}$$

4. 流域汇流时间 τ

τ 的计算公式为

$$\tau = 0.278 \frac{L}{m_1 J^{1/3} Q_m^{1/4}} \tag{3-7}$$

式中：L 为流域干流长度，m，从流域水系图或地形图量取；J 为干流比降，通过实测得出；m_1 为汇流参数，查当地水文手册得出，也可以根据实测或调查洪峰流量推求。

（三）经验公式

经验公式一般是将设计洪峰流量与流域面积 F、沟道主沟长度 L 和沟道平均比降 J 等主要因素，用概化方法建立经验关系，以推求设计洪峰流量。

1. 一般经验公式

公式基本形式为

$$Q_p = k_p F^m \tag{3-8}$$

式中：Q_p 为设计洪峰流量，m^3/s；k_p 为与流量模数；m 为面积指数。

2. 中国公路科学研究所的经验公式

中国公路科学研究所根据各地区的水文实测资料及洪水调查资料，提出下列流量计算公式。

（1）无暴雨资料，汇水面积小于 $10km^2$，按下式估算

$$Q_p = k_p F^m \tag{3-9}$$

当 $F \leqslant 1km^2$，$m=1$；当 $1.0km^2 \leqslant F < 10.0km^2$，$m=0.75 \sim 0.80$，根据地理分区按表 3-2 查取；$k_p$ 按表 3-3 查取。

表 3-2　　　　面 积 指 数 m 表

地区	华北	东北	东南沿海	西南	华中	黄土高原
m	0.75	0.85	0.75	0.85	0.75	0.80

表 3-3　　　　流 量 模 数 k_p 表

频率（%）	华北	东北	东南沿海	西南	华中	黄土高原
50.0	8.1	8.0	11.0	9.0	10.0	5.5
20.0	13.0	11.5	15.0	12.0	14.0	6.0
10.0	16.5	13.5	18.0	14.0	17.0	7.5
6.7	18.0	14.6	19.5	14.5	18.0	7.7
4.0	19.5	15.8	22.0	16.0	19.6	8.5
2.0	23.4	19.0	26.4	19.2	23.5	10.2

（2）如果有暴雨资料，按下式计算

$$Q_p = \varphi S_p F^{2/3} \qquad F \geqslant 3\ km^2 \tag{3-10}$$

$$Q_p = \varphi S_p F \qquad F < 3\ km^2 \tag{3-11}$$

式中：S_p 为雨力，mm/h；φ 为径流系数。

（3）西北地区当 $F < 1km^2$ 时，按下式计算

$$Q_p = k_p F \tag{3-12}$$

3. 公路科学研究所简化公式

流域面积不超过 $30km^2$ 时，按下式计算

$$Q_p = \varphi(h-z)^{3/2} F^{1/5} \tag{3-13}$$

式中：h 为地表径流深，mm；z 为植物截留和洼蓄，mm。

该公式计算参数考虑了流域的地形、地貌、降雨、渗透损失及直接产生地表径流的径流深等因素，备有专用图表，可参阅有关文献。

4. 中国水利科学研究院水文研究所经验公式

中国水利科学研究院水文研究所通过洪水调查，对汇水面积 F 小于 $100km^2$ 区域，提出下列公式

$$Q_p = k_p F^{2/3} \tag{3-14}$$

式中：k_p 通过实测和调查得到，也可根据地形情况选用：山区取 $k_p = 0.72S_p$；平原取 $k_p = 0.5S_p$。

当汇水面积 $F < 3\text{km}^2$ 时公式为

$$Q_p = 0.6k_pF \tag{3-15}$$

5. 第三铁路设计院公式

第三铁路设计院编制了适用于华北、辽宁、山东等地区的小流域暴雨计算公式

$$Q_p = 16.67\varphi i_pF \tag{3-16}$$

式中：i_p 为设计降雨强度，mm/s。

6. 第二铁路设计院公式

该公式适用于汇水面积 $F < 30\text{km}^3$ 的西南地区：

$$Q_{0.02} = c_1c_2c_3c_4c_LF^mQ_1 \tag{3-17}$$

式中：$Q_{0.02}$ 频率为 2% 的设计山洪洪峰流量，m^3/s；Q_1 为西南地区 50 年一遇的洪峰流量，m^3/s；c_1 为土壤类属校正系数；c_2 为沟道平均坡度校正系数；c_3 为沟道横断面边坡坡度校正系数；c_4 为山坡面流校正系数；c_L 为沟槽长度修正系数；m 为面积参数。

计算过程中有关图表可参考有关文献。

第六节 山 洪 治 理

防治山洪，减轻山洪灾害，主要是通过改变产流、汇流条件，采取调洪、滞洪和排洪相结合的综合治理措施来实现。主要措施有两种：一是水土保持，通过修建谷坊、塘、埝，植树造林及改造坡地为梯田等，在流域面上控制径流和泥沙，不使其流失和大量进入沟槽；二是水库调洪和滞洪，在上游沟道适当位置处修建水库，利用水库库容拦蓄、调节洪水和滞蓄洪水，削减下游沟道的山洪洪峰流量，减轻或消除山洪灾害。排洪措施则以整治沟道筑堤排洪为主，使山洪安全排泄，不致成灾。

一、山洪防治工程措施

（一）排洪道

控制山洪的一种有效方式是使沟槽断面有足够大的排洪能力，可以安全地排泄山洪洪峰流量设计这样的沟槽的标准是山洪极大值。这一方式包括一系列增大沟槽宣泄能力的措施，如加宽现有沟床，加深、清理沟道内障碍物、淤积物，修筑堤坊、修建分洪道，以加大沟道的泄洪能力，使水流顺畅，水位降低。排洪道工程常用于位于山前区的城镇、工矿企业、村庄等，尤其适用于地表坡度较大的情况。

1. 排洪道的布置

排洪道的布置应注意以下几点：

（1）排洪道应因地制宜布置，尽可能利用现有天然沟道加以整治利用，不宜大改大动，尽量保持原有沟道的水力条件。

（2）排洪道的纵坡应根据地形、地质、护砌条件、冲淤情况、天然沟道纵坡坡度等条件综合考虑确定，应尽量利用自然地形坡度，以节省工程造价。

（3）排洪道在整个长度范围内力求保持宽度一致。若排洪道宽度改变时，为避免流速

突然变化引起冲刷和涡流，其渐变段长度不小于 5～10 倍底宽差（或顶宽差）。尽量采用直线性平面布置，避免弯边。若必须弯道布置时，弯道半径不小于 5～10 倍设计水面宽度，弯道外侧除考虑水位和安全超高外，还应考虑弯道超高。

（4）排洪道应尽量布置在城镇、厂区、村庄的一侧，避免穿绕建筑群，穿越道路时，采用桥涵连接。

（5）排洪道尽量采用明沟，当必须采用暗沟时，应考虑检修条件。排洪道内严禁设置障碍物影响水流，排洪道上不宜设建筑物。

（6）排洪道进口段应选在地形和地质条件良好地段，并使其与上游沟道有良好衔接，使水流顺畅，有较好的水力条件。出口段也应选在地形怀地质条件良好地段，并设置消能、加固措施。

2. 排洪道的护砌

排洪道在弯道、凹岸、跌水、急流槽和排洪道内水流流速超过土壤最大容许流速的沟段上，或经过房屋周围和公路侧边的沟段及需避免渗漏的沟段时，需要考虑护砌。护砌有以下几种方式：

（1）一侧防护　用于一侧有建筑物需要防护，而另一侧不怕冲刷的沟道。

（2）二侧防护　用于断面宽、流速小，而且两岸均有建筑物需要防护沟道。

（3）整体防护　适用断面窄小或流速较大，但两岸有建筑物需防护的沟道。

3. 截洪沟

山坡上的雨水径流经常侵蚀坡而使其产生许多小冲沟。暴雨时，雨水挟带大量泥沙冲至山脚下，使山脚下或山坡上的建筑物受到危害。为此设置截洪沟以拦截山坡上的雨水径流，并引至安全地带的排洪道内。截洪沟可在山坡上地形平缓、地质条件好的地带设置，也可在坡脚修建。截洪沟设置与设计遵循以下几点：

（1）截洪沟要尽量与坡面原有沟埂结合，一般利用地形沿等高线布置。

（2）为多拦截地表水，截洪沟应均匀布置，沟间距不宜过大；沟底保持一定坡度，使水流顺畅，避免发生淤积；纵坡不宜大于 0.01，以防冲刷。

（3）山区城镇在改缓坡为陡坡地段（切披），坡顶应修截洪沟，沟边与切坡坡顶必须保持不小于 3～5m 的安全距离，并防止截洪沟的渗透。

（4）截洪沟一般布置在山坡植被差、水流急、坡陡、径流量大的地方。

（5）截洪沟断面大小应满足排洪量的要求，不得溢流出沟槽。截洪沟的水力计算按明渠均匀流公式计算，其计算方法和步骤与排洪道相同。

（6）截洪沟与排洪沟相接处，高差较大时，应修建跌水。

4. 跌水

在地形比较陡的地方，当跌差在 1m 以上时，为避免冲刷和减少排洪渠道的挖方量，在排洪道下游常修建跌水。跌水分为单级跌水和多级跌水。将地表陡槛修建成一个一次跌落的跌水是单级跌水，将地表陡槛分割成数级跌差的跌水是多级跌水。

跌水是由进口、消力池和出口组成。进口由翼墙、上游护底及跌水组成，其主要作用是使水流顺利流入，并避免流速过大冲刷跌水上游渠道。消力池由消力池底板、跌水墙和侧墙组成，其主要作用是消除和削弱下泄水流的能量及对构筑物的冲刷磨蚀。出口一般为宽顶堰或实用断面堰，其作用是使水流与下游平顺衔接。

进水口断面形式确定后，其宽度按下式计算：

当进水口为矩形断面时

$$B = Q/(\varepsilon M H^{3/2}) \tag{3-18}$$

当进水口为梯形断面时

$$Q = \varepsilon M (B + 0.8mH) H^{3/2} \tag{3-19}$$

式中：Q 为设计流量，m^3/s；M 为流量系数；ε 为侧收缩系数；B 为进水口底宽，m；m 为边坡系数；H 为设计行近流速水头，m。

（二）谷坊

谷坊是在山谷沟道上游设置的梯级拦截低坝，高度一般为 1~5m。

谷坊的主要作用有：固定沟床侵蚀基点，防止沟床下切和沟岸扩张，使沟床逐渐淤高，稳固沟床，以加强山坡坡脚稳定性，防止沟岸崩塌；截留泥沙，不使其沉入沟道的下游，避免下游沟床抬高；使沟床坡度变缓，降低水流流速，削减洪峰，减少冲刷；淤积起来的沟谷可以种植树木，使荒溪得以改良。

1. 谷坊的种类

谷坊可按使用建筑材料不同、透水性不同或使用年限不同而进行分类。

（1）按建筑材料分，有混凝土谷坊、石砌谷坊、土谷坊、打桩编柳谷坊、树梢谷坊、铅笼谷坊、木笼谷坊、钢筋混凝土谷坊等；

（2）按透水性大小分，有透水性谷坊和不透水性谷坊；

（3）按使用有效期分，有永久性谷坊和临时性谷坊。

2. 谷坊修建位置

谷坊应修建在支沟或大溪流的中上游冲刷比较严重的地段。修建时，应沿沟谷自上而下节节布置。

谷坊坝址的确定：

（1）应选在基础较好的岩石地带，使谷坊坚固耐久。

（2）应布置在沟谷宽敞下方的窄狭地段，以缩小谷坊工程量，加大拦截泥沙的容积。

（3）应设在沟谷弯道偏下游地段。

（4）应选在滑坡危险地段下游，以防止滑坡。

（5）应设在陡跌水上游的沟床平缓地带，若在跌水下游修谷坊，应选在地势平缓处，避免在陡坡地段修建谷坊。

石谷坊溢水口可直接设置在谷坊顶部的中间或靠近地质条件好的岩坡一侧。过水部分用浆砌。当谷坊两岸山脚不坚固，易受水力冲刷时，谷坊上应设置溢洪口，以保证水流不漫溢顶部，以免冲毁两岸，冲塌谷坊。谷坊的溢洪口一般布埋在坝址一侧的山坳处或坡度平缓的实土上。当溢洪口设在谷坊上时，应做好防冲处理。

谷坊溢水口一般为矩形，断面用下面宽顶堰公式计算

$$B = Q/M H_0^{3/2} \tag{3-20}$$

式中：B 为溢流口宽度，m；Q 为设计流量，m^3/s；M 为流量系数，一般取 $0.35\sqrt{2g}$；g 为重力加速度，m/s^2；H_0 为计算水头，m，可采用溢流水深 H 值。

谷坊溢流口下游与土质沟床连接处，应设置防冲消能设施。

（三）防护堤

防护堤位于沟道两岸，可以增加两岸高度，提高沟道的泄流能力，保护沟道两岸不受山洪危害，同时也起到约束洪水、加大输沙和防止横向侵蚀、稳定沟床的作用。城镇、工矿企业、村庄等防护建筑物位于山区沟岸上，背山面水，常采用防护堤工程措施来防止山洪危害。

防护堤的布置：

（1）根据被保护区的要求，确定其范围，以少占耕地，少占住房为宜。堤线定向应与山洪流向一致，堤线尽可能顺直或微弯，采用较大的弯曲半径，一般为5～8倍设计水面宽，避免急弯和折线。两岸堤线应该布置平行，堤线与中水位的水边线要有一定的间距。

（2）干沟（河）滩上的防护堤，当对过水断面有严重挤压时，为使水流顺畅，避免严重淘刷，防护堤首段应布置成八字形喇叭口。

（3）堤线应选择土质良好的地带，堤线不宜跨越深沟，避免经过沙层、淤泥层等不良地带。有条件的地方，应选在地势较高处，有利防护和减少土方。

（4）防护堤起点要布置在水流平顺的地段，堤肩应嵌入岸边，防护堤末端采用封闭式或开口式。

（5）防护堤脚不能靠近沟岸或滩缘，以防止山洪淘刷而危及堤身安全。

（四）丁坝

1. 丁坝设置目的及种类

丁坝是一种不与岸连接、从水流冲击的沟岸向水流中心伸出的一种建筑物。在山洪沟道上修建丁坝的主要目的如下：

（1）改变山洪的流向，以防止横向侵蚀。例如，在山洪冲刷坡脚有可能引起山崩处，修建丁坝改变流向后可防止山崩。

（2）缓和山洪流势，使泥沙沉积。尤其在护岸工程上游修建丁坝，可减缓流速，沉积泥沙、固定沟床，达到保护护岸工程的目的。

（3）固定沟道宽度，防止山洪乱流或偏流以防止横向侵蚀。

按建筑材料不同，丁坝可分为石笼、砌石、混凝土、木框装口丁坝等。

按透水性能不同，可分为透水性丁坝和不透水性丁坝。不透水性丁坝可用浆砌块石、混凝土等修建；透水性丁坝可用打桩编篱等修建。

按丁坝与水流所成角度不同，可分为正交丁坝，即垂直布置形式；下挑丁坝，布置成下挑形式；上挑丁坝，布置成上挑形式。

2. 丁坝的设计与施工

山洪沟道坡陡，流速大，夹带泥沙多，因而在设计时应对沟道的特性、水深、流速等情况进行详细调查研究。

（1）丁坝的布置　在沟道两岸修建丁坝时，为使丁坝头部不遭受严重冲刷，两岸丁坝头部之间的间隔应保证有足够的横断面面积以宣泄山洪。两岸的丁坝头部应布置成对，从而固定山洪中泓，防止其左右摇摆。通常丁坝应布置在沟道的下游部分，且应布置成群，一般用于沟道下游乱流区域内最多，且布置在凹岸一侧修筑的丁坝比在凸岸一侧修筑的丁坝长度较短。丁坝轴线与水流方向的交角结合流速大小、水深、含沙量导治线的外形等因素综合考虑，对于下挑丁坝一般采用 $60°\sim75°$，上挑丁坝一般用 $100°\sim105°$。

（2）丁坝的高度与长度　漫流的丁坝一般淤积情况都较好；未漫流的丁坝淤积较少，坝头顶的标高以达到发生漫流的目的为宜，按历年平均水位设计，但不应超过原沟岸的高程。布设时应从上游向下游逐个确定各丁坝的位置与长度。

（3）丁坝的间距　布置丁坝时应根据丁坝的长度、流水的方向、沟底坡度、断面等因素来决定其间距。最大间距的确定原则是：主流方向不允许冲击沟岸和坝根点。

丁坝在施工时，应先选择流势较缓的地点先行施工，再逐渐向流势较急的地点推进。为防冲刷，应在丁坝的开挖坑内回填大石块以予抵抗。

（五）其他防治工程措施

1. 水库

修建水库，把洪水一部分水量暂时加以容蓄，使洪峰强度得以控制在某一程度内，是控制山洪行之有效方法之一。山区一般修建小型水库，并挖水塘以起到防治山洪的作用。

一般有蓄洪水库和调洪水库二种形式。蓄洪水库是在流域适当位置修蓄水池或小型水库，一部分洪水流入库内，并一直保持在库内，直到山洪退落，这部分水量才能泄出。调洪水库是当洪水流入水库时，库水位上升，同时泄出流量也相应增加，最后达到入流量与出流量相等，此时库水位最高。最高与最低水位间总水量即是拦蓄洪水量，洪峰得到削减。

水库位置要根据流域及沟道地形情况而定，库址应控制足够大的汇水区，以有效发挥水库作用，库址地形要求肚大口小，且在基础稳定，地质条件良好的地段，库坝附近要有充足的筑坝材料。

2. 田间工程

山洪的坡面治理田间工程措施（即农业土壤改良措施），是山洪防治、水土保持的重要措施之一，也是发展山区农业生产的根本措施之一。

坡面治理田间工程是在合理规划和利用土地的基础上，进行田间工程以改变地形，并结合停垦不适合耕种的陡坡耕地，以拦阻和削弱地表径流，防止水土流失。由于山区、丘陵区各地气候、土壤、耕作习惯、地形、作物种类等各有特点，田间工程措施多种多样，主要有梯田、培地埂、水簸箕、截水坑、停垦等。

修梯田是广泛使用的基本措施。梯田的主要作用是分散地表径流，将连续的山坡坡面改修成断续的坡面，从而拦蓄水土；减小坡面的纵坡坡度使雨水入渗量增大；减少地表冲蚀，有利于水土保持，从而减轻山洪发生的可能性；有利于耕作，提高作物抗旱保水能力。

在进行梯田的规划布设时应遵循以下原则：

（1）尽量利用原有地形，沿等高线，大弯就势，小弯取直。

（2）应与道路、水渠结合，统一规划，尽量利用旧有田埂。

（3）做到里切外垫、上切下垫相结合，田面平整。

（4）在较为完整的坡面上，宜自上而下，左右兼顾，沿等高线布设梯田。在有滑塌陷穴的坡地上不应修梯田。

在梯田规划布设时，梯田的一般规格按下面方法考虑：

（1）梯田田面宽度应与耕作需要结合考虑。一般来说，田面宽度越宽越好。但是山区地表坡度较陡，田面越宽则要求田埂愈高；侧坡占地多，土方量大，投资大。按农耕地需要，坡面比较缓时（一般 3°～15°），北方地区田面宽不小于 8m，南方地区不小于 5m。坡面比较陡时（15°～25°），北方地区田面宽度不小于 4m，南方地区不小于 2m。

（2）梯田高度。田埂的高低随地表坡度与田面宽度的不同而变化。在较陡的坡面上要达到要求的田面宽度，就必须修筑相应的田坎高度。一般情况在坡面 10°～15° 时，田坎高 0.5～1.0m；当坡面 20°～25° 时，田坎高 1.0～2.0m。

（3）田坝侧坡。一般梯田高度在 1～3m 范围时，侧坡多为 1：0.3～1：0.5。

为了防止暴雨径流沿梯田边缘向下面的梯田漫流，必须在梯田边缘修筑蓄水埂，高度一般为 0.3m。

梯田的设计应考虑耕作方便、省工、省料、省钱、占地少、易于巩固等，并根据当地的地质、地形、经济、劳力，水文气象等条件，因地制宜进行技术经济比较，最后确定梯田设计方案。水平阶式梯田断面见图 3-5。

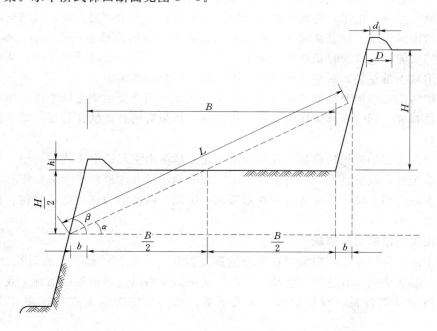

L—原有坡面距离（m）；B—田面宽（m）；b—田坎占地宽的一半（m）；
D—田埂底宽（m）；d—田埂顶宽（m）；H—田坎高（m）；
h—田埂高（m）；α—地表坡度；β—田坎侧坡坡度

图 3-5　水平阶式梯田断面图

坡面治理的农业技术措施主要是运用农业技术措施以合理种用和经营土地，以增加土壤的吸水能力；增大土壤的保水蓄水性能，使雨水就地入渗，从而减少地表径流；减轻土壤冲刷，使沟道内产生山洪洪峰的总量得以削减，达到控制山洪目的，并促进农业增产增收。

按作用可将农业技术措施分为两大类：一类是采用特殊的耕作方法，改变坡面局部的地形条件，减缓坡面坡度，增加坡面地表蓄水保水能力，减小地表径流流速；另一类是在同一坡地上种植不同的农作物，由于植株疏密程度和成熟期不同，使坡面常有植物覆盖，防止雨滴冲击土壤，减轻水土流失，增大土壤的蓄水保水能力等。

各地在进行坡面农业技术措施时，必须因地制宜，结合当地经验，农业技术措施主要有横坡耕作、等高带状间作、沟垄耕作、掏钵种法、轮作、免耕法、合理密植、间作套种混播、劣耕等。

3. 植树种草

（1）种植牧草 没有植被覆盖的裸露陡坡和荒山秃坡，其地表径流量与水土流失量远远大于种有牧草的植被条件好的山坡。牧草播种后生长迅速，能较快覆盖地表，防止雨滴直接冲击土壤，延缓径流，将径流分散成细小的水流，顺根条渗入土中，牧草地下部分能很好固结土壤和保持水土。在山洪侵蚀沟底、沟坡、沟岸等处种植牧草，可防止沟床进一步加深加宽，防止其继续发展。

（2）植树造林 山区植树造林是水土保持和防治山洪最有效的措施之一。

林冠截留部分降雨量，林地内枯枝落叶拦蓄吸收部分雨水，强大根系固结土壤等，共同起到防治山洪作用。恢复流域面上的森林生态系统，利用森林植被所具有的保持水土，涵养水源的功能，发挥森林植被拦截雨水，保水固土，延长汇流时间的作用，从而削减洪峰流量和削减山洪总量，最终达到减小山洪规模，控制山洪灾害的目的。

实施植树造林措施要从流域实际情况出发，流域不同部位由于土地条件不同，应选择不同的树种森林。同时兼顾流域内群众经济利益，加强对树林的抚育管理，防止乱砍滥伐乱牧等现象。

山洪防治工程地段植树造林，降低山洪流速，减缓山洪对防洪工程的冲刷，从而增强防洪工程稳定性，延长其寿命。对未设防护工程的地段以及沟道两岸营造护岸林，防止岸坡因被山洪冲刷而坍塌。护岸林应配置根系深、抗风、耐湿能力强的优良树种，使其起到护岸防洪的作用。

二、山洪防治非工程措施

防御山洪灾害的非工程措施是在充分发挥工程防洪作用的前提下，通过法令、政策、行政管理、经济手段和其他非工程技术手段，达到减少山洪灾害损失的措施。我国历史上曾普遍采用的储粮备荒、减免粮赋、移民屯垦、救灾赈济等措施就是早期非工程性的措施。

防御山洪灾害的非工程措施是防御和减少山洪灾害的重要保障，包括防灾知识宣传、监测通信预警系统、防灾预案及救灾措施、搬迁避让、政策法规和防灾管理等。目前，防御山洪灾害的非工程措施这项工作在我国已经越来越引起高度重视。20世纪90年代，国家将山洪灾害性评估的研究列入"十五"计划攻关课题，着手编制区域性和流域性的山洪风险图。

但目前，我们的非工程性措施相对来讲还显薄弱，可供遵循的科学方法和实践经验也不多，对于防治山洪灾害的规划还不能适应当前防御山洪灾害的实际需要。特别是随着经济社会发展和近年来山洪灾害的不断发生，山洪灾害防治的要求也越来越高，所以，在重视防御山洪灾害工程措施的同时，必须大力加强非工程措施的研究力度。如建立一个完备的山洪灾害监测、预防和减灾系统，加强山洪风险分析和风险管理的研究工作，开展山洪的保险以及涉及政策、法令、行政管理、经济等多层面的研究工作等。

三、山洪的综合防治

在防止水土流失的工作中，有所谓"综合治理"，即根据"统一规划、综合开发、沟坡兼治，集中治理"的方针。在整个拟治理的流域面积上，从分水岭到坡脚，从毛沟到干沟，自上而下，由小至大，按坡、按沟的集中治理，综合实行农、林、牧、水各项措施，以达到有效地蓄水保土，增加生产。

在山洪防治工作中，也和水土保持工作一样，必须采取综合防治的措施。例如，在较陡的山坡上挖鱼鳞坑和水平沟，在较缓的山坡上修梯田，在山沟上修建谷坊及淤地坝等，在淤地坝上又可造林种田等。

从山洪防治的发展历史上来看，山洪需要综合防治的概念并不是一开始就建立起来的。美国在20世纪30年代一般是以修建大型水工建筑物为主。由于山区的水土流失严重，单靠建筑物并不能完全解决问题。例如，美国洛杉矶市虽然在1934年山洪之后，修建了许多水工建筑物，并花费了许多资金，但在4年后，即1938年山洪中，15座水库全被蓄满，山洪仍造成了极大的损失。相反，西欧国家主要是采用农林土壤改良措施及修建小型水工建筑物来防治山洪。例如，在奥地利，从19世纪就开始造林以防治山洪危害。在日本，将山洪防治措施主要分为治坡措施和治沟措施两种。几十年前，一般学者认为治坡措施中以造林为主，治沟措施中则以土木工程为主，而对于二者之间的有机联系和配合则很少注意。近些年来，日本学者亦普遍注意到山洪防治是一个总体，必须各种措施互相配合才能切实而迅速的奏效。

但所谓"综合防治"也不是说在任何防治山洪的流域中都需要采取每一种措施，而是说要因时因地因条件而制宜。例如，在山洪为害不甚的地区，采取田间工程措施、农业技术措施，并适当地配合适量的造林措施就足够了。但在坡度很大的流域内，农业技术措施就很难达到治坡的目的，而应以造林防护措施和水利技术措施作为治坡的主要措施。在治坡的同时，还必须修建适当的水工建筑物。

总之，山洪的综合防治必须因地制宜、因时制宜、因条件制宜，根据当地的经济情况、山洪防治工作的目的、土地利用的特点、土壤侵蚀的发展方向及强度等来决定采用哪几种措施。并且，小流域的治理应该纳入大流域整治的总体规划。既不能像美国早年那样只限于修水工建筑物，也不能像日本早年那样把治坡措施局限为造林措施，把治沟措施局限于土木工程，而是要在全流域内综合采取各种措施，对流域的各个部分，各个区段，尽量采用各种不同的防治措施，这才是山洪的综合防治。

第四章

涝　渍

第一节　涝渍形成的机理及危害

因暴雨产生的地面径流不能及时排除，使得低洼区淹水受灾，造成国家、集体和个人财产损失，或使农田积水超过作物耐淹能力，造成农业减产的灾害，叫做涝灾。在我国平原地带，尤其是沿江、沿河和滨湖地区地势平坦，常圈堤筑圩，汛期江河水位经常高于圩内地面高程，每当暴雨产生的径流不能由河道及时宣泄，或受大江大河的洪水顶托，内水不能外排，最易形成涝灾。

渍害也称为湿害，是由于连绵阴雨，地势低洼，排水不良，低温寡照，造成地下水位过高，土壤过湿，通气不良，植物根系活动层中土壤含水量较长期地超过植物能耐受的适宜含水量上限，致使植物的生态环境恶化，水、肥、气、热的关系失调，出现烂根死苗、花果霉烂、籽粒发霉发芽，甚至植株死亡，导致减产的现象。如果地下水的矿化度较大，还会使土壤受到盐害，造成土壤次生盐碱化的恶果。

渍害、洪涝和盐碱往往相伴发生，很多地区常常洪、涝、渍不分，盐、渍共论。

一、涝水对农作物的损害

农作物的受淹时间和淹水深度是有一定的限度的，超过这样的范围，农作物正常的生长就会受到影响，造成减产甚至绝收。在产量不受影响的前提下，农作物允许的受淹时间和淹水深度，称为农作物的耐涝能力或耐淹时间、耐淹深度。

旱作物受淹减产情况与作物的耐淹时间和耐淹深度、作物的品种、生长发育阶段有关。一般粮棉作物当积水深 10～15cm 时，允许的淹水时间应不超过 1～3d。棉花、小麦等农作物的耐淹能力较差，一般在地面积水 10cm 的情况下，淹水 1d 就要减产。在棉花生育的任何阶段，淹水都会造成不同程

表 4－1　淹水与棉花受害的关系

淹水天数 （d）	淹水深度 （cm）	棉株死亡率 （%）
1～3	0	0
4～7	9.5	25
8～9	23.7	50
10～15	50.0	95

度的伤害，如表 4－1 所示。根据山东、河南等省的调查资料，各种旱作物允许的淹水深度和淹水历时如表 4－2 所示。

此外，允许淹水时间还和当时的气候条件有关。一般，气温较高的晴天耐淹时间较短，阴雨天耐淹时间较长。在地下水位过高情况下，旱作物根部较长时间处于土壤过湿、通气不良的环境，会抑制土壤养分的分解，妨碍了土温的回升，影响了作物生理机能和根

系正常生长，以致造成作物的减产，这在我国平原水网地区最为显著。如果旱作物在返青、拔节、孕穗阶段，一旦遇上连绵阴雨并伴随低温，加上排水不畅、农田积水，地下水位随即升高，根系层土壤过湿，就会造成减产。

表 4-2　　　　　　　　　　旱作物的耐淹水深和耐淹历时

作　物	生　育　期	耐　淹　历　时 （d）	耐　淹　水　深 （cm）
小　麦	分蘖期	1	10
	返青成熟期	1	10
棉　花	开花结铃期	1～2	5～10
玉　米	抽穗期	1～1.5	8～12
	孕育灌浆期	2	8～12
	成熟	2～3	10～15
高　粱	孕育期	6～7	10～15
	灌浆期	8～10	8～10
	乳熟期	10～20	—
大　豆	开花期	2～3	7～10
甘　薯		2～3	7～10

例如，淮北地区 1966 年 10 月份连续 7d 降雨 128mm，超过历年同期降雨量的 3 倍以上，造成小麦大面积晚播，1967 年小麦比上年减产近 3 成。1991 年 5 月 24～25 日一次性降雨 105mm，濉溪县半数以上的麦田严重倒伏，以后 10 多天又连续降雨 238.7mm，小麦灌浆时间仅 21d，千粒重 26.8g，分别比正常年份少 9d 和 8g 左右；产量仅 1710kg/hm^2，是 1980 年以来最低的一年。2002 年 4 月中旬至 5 月下旬，濉溪县降雨比历史同期多 65mm，累计光照比历年同期少 145h，麦田湿度大，造成白粉病和赤霉病严重发生，小麦单产比上年减少 3 成以上。

水稻虽然是喜水好湿作物，大部分生长期内适于生长在一定水层深度的水田里，但并不是说稻田水分越多越好，如果水田中积水过深，超过水稻的耐淹能力，同样会造成水稻的减产或死亡。其中以没顶淹水危害最大，除返青外，没顶淹水超过 1d 就会造成减产。

在秧苗期，水稻对淹水的忍耐能力较强，短时间淹水不发生明显危害。分蘖末期淹水，光合作用减弱，因缺氧而不能进行正常呼吸，植株生长不良。拔节期受淹，光合作用减弱，无氧呼吸增强，大量消耗茎秆的木质素和纤维素，形成秆细、壁薄的细长茎，以后易倒伏，且一部分分蘖死亡，有效穗数减少。幼穗分化期对环境条件最为敏感，由于配子体的发育，光合作用增强，代谢旺盛，加之气温高、植株大，一旦被水淹没，正常的生理活动遭受破坏，影响小穗生长、生殖细胞形成和花粉发育，对产量的影响很大。浙江省宁波地区一次台风袭击使水稻受淹，观测记录表明，淹水时间越长，减产越严重（表 4-3）。不同发育期淹水 4d 对水稻产量的影响如表 4-4 所示，开花期和孕穗期产量最低，一般把它看作洪水害的敏感期。

表 4 - 3　　　　　　　　　　　淹水天数与水稻产量关系的观测结果

淹水天数 (d)	株高 (cm)	穗长 (cm)	剑叶面积 (cm²)	每穗粒数 (粒)	秕谷率 (%)	干粒重 (g)	单穗重 (g)	亩产 (kg)
0	98.5	15.60	24.08	55.8	7.63	29.0	1.49	182.5
2	92.8	13.05	16.82	36.0	15.70	28.3	0.86	134.7
4	92.0	13.60	15.72	45.3	20.05	26.5	0.96	114.8
6	74.5	12.15	13.46	32.6	26.25	26.7	0.64	92.7
7	62.7	10.40	11.77	26.9	49.60	22.8	0.31	33.3

表 4 - 4　　　　　　　　　　水稻不同生育期淹水 4d 对产量的影响

生育期	开花期	孕穗期	分蘖末期拔节盛期	移栽后二周	移栽后一周
产量（%）	36	22	80	89	93

二、渍害对农作物的损害

地下水受土壤毛细管作用上升高度的范围，叫做毛管水饱和区，其水分约占土壤孔隙的 80% 以上。当地下水位超过一定的深度时，农作物就会遭受毛管水饱和的影响，造成受渍减产。因此，地下水位的深度是农作物是否发生渍害的主要指标。表 4-5 列出江苏省、河南省几种农作物耐渍深度。由于受渍时地面未必出现积水，受渍区不易判定，且渍害多属缓变型的，不易及时发现，甚至被忽视，从而造成减产。

表 4 - 5　　　　　　　　　　江苏省、河南省几种农作物耐渍深度

作物	生育期	要求地下水埋深 (m)	作物	生育期	要求地下水埋深 (m)
小麦	播种至出苗 分蘖、返青 拔节至成熟	0.5 0.6～0.8 1.0～1.2	玉米	幼苗 返青 拔节至成熟	0.5～0.6 0.1～0.2 1.0～1.5
棉花	幼苗 现蕾 开花结铃至吐絮	0.6～0.8 1.2～1.5 1.5	水稻	分蘖 晒田 拔节至成熟	0.3～0.4 0.4～0.6 0.2～0.4

1. 小麦

小麦对土壤水分过多较为敏感。在春秋季节多雨的年份，小麦几乎都会因湿害而减产。随着小麦根系的发育，其抗渍能力亦相应发生变化。越冬小麦冬季根系的深度不足 0.2m，如地下水位较低，到 4 月下旬根系基本发育完全，根系密集层的深度为 0.5m 左右，最长的根须可达 0.9m。根据试验场资料及大田观测结果，当小麦生育期地下水埋深由 0.65m 减小到 0.30m 时，株高将由 1.42m 减小到 1.03m，每公顷产量由 2400kg 下降到 1275kg，减产 47%。另据江汉平原 1986 年、1987 年试验研究的成果，地下水埋深由 1.00m 减小到 0.45m，平均产量由 1755kg/hm² 减少到 840kg/hm²，减产 52%。

2. 棉花

地下水的埋深对棉花根系的发育亦有直接影响。棉花与小麦根系的发育受地下水位的

制约是类似的，地下水位过高，棉花会出现根系发育不健全、产量降低的后果。江苏太仓、建湖县试验成果（见表 4-6）表明，棉花更易遭受渍害，一是现蕾减少，二是落蕾脱铃。若受渍时间较长，则出现黑根，影响棉花正常生长。江苏省常熟水科所对棉田渍害进行了对比研究表明，若以 1 天代表基本未受渍害，则 7 天渍害籽棉减产达 48%。

表 4-6　　　　　　　　　　　棉花受渍试验成果

受渍天数 (d)	果枝数	总现蕾数	大铃数	根　数	籽棉产量 (kg/hm²)
1	16.8	95.2	27.3	175.0	1794
3	15.4	85.6	23.7	139.5	1520
5	14.6	72.6	18.3	119.5	1416
7	12.8	55.0	12.8	81.5	930

3. 玉米

玉米虽然需水量很大，涝害和湿害也是造成玉米减产的主要原因。土壤水分过多使根系周围缺氧，只能进行无氧呼吸，能量转换效率降低，不能满足根系吸收水肥的需要。由于缺乏氧气，嫌气性微生物活动加强，有机质发酵分解，大量积累二氧化碳，有害的还原物质硫化氢、氧化亚铁等大量出现，使根系受害。由于土壤中好气性微生物受限，有机质中的氮素也就不能转化为根系可吸收的速效氮，使得叶片玉米变黄。

近年对水稻高产的研究，发现地下水位过高，渗漏量很小的潜育化水稻土，由于土壤中还原作用强，硫化氢、亚铁离子等浓度大，对根系产生毒害作用，水稻黑根增多，养分供应不足，同样会发生湿害。

三、涝渍对经济作物的损害

1. 蔬菜

与农作物相比，大部分蔬菜的抗涝耐渍能力较差，一般不超过 24h。不同品种的蔬菜，抗浸能力和对土壤过湿的适应性即耐湿性也不同，除水生蔬菜外，只有叶菜类的蕹菜、菠菜、芹菜等，薯芋类中的芋，茄果类中的茄子，瓜类中的丝瓜等相对比较耐湿，其他大多数蔬菜都不耐湿，要求雨后甚至灌溉之后及时排水。其中，叶菜的抗浸能力最低，根部浸水超过 5～6h，就会出现菜叶塌落泛黄。其他蔬菜，如辣椒允许浸水时间为 12h，瓜类为 18h，西红柿为 24h，芹菜和红茄较长，为 2～3d，最大淹水深度约为 15～20mm。在雨季，涝渍会造成蔬菜根部通气不良，烂根死苗，病害流行，品质和产量严重下降。例如，湖北省四湖排水灌溉试验站进行了渍害对油菜产量影响的试验研究，油菜花期是生长期中对水分最敏感的时期，土壤含水量过大，使根系处于缺氧环境，影响其吸收功能，从而影响产量，进而引起植株凋萎或死亡。

2. 树木

果园遭受涝渍后，土壤通气不良，果树根部呼吸困难，影响水分和养分吸收，氧气缺乏导致土壤厌氧细菌的活跃，分泌大量的有机酸和二氧化碳，土壤根际环境酸化，降低养分的有效性，同时还产生一些还原性有毒物质，对根系造成毒害。果园发生涝害，轻者掉叶落果、生长不良，水果质量下降；重者枝条枯萎，直至整株枯黄死亡。

茶树要求潮湿的空气条件，但不耐土壤过湿。土壤水分过多甚至地面积水，根系的呼吸作用受阻，利用水、肥的能力降低，严重影响茶叶的生长，降低鲜叶的产量和品质。严重时根窒息，嫌气性微生物活跃，产生有机酸毒害茶树根系，造成脱皮、坏死、腐烂。

3. 烤烟

烤烟虽然需水量较大，但对土壤通气性要求相当严格，土壤过湿和积水不但严重影响根系发育，减少地上部茎叶的生长量，延迟成熟，很容易诱发各种病害，还会降低烟叶的品质，使烘烤后烟叶单位面积重量和弹性降低，香气不足。

四、城市内涝

城市内涝是指因降雨使市区低洼地区积水、滞水，引发交通中断、地下通道淹没、房屋破坏和财产受损，并可造成不同程度的人员伤亡。由于城市人口密度和财产的密度加大，同样的涝灾一旦发生将造成更大的损失。例如，2004 年 7 月 10 日北京市突降暴雨，城区 5h 平均降雨量达 73mm，造成 70 多个路段严重积水，数千部汽车受损，数十条交通线路中断，道路多处塌陷，近 5000 间房屋进水、漏水，部分危房倒塌，损失和影响极大。

城市雨涝灾害除了损失重、影响大之外，还有连发性强、灾害损失和城市发展同步增长等特点。

第二节 涝渍灾害的时空分布

一、涝渍灾害的空间分布

我国地域辽阔，地形复杂，大部分地区为典型的季风气候，因此雨涝的分布有明显的地域性和时间性。我国西部少雨，仅四川是雨涝多发区。主要的雨涝区集中分布在大兴安岭—太行山—武陵山一线以东，这个地区又被南岭、大别山—秦岭、阴山分割为 4 个雨涝多发区。我国大约 2/3 的国土面积，有着不同类型和不同危害程度的洪涝灾害，最严重的地区是七大江河流域的中下游的广阔平原区：东北地区的三江平原、松嫩平原、辽河平原；黄河流域的巴盟河套平原、关中平原；海河流域中下游平原；淮河流域的淮北平原、滨湖洼地、里下河水网圩区；长江流域的江汉平原、鄱阳湖和洞庭湖滨湖地区、下游沿江平原洼地；太湖流域的湖东湖荡圩区；珠江流域的珠江三角洲等。山区谷地与河谷平原因受地下水影响，很易发生渍害，多分布在各流域的中、上游，如桂、川、赣、湘、豫、陕、晋等地区的丘陵山区。我国涝渍灾害的分布见图 4-1。

受涝渍灾害影响较重的农业，可以用易涝易渍耕地面积来表示受灾的范围。各流域 1990 年易涝易渍耕地面积统计见表 4-7。表中，以东北及淮河流域易涝易渍耕地最多，长江及海河流域次之。其中，经初步治理的耕地面积 1862 万 hm²，尚有 600 余万 hm² 耕地处于涝渍灾害频发的状态。各流域涝渍灾害成灾面积的对比说明，淮河流域灾情最重，41 年平均成灾面积为淮河流域总耕地面积的 9.8%，其次为海河流域。涝渍灾害经济损失以长江及淮河流域最重，东北地区及海河流域次之。

二、涝渍灾害的时间分布

（一）降水的时间分布

地表径流和地下水均来自大气降水，涝渍灾害与降雨量的年际变化和年内分配关系密切。

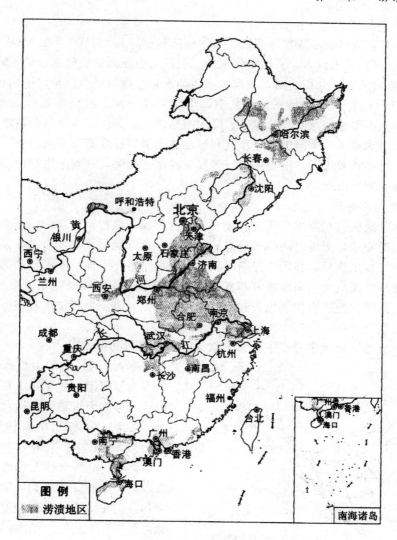

图 4-1 中国涝渍灾害易发区分布

表 4-7　　　　　　　　　　1950～1990 年各流域（区域）涝渍灾害情况

流域 （区域）	总耕地面积 （万 hm²）	易涝易渍面积 （万 hm²）	初步治理面积 （万 hm²）	多年平均成 灾面积 （万 hm²）	粮食损失 （亿 kg）	损　失 （1990 年价，亿元）
东北	1902	651	480	59	297	122
黄河	1224	106	65	16	68	26
海河	1136	336	267	59	215	68
淮河	1270	646	529	125	793	206
长江	2147	540	363	86	965	250
太湖	176	66	63	6	58	24
珠江	467	142	95	22	158	23
合计	8322	2487	1862	373	2554	719

1. 降水的年际变化

近 100 年来,我国的年降水呈现出明显的年际振荡。其中,20 世纪 10 年代、30～40 年代和 80～90 年代降水偏多,其他年代偏少。去除历史原因造成降水资料不完善的因素,近 50 年我国降水的变化分析表明,我国年平均降水量呈微弱减少趋势,平均每 10 年减少 2.9mm,但 1991～2000 年有所增加。其中,华北大部地区,西北东部和东北东部地区,降水明显减少,而华南与西南西部地区,降水明显增加;另外,西北西部,特别是新疆的南部地区降水增加显著。全国极端降水值和极端降水平均强度都有增强趋势,极端降水量占总降水量的比率趋于增大。涝渍灾害与气候条件密切相关,气候的周期性动态变化,可导致涝渍灾害周期性出现。

2. 降水的年内变化

我国大部分地区属东亚季风气候。随着季节的转换,盛行风向发生显著变化,气候的干湿和寒暑状况交替,雨涝时间分布特点是南部早,北部晚。夏季风与冬季风的交替虽然年年皆有,但其发生迟早、强弱、停滞阶段和交绥地带各年不同,季风活动的显著异常时有发生,造成长江流域初夏梅雨季节和盛夏集中降雨季节的长短及降雨量多寡差异甚大。在地形条件、河网特性、农作物生长和人类活动等因素影响下,形成了程度不等、地区不同的旱涝灾害变化。

我国大部分地区降水主要集中在夏季数月,如果将每旬降水量占 4～9 月总降水量的百分率大于 7％的等值线所包围的区域作为雨带范围,并把降水百分率最大值的连线称为雨带轴线,据此研究雨带的季节变动,可得出雨带轴线的季节位移,见图 4－2。

4 月上旬到 5 月上旬雨带轴线在长江以南、南岭、武夷山一带摆动。4 月中旬,雨带大致位于两湖盆地和南岭山脉之间。5 月上旬,降水强度加大,在鄱阳湖周围和浙赣山区出现了大范围的大于 11％的等值线中心,雨带笼罩了长江以南和南岭以北的广大地区,这就是"江南春雨"。此时,南岭以南和长江以北降水稀少。

从 5 月上旬起至 6 月上旬,雨带位置逐渐南退,雨带局限于南岭以南、华南沿海。南岭以北降水率均小于 7％。

6 月中旬起,雨带开始向北推进,降水强度进一步加大,雨带轴线大致位于武夷山西北坡、赣南、湘南一带。6 月下旬雨带跃到长江中下游,范围扩

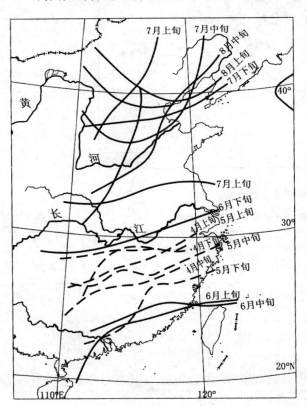

图 4－2 我国沿海地区雨带轴线随季节的位移

大，雨带轴线近乎东西向，在两湖盆地一带出现了大于 13％～15％ 的闭合等值线，这就是江淮流域的"梅雨"。

7月上旬，雨带轴线仍在淮河流域，极值中心达 16％，同时华北降水明显增加。在太行山东侧和内蒙古东部地区出现了一条近乎于南北向的雨带轴线，在 28°N 以南地区，由于副热带高压的北移和控制，降水很少，开始进入盛夏季节。

7月中旬，雨带迅速北移，轴线越过黄河。8月上旬雨带到达最北位置，此时正是华北雨季。华北平原雨量最为集中，出现了 17％ 以上的等值线，且雨带轴线分为两支：一支呈东西向；一支近乎南北向。这是华北盛夏雨带分布的典型特征。此时长江以南广大地区进入了伏旱少雨季节，但华南沿海却出现了新的雨带。8月中旬以后，雨带开始南退，北方雨季也随之结束。

（二）涝渍灾害的年际变化

根据七大流域（区域）历年涝渍灾害的统计资料，1950～1990 年四阶段全国各地农田发生涝渍灾害的面积见表 4-8。

表 4-8　　　　　1950～1990 年四阶段全国农田涝渍灾害面积　　　　单位：万 hm²

阶　段（年份）	受　灾　面　积		成　灾　面　积	
	总　数	年　均	总　数	年　均
1950～1958	5077	564	3394	377
1959～1965	5109	730	3840	549
1966～1978	4436	341	2984	230
1979～1990	7078	590	5082	424
合　计	21700	529	15300	373

根据表 4-8 的统计结果，全国 41 年累计农田遭受涝渍灾害的面积为 2.17 亿 hm²，农田成灾面积为 1.53 亿 hm²。平均每年受灾面积为 529 万 hm²，约占全国易涝易渍总耕地面积 2487 万 hm² 的 21.3％，说明了涝渍灾害占很大比重，对农业的威胁是严重的。全国 41 年平均每年涝渍成灾面积为 373 万 hm²，其中 1959～1965 年为 549 万 hm²，灾情最重，与当时气象情况及国家经济条件有关。1966～1978 年为 230 万 hm²，年平均成灾面积最少，与气候干旱有关。1979～1990 年年平均成灾面积 424 万 hm²，大体可反映农田在 20 世纪 80 年代抗灾能力和灾情。

1962～1964 年灾情特重，每年成灾面积均在 670 万 hm² 以上，其中 1962 年为 674 万 hm²，1963 年为 902 万 hm²，1964 年为 899 万 hm²。1954 年、1956 年、1984 年、1985 年成灾面积均在 530 万 hm² 以上，主要是因为雨量大，分布广，因而造成灾情较重。1979 年以后全

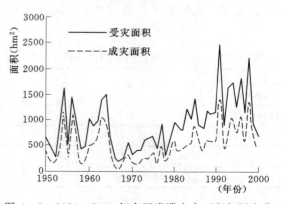

图 4-3　1950～2000 年全国涝滞灾害面积年际变化

国受灾面积均在 330 万 hm² 以上，其原因一是东北地区大面积开垦荒地，治涝标准甚低，二是淮河、海河多次遭遇较大的雨涝灾害。

图 4-3 为 1950～2000 年全国涝滞灾害受灾面积和成灾面积图。在 1990 年以后，全国涝滞灾害面积有显著增加。这主要是 20 世纪 90 年代全国普遍出现较大的暴雨洪涝，致使受灾面积扩大，见表 4-9。但是，由于抗涝排滞能力较强，成灾面积与受灾面积比值相对于 50～60 年代而言，明显下降。

表 4-9   1950～2000 年间我国主要涝灾年份

年份	1954	1956	1963	1964	1985	1991	1993	1994	1996	1998
受灾面积（万 hm²）	1613	1446	1407	1497	1420	2460	1640	1731	1815	2229
成灾面积（万 hm²）	1130	1099	1048	1004	895	1461	858	1075	1086	1378

三、涝渍灾害的经济损失

农业涝渍灾害的损失，包括粮食损失和其他各项经济损失等，如农业经济损失、排涝抢险费用以及灾后救灾费用等。全国 1950～1990 年 4 个阶段涝渍灾害的损失（1990 年价）见表 4-10。

表 4-10   1950～1990 年各阶段涝渍灾害损失统计表（1990 年价）

阶 段（年份）	粮食损失（亿 kg）	经济损失（亿元）				救灾费用（亿元）
		农业	排涝抢险	其他	合计	
1950～1958	450	202.24	78.45	37.47	318.16	8.98
1959～1965	429	197.35	92.50	102.23	392.08	15.38
1966～1978	578	329.58	90.21	64.94	484.73	10.92
1979～1990	1097	401.38	213.02	105.68	720.08	22.70

各个时期各大流域的对比说明，随着时间的推移，每公顷农田因单产提高，受灾后粮食损失增多。各流域在 20 世纪 50 年代单位面积的灾害损失相差不大，随着时间的推移，南方粮食增产比较显著，因涝受灾的损失加大。各流域（区域）单位农田的经济损失见表 4-11。

表 4-11   1950～1990 年涝渍灾害单位农田经济损失（1990 年价，元/hm²）

阶 段（年份）	东北	黄河	海河	淮河	长江	太湖	珠江
1950～1958	820	1122	1815	937	2772	4094	1485
1959～1965	870	1705	2227	955	2631	4792	1682
1966～1978	1701	2780	2460	1744	3940	4525	2405
1979～1990	1353	3288	3513	2076	4047	6026	2469

根据农田灾害经济损失统计值，可以看出各流域农田的粮食损失与经济损失在各阶段

中的变化基本一致，灾害损失的增大主要与农田产量的提高与农村的社会资产值的增长有关。

第三节 涝渍灾害的主要成因

一、形成涝渍灾害的自然因素

（一）气象与天气条件

降雨过量是发生涝灾的主要原因。灾害的严重程度往往与降雨强度、持续时间、一次降雨总量和分布范围有关。我国的涝灾主要分布于各大流域的中下游平原，也是我国东部发生季风暴雨的地区。我国南方地区的年降雨量大于北方地区，汛期平均月雨量和最大月雨量很接近；北方年雨量小，最大月雨量相对较大。因此，北方形成的灾害性降雨频次并不低于南方。由于降雨量年际、年内分布不均匀，有些时期雨量大、强度高，造成洪涝灾害；有些时期阴雨连绵、低温高湿，造成土壤过湿和地下水位过高，引发渍害。

从北方到南方，农作物的品种布局有很大差别。东北地区农作物有春小麦、大豆、高粱、水稻等，因气温低，无越冬农作物。除东北地区以外的北方平原区，可以生长两季作物，因受水源限制，以旱作物为主。南方各省水源较充沛，以水稻、小麦为主。根据我国南方灾害性暴雨发生日期和雨量统计资料，暴雨发生的季节北方基本上在 5 月上旬至 9 月上旬，南方可提前到 4 月中下旬。从淮河到珠江的沿海地区，暴雨发生季节持续时间最长，主要农作物的生长期基本上处于暴雨季节，对排涝除渍较为不利。

大范围的渍害，往往起因于较长历时的降雨。长江下游地区 3～5 月份降雨量大于 300mm，淮河下游地区大于 250mm，小麦产量即明显下降到平均水平以下。东北三江平原无越冬作物，农作物生长期一般在 4～9 月份，当 30 天雨量超过 200mm 时，即发生明显渍害。根据淮河下游地区的调查材料，7～9 月份降雨量大于 600mm，皮棉产量减产一成，汛期雨量大于 1000mm，皮棉产量要减产五成。棉田一般种在高地，以渍害为主。如陕西省关中平原 1962 年 6～8 月霪雨不止，渍害严重。

平原稻麦两熟农田，渍害主要发生在夏收作物的后期，如江苏省无锡市 1977 年 4、5 月份连绵阴雨，雨日 33d，降雨 299mm，当年小麦产量由 1976 年的每公顷 3210kg 下降到 1230kg，减产 61.7％。江、淮、海下游地区，由于受季风影响，麦作后期经常发生阴雨连绵的天气。据苏州雨量站 24 年资料统计，3～5 月份多年平均降雨量大于 0.1mm 的雨日数 39 天，即 2.5d 中有一个雨日，在 24 年中，1951 年、1958 年、1960 年、1963 年、1973 年雨日数均超过 47d，即两天中一天有雨。

（二）土壤条件

农田渍害与土壤的质地、土层结构和水文地质条件有密切关系。土质粘重的土壤，渗透系数小，土壤中的水分难以排出，形成过高的地下水位与浅层滞水，土壤地下水位易升不易降。一次降雨后，通常一天内地下水位就上升到接近田面，而要降至 1m 以下，至少要半个月，不利于农作物的生长。

1. 东北三江平原

白浆土、草甸土、沼泽土约占三江平原面积的 56％，其特点是质地粘重，孔隙率低，渗透性弱。白浆土渗透系数仅 0.045cm/d，干时坚硬，湿时泥泞。三江平原的季节性冻土，一般从每年 10 月开始向下冻结，到次年 2 月冻土层厚度可达 1.5～2.0m，4 月开始融冻，6 月可融尽，在此期间表层融冻，底部冻结形成隔水层，使雨水无法下渗而形成涝渍。

2. 海河平原

在海河中下游地区的潮土，属重粘壤土与粘土，质地紧密渗透性低，排水困难。

3. 黄河流域关中平原沉积物

关中平原即渭河平原，渭河平原为秦岭以北，沿渭河自宝鸡至潼关的狭长地带，东西长约 360km，南北宽窄不一，西安以东最宽约 100km。地势由西向东倾斜，地面坡度逐渐减缓，海拔由 800m 下降到 460m，属地堑式构造盆地，是经黄土堆积，河流冲积而形成的冲积、洪积平原。土层由大量沉积物组成，母质中含有溶盐，由于长期引水灌溉，地下水自西向东运行，形成关中平原涝渍盐碱灾害自西向东逐渐加重的趋势。

4. 淮北平原的砂礓黑土层与沙土

淮北平原广泛覆盖着不同厚度的属第四纪上更新统河湖相沉积物，主要是砂礓黑土，质地密，孔隙率小，透水性能差，干时坚硬，湿时泥泞，排水不良，为淮北最易发生涝渍的一种土壤。该地区黄泛区沙土，质地疏松，极易产生风蚀水蚀、水土流失严重，开挖的沟渠容易淤浅，影响排水。

5. 鄱阳湖地区

鄱阳湖滨湖地区多为红壤性水稻土，土层深厚，易板结，通透性差，排水困难，常形成土层上层滞水，加之雨期长、排水不畅，易发生涝渍。

6. 江汉平原

荆江及汉江两岸平原，为冲积或湖相沉积土壤，沉积层深厚，渗漏性差，渗流滞缓，易生涝渍。

7. 洞庭湖滨湖地区

洞庭湖滩地及滨湖平原，土壤为沼泽土、紫潮土、紫潮泥，下层冲积土透水性强，表层透水性一般。

8. 太湖水网圩区

太湖下游地区、杭嘉湖、洮滆湖边圩区，土壤主要属青紫泥、黄心青紫泥，颗粒细、土质粘重、通透性差，造成该地区易涝怕滞的状况。

9. 珠江三角洲

珠江三角洲为西北东三江携带的泥沙在古海岸淤积的平原，多为潮泥田、泥肉田、低土朗田，沙壤土上的积淤泥透水性能较差。

（三）地形地貌

1. 松嫩平原的闭流区

松嫩平原地势平缓，地形复杂，多为闭流的浅平洼地，无尾河道众多，形成诸多泡沼。河网稀疏，排水困难，雨后河水漫流扩散，造成农田积水受淹。松花江干流中部涝区及第二松花江涝区属于山前河谷冲积平原，地形高低起伏，变化复杂，形成众多洼地、水泡和小闭流区。雨后积水排不出，加上两侧台地的坡面径流入侵，形成农田积水。

2. 海河平原与洪水河道区间洼地

海河流域为黄河的冲积平原，地面坡度上陡下缓，沿京广铁路地面高程 50m，向西为丘陵山区，向东至滨海降至 10m 以下，为一片广阔平原。地势平坦，地面坡度由 1/1000 降至不足 1/10000，加上受海潮顶托，排水缓慢。黑龙港、运东及清南清北涝区，属洪水河道区间洼地，本身无排水出路，四周受排洪河道的堤防包围，历来涝渍严重。

3. 黄泛区的特殊地貌

徒骇、马颊河地区与卫河平原，为历史上的黄泛区，从公元前 602 年到 1938 年，黄河改道 26 次，其中 11 次流经该地区，形成坡、洼、湖沼与沙岗、丘垄相间的地形，雨后洼地积水，排水困难。黄河南泛对淮北平原和鲁西南平原影响也很大，在黄河夺淮的 622 年中，西起开封东至海滨皆为黄泛区，破坏了原有水系，淮河改道入江。泗水、古汴河、睢河、涡河、颍河均曾为黄河泛道，泛道两岸泥沙堆积成岗地，岗地之间则形成洼地，当再次改道时，相互交叉堆积，出现了许多封闭洼地，而成为平原区的重点灾害区。

4. 珠江三角洲的泥沙淤积

珠江三角洲上游每年带来约 7000t 泥沙，其中 60% 左右在入海 8 个口门的岸边沉积，滩涂每年向海延伸约 100m，河口区水流分叉，而形成水网。因地势低洼平坦，排水沟渠泥沙淤积，排水不畅，加上受潮汐顶托，农田失去自排能力而形成涝渍灾害。

5. 平原洼地和圩区

三角洲、沿江河及滨湖平原洼地和圩区，地势低洼，河网水位距地面多数不到 1m，有的只有 0.5m 左右。邻近外河（湖）高水位，常常受到侧渗补给，引起地下水位升高，因而出现地面水受河网水位顶托，排泄不畅，排降地下水也更为困难。如长江三角洲、太湖流域东部平原，淮河下游里下河平原圩区等。

二、人类活动

人类活动对涝灾的影响是多方面的。从涝灾的成因出发，人类活动改变了下垫面的属性，造成水土流失，增加洪、涝、渍灾。

1. 盲目围垦和过度开发

由于人类盲目围垦和过度开发，造成水土流失，调蓄库容减少，大大增加了洪涝灾害。如洞庭湖作为长江中下游最重要的过水性调蓄湖泊，湖的蓄水容积由 1949 年的 293 亿 m^3，下降到现在的 178 亿 m^3。据史料记载，285 年到 1868 年洞庭湖水灾平均 41 年一次，而现在水灾已缩减到不足 5 年就有 1 次。近几十年来，在人口加速增长的重压下，由于围垦而消亡的湖泊达 1000 余个，湖泊面积和容积也大大减少。1949 年洞庭湖面积为 4350km²，1958 年减少到了 3141km²，1978 年湖泊面积仅存 2691km²。湖泊蓄水容积由 1949 年的 293 亿 m^3 下降到 1978 年的 174 亿 m^3，下降了 40.6%。从湖泊的生态价值来总体评价，这种过度围垦是一种严重的失策。太湖流域从 1950 年到 1990 年累计围垦大小湖泊面积近 300km²，降低了湖泊的调节能力，从而扩大了洪涝灾区的范围。珠江河口大量围垦滩涂，河口不断向前延伸，而排洪河道未得到相应治理，排水受阻，壅高了上游水位。三江平原 1949 年易涝易渍耕地面积为 32.5 万 hm²，1965 年为 52.1 万 hm²，1975 年以后大量开垦，但水利建设未跟上，垦区排水标准过低，至 1990 年易涝易渍耕地面积增至 221.5 万 hm²。

2. 超采地下水，造成地面沉降

在人口比较密集的地区和城市化地区，由于水源短缺或水质恶化，常常出现过度开采深层地下水的状况，造成地面沉降，引发洪涝灾害的加剧。例如，根据对江苏省苏南几个城市调查，城市沉降中心的累计最大沉降量：苏州市1.45m，无锡市1.14m，常州市1.10m；苏、锡、常3城市累计地面沉降大于600mm的面积分别达到80.4、60.0、43.0km²。除了苏、锡、常3市的沉降中心之外，在锡山市、张家港市、江阴市、常熟市、昆山市、太仓市、横林镇、黄埭镇、盛泽镇等地还发育有多个地面沉降中心，累计沉降量大于300mm的地面沉降漏斗面积约1500km²。在1991年洪涝灾害中，沉降洼地灾情特别严重的苏州市城西地区、无锡市东北广益地区、常州市城南地区积水深度和淹没时间都超过相邻地区。上海市从20世纪初就开始了地面沉降，地面最大累计沉降量已达2.63m，形成了面积约1069km²，边缘高程小于4m的洼地，中心城区大部分面积已经低于3.0m。在一般高潮条件下，市区大多数河流已成为"地上河"，在暴雨期若遭遇高潮，排涝泵站关闭，则大部分地区排水困难，会造成严重内涝。

3. 新建或规划排水系统不合理

一些地区在规划或调整水系中未经科学论证，使得新的排水系统布局不合理，破坏了原有排水系统，不能满足地区的排水需求。如淮河下游苏北灌溉总渠北部地区，总面积1967km²，耕地11.3万hm²，人口92万，该地区原有排水河道，水流自北向南排入白马湖、马家荡、射阳湖，排水流畅。1952年开挖总渠，截断排水河道，后开挖自西向东排水渠入海，路线长，标准低，多年来该区涝灾严重，一般年份受灾2万hm²，大水年受灾6万～7万hm²以上。又如黄河流域金堤河，集水面积5047km²，耕地35.2万hm²，原来是自流人黄的，1949年修复黄河堤防，将入黄口门堵死，仅能向东排水25m³/s入小运河，灾情十分严重。直至1964年才修建张家庄闸，但黄河河床已淤高，排水能力下降，自排入黄已很困难。

4. 灌排失调

有些地区，地下水位原来并不高，由于重灌轻排，缺乏排水设施，或灌排缺乏配套，渠系布置不当，渠道施工质量低劣，渠道输水渗漏损失大，加之管理不善，破坏了生态的自然平衡，致使地下水位上升，引起作物受渍。

5. 城市化的影响

城市化的进程增加了城市的不透水面积，如屋顶、街道、停车场等，使相当部分区域为不透水表面所覆盖，致使雨水无法直接渗入地下，洼地蓄水大量减少。城市地区不透水面积的增加直接导致雨水汇流时间缩短，洪峰流量加大。例如，北京市1959年8月6日和1983年8月4日发生的两场降雨的雨量及强度相似，总雨量分别为103.3mm和97.0mm，最大1h雨量为39.4mm和38.4mm，但二者的洪峰流量分别为202m³/s和398m³/s，后者较前者增大了近1倍。

在城市建设中，地表的改变，使地表上的辐射平衡发生变化，影响了空气运动；工业和民用供热将水汽和热量也带入大气中；建筑物引起的机械湍流、各种热源引起的热湍流以及城市上空形成的凝结核可以影响当地的云量和降雨量。城市热岛效应和气候条件的变化，对降水造成了较大影响。研究表明，城市化可使暴雨中降雨总量和平均雨强增大。降水异常现象增多会造成原有排水工程设计标准偏低。

一些城区排水管网建设滞后，尤其在一些旧城区，排水标准较低，排水能力不够，造成积水严重。随着城市的快速发展，雨水管道等市政建设与城市改造还存在着不同步的现象，一些新建居民小区未按标准新建排水设施，而是接入原有的市政管线，加大了排水负荷，当雨水量超过排水系统设计能力，就会导致道路排水不畅。此外，每年雨季，雨水口、雨水管渠、排涝河道往往沉积了大量的淤泥等污物，如不及时清通，遭遇暴雨就也会造成排水不畅，引起地面积水成涝。

第四节 涝渍灾害的分类

一、按发生的季节分类

按涝渍灾害发生的季节可以分为春涝、夏涝、秋涝和连季涝。

1. 春涝

春涝主要是由于连绵阴雨天气形成，其特点是降雨强度小，影响范围广，持续时间长。南方春季连阴雨量一般为 $30 \sim 100$mm，雨区范围最大可达 100 万 km^2 以上，持续 1~2 个星期，甚至 1 月之久。

2. 夏涝

夏涝主要发生在雨带缓慢移动或持续停留所造成的雨季，其特点是降雨强度大，可能引起山洪或平原地区河水泛滥，在地势低洼、排水不畅地区积聚大量涝水，造成涝渍灾害。例如，在每年 5~7 月间，江淮流域中下游进入典型的黄梅季节，常常 10~20 天少见阳光，有时连绵阴雨可持续 1~2 个月之久。如果梅雨期长、雨量大，会造成严重的涝渍灾害。

3. 秋涝

秋季的连绵阴雨会造成涝渍灾害，涝情特点与春涝类似。另外一种情况是台风雨造成的地区涝灾，其特点是降雨强度大，持续时间短。

4. 连季涝

连季涝一般指春涝发生后紧接夏涝或夏涝后紧接秋涝的两季连涝。这种情况出现的几率较小，影响范围也不大，但可能对局部地区造成严重的涝渍灾害。

二、按地形地貌分类

涝渍灾害的形成与地形、地貌、排水条件有密切的关系。按地形地貌可划分为平原坡地、平原洼地、水网圩区、山区谷地、沼泽地等几种类型。按这几种分类划分 1990 年易涝易渍耕地面积，结果见表 4-12。其中平原坡地易涝易渍面积最大，约占全国易涝易渍耕地的 46.1%；沼泽化与沼泽地易涝易渍面积较小，约占全国易涝易渍耕地的 5.0%。按地形地貌的另一个特殊易涝地区是城市化地区，其涝灾主要为排水不畅引发的地面积水。

1. 平原坡地

平原坡地主要分布在大江大河中下游的冲积平原或洪积平原，地域广阔、地势平坦，虽有排水系统和一定的排水能力，但在较大降雨情况下，往往因坡面漫流缓慢或洼地积水而形成灾害。属于平原坡地类型的易涝易渍地区，主要是淮河流域的淮北平原，东北地区的松嫩平原、三江平原与辽河平原，海滦河流域的中下游平原，长江流域的江汉平原等，其余零星分布在长江、黄河及太湖流域。平原坡地涝渍灾害的灾情很重，据 1950～1990 年资料统计，全国平原坡地平均每年约有 19% 的耕地受灾，而淮河流域平原坡地平均每年有 29% 的耕地受灾。

表 4-12　　　　　　　　各流域（区域）各种类型易涝易渍耕地面积统计表

流域（区域）	各种类型易涝易渍耕地面积（万 hm^2）				
	平原坡地	平原洼地	水网圩区	山区谷地	沼泽地
东北	201.9	270.3	0.0	58.3	120.5
黄河	55.8	47.6	0.0	0.6	1.7
海河	243.3	90.8	0.0	1.5	0.0
淮河	475.3	87.7	65.2	16.0	2.0
长江	144.8	138.2	126.0	130.5	1.0
太湖	25.5	0.0	40.1	0.0	0.0
珠江	0.0	42.5	30.6	68.8	0.0
合计	1147	677	262	276	125
占易涝易渍耕地总面积的比例（%）	46.1	27.2	10.5	11.1	5.0

2. 平原洼地

平原洼地主要分布在沿江、河、湖、海周边的低洼地区，其地貌特点接近平原坡地，但因受河、湖或海洋高水位的顶托，丧失自排能力或排水受阻，或排水动力不足而形成灾害。沿江洼地如长江流域的江汉平原，受长江高水位顶托，在湖北省境内的平原洼地面积达 127.2 万 hm^2；沿湖洼地如洪泽湖上游滨湖地区，自三河闸建成后由于湖泊蓄水而形成洼地；沿河洼地如海河流域的清南清北地区，处于两侧洪水河道堤防的包围之中，易涝耕地达 64.3 万 hm^2。

3. 水网圩区

在江河下游三角洲或滨湖冲积平原、沉积平原，水系多为网状，水位全年或汛期超出耕地地面，因此必须筑圩（垸）防御，并依靠动力排除圩内积水。当排水动力不足或遇超标准降雨时，则形成涝渍灾害。如太湖流域的阳澄淀泖地区，淮河下游的里下河地区，珠江三角洲，长江流域的洞庭湖、鄱阳湖滨湖地区等，均属这一类型。

4. 山区谷地

山丘区涝渍低产田，受低水温的影响，土温较低。土壤长期受水浸渍，土体为水分所饱和，水、肥、气、热不协调，有机质在嫌气细菌分解下产生的硫化氢、亚铁、有机酸等有害物质，使养分吸收等机理衰退，影响植物上部的代谢，如水稻易黑根、浮秧、死苗或不发棵、返青迟、分蘖慢、植株矮小、产量低。这些涝渍低产田由于所处地理位置和浸渍水源不同，有渍水、长流水、冷泉水、山洪水等，形成不同的渍害。冷浸田主要分布在山区小溪和河流两侧盆地，受冷泉水的浸渍而成；烂泥田和锈水田分布在平畈的低洼地及山坞地带，因长期浸渍而成；陷泥田分布在冲畈地的低洼处，地下水位高，明涝暗渍，土粒分散，泥深湖烂，难以耕作；冷浸田和烂泥田中因亚铁离子较多，有明显的锈水溢出而形成锈水田。

5. 沼泽化与沼泽地区

沼泽平原地势平缓，河网稀疏，河槽切割浅，滩地宽阔，排水能力低，雨季潜水往往到达地表，当年雨水第二年方能排尽。在沼泽平原进行大范围垦殖，往往因工程浩大，排水标准低和建筑物未能及时配套而发生频繁的涝渍灾害。我国沼泽平原的易涝易渍耕地主要分布在东北地区的三江平原，易涝易渍耕地总面积约 120.5 万 hm²。黄河、淮河、长江流域亦有零星分布，总计约 4.7 万 hm²。

6. 城市地区

城市面积远小于天然流域集水面积。城市区域一般划分为若干管道排水片，每个排水片由雨水井收集降雨产生的地面径流。因此，城市雨水井单元集流面积是很小的，地面集流时间在 10min 之内；管道排水片服务面积也不大，一个排水片的汇流时间一般不会超过 1h。因此，短历时高强度的暴雨，尤其是对流雨，会在几十分钟内造成城市地面严重积水。由于雷雨具有形成速度快，无法预测的特点，造成城市地面暴雨积水的突发性。

由于城市排水片集水面积小，汇流时间快，城市管道排水标准是按照短历时暴雨重现期作为设计标准的。我国很多城市排水设计标准一般为 0.5～1 年暴雨重现期，这意味着一个排水片平均每年遭遇 1～2 次地面积水受涝。因为一个城市分为若干排水片，每年必然会经常发生多次排水片规模的地面积水状况。而一个排水片有数十至数百个雨水井，排水片内雨水井单元集水面积产生地面积水更常见。

城市是地区政治、经济和文化的中心，是地区经济发展的龙头和产值集中地。因此，城市发生较大的涝情时，造成的经济损失强度和社会影响远大于农业区和天然流域。

城市是人类活动的结晶。城市化过程全面地改变了局部地区的地形地貌和水系分布，对城市区域的水文特性的影响是巨大和深刻的。近年来，随着我国城市化的进程，地面不透水性强度和范围增加，城区河道水面率减小，以及外河水位的逐年升高，造成地表径流和涝水总量的不断增加，而河道调蓄库容和排水能力降低，使得洪涝灾情随人类活动影响的程度而不断加重。

三、按渍害发生性质分类

目前，国内渍害的分类尚无统一的划分规定，现根据我国的实际情况划分为涝渍型、潜渍型、盐渍型、水质型 4 种渍害类型。

1. 涝渍型

平原各种类型地区易涝易渍农田，一般是涝灾与渍害并存，雨期涝水淹没农田，雨后地下水排不出而形成渍害。在平原坡地，如河网不密，河道切割不深，而土壤又较粘重，雨后很易形成渍害，特别是高地中的洼地，往往是渍害的重灾区；在平原洼地和水网圩区，如无有效的降低地下水位的工程措施，因受外河水位顶托，地下水难以排出也易形成渍害。

2. 潜渍型

由于地下水自下而上或侧向渗入，使农田地下水位过高而形成的渍害，如丘陵山区的冷浸田、滨河滨湖的平原洼地因外水渗入的渍害田等。

3. 盐渍型

盐渍型农田是含有盐碱成分的地下水位因某种原因升高，通过土壤蒸发而使耕作层中盐碱逐渐累积，超过了农作物的耐盐碱能力的农田。次生盐碱一是由于涝渍而形成，长期积水排不出而使农田返盐返碱；二是引用外水灌溉，抬高了地下水位，特别是灌溉渠系两侧农田易引起次生盐碱；潜渍型农田，亦可因含有盐碱成分的外水渗入而引起次生盐碱化。

4. 水质型

专指农田土壤含有酸性水分而影响农作物正常生长的农田，主要分布在珠江下游地区。

各种类型渍害田的分类较为复杂，如涝渍可能兼为潜渍型，亦可能为次生盐碱型。在进行渍害农田统计时，只能按形成渍害的主要因素进行分类。

第五节　涝灾的防治

一、农业除涝系统

农田排水系统是除涝的主要工程措施，其作用是根据各类农作物的耐淹能力，及时排除农田中过多的地面水和地下水，减少淹水时间和淹水深度，控制土壤含水量，为农作物的正常生长创造一个良好的环境。按排水系统的功能可分为田间排水系统和主干排水系统。田间排水系统承接农田中多余的水及来自坡地的径流，输送至主干排水系统。主干排水系统将涝水迅速地输送至出口，或排出受保护的农业区。

（一）田间排水系统

田间排水系统的功能是排除平原洼地的积水以防止内涝，或截留并排除坡面多余径流以避免冲刷，也可用于降低农田的地下水位以减少渍害。

1. 平地田间排水系统

地面坡度不超过 2‰ 地区可以认作为平地，其排水能力相对较弱，在暴雨发生时易受涝成灾。平地的田间排水系统可以采用明沟排水系统或暗管排水系统两种类型。田间排水系统的明沟属排水系统中末级排水沟，一般采用平行布设形式。

由于平地的田间排水系统包括畦、格田、排水沟等单元。这些排水单元本身具有一定的蓄水容积，在降雨期可以拦蓄适量的雨水，其最大拦蓄水量称大田蓄水能力。大田蓄水量一部分下渗补充土壤通气层缺水量，一部分补充地下水并造成地下水位的升高，还有一部分积聚在沟渠、畦和水田中。

超过大田蓄水能力的雨水需通过田间排水系统排除。应根据设计的排水流量，分析计算排水沟的间距和断面过水面积。若同时考虑地下水排水以控制地下水位，则应综合考虑地下水的适宜埋深、土壤特性以及规划要求，确定排水明渠的设计值。一般可以结合试验资料采用有关的公式计算。采用明渠排水的优点是可以同时考虑排除地表径流和地下径流，对渠道坡度要求不高，检查方便。缺点是占用土地，渠道容易淤积和生长杂草影响排水，不利于机械化耕作。如果采用暗管排水系统，可以免除这些缺陷，而且管道间距不受机耕的限制。通过控制管道的埋深可以增加水力坡度，并有效地控制地下水位。但暗管工程费用高，养护困难。但从发展趋势看，暗管排水系统前途看好。

2. 坡地排水系统

当地面坡度超过 2% 可作为坡地处理。由于坡地降雨径流流速较大，易于造成坡面土壤的侵蚀流失，从坡面下泄的流量有可能造成下游农田的洪涝灾害。另一方面，坡地不易保水是其不利条件。为了保水，坡度常常梯田化，使原有的坡面变成若干垂直的台阶，具有水平的表面和无坡度的梯田沟。

如果考虑排水和控制冲刷，梯田可以采用等高明渠系统或标准防冲系统。等高明渠系统适用于坡度小于 4% 的土地，梯田沿坡度方向呈倾斜状，每隔一定距离布设一条排水沟，排水沟大致沿平行于土地的等高线走，以截住高地的排水流量，输送至主干排水系统。标准防冲系统适用于坡度大于 4% 的土地，基本特性与等高明渠系统类似，仅是排水明渠位于高程较低一侧的堤岸适当加高以截留更大流速和流量的水流。

为了防止坡地的径流对下游平地的洪涝灾害，应在坡地的下部区域修建引水渠道或截洪沟，把水引入主干排水系统。渠道的深度和截面积应不小于 0.45m 和 0.7m²。为了防止渠道淤积，必须在渠道上坡一侧修建滤水带。

(二) 主干排水系统

主干排水系统的主要功能是收集来自田间排水系统的出流，迅速排至出口。它有两种类型：一种系统的目的是收集和拦截农业区周边坡地的径流，以保护农业区免受淹没；另一种系统是收集平地多余的水量并排出农业区。一些地区修建的主干排水系统还具有综合用途，如灌溉引水、排除污水、航运等。

组成主干排水系统的单元可能有渠道、堤防、泵站、水闸、入口、涵洞、跌水或陡坡等。排水渠道是主干排水系统的最基本的单元，其设计应根据田间排水系统设计标准和排泄流量，以及流域的地形条件进行。

由于主干排水系统与田间排水系统相对独立，为了保证涝水的及时排除，主干排水系统排水沟的水力坡降可大于田间排水系统，但应以不冲不淤流速来选择沟渠坡降。在小渠道进入干渠的汇合口，应设立排水入口，以防止溯源冲刷。当坡降过大时应增加跌水或陡坡加以消能。通过增高排水渠道两侧堤岸可以使渠道过水断面和调蓄量增大，增加排涝和储洪能力。排水渠道若采用土沟，通常是梯形断面，边坡大小取决于土壤特性和开挖深度。渠道的最佳宽深比是基于最小过水断面来选择。对于有混凝土护砌的梯形断面，在边坡系数 m 已知时，最佳宽深比可用下式计算

$$\beta = 2\left(\sqrt{1+m^2} - m\right) \tag{4-1}$$

如果是土渠，可以采用经验公式估算宽深比。如美国垦务局提出的公式为

$$\beta = 4 - \frac{1}{m} \tag{4-2}$$

在受保护农业区，若区外水体的水位较高，则主干排水系统在出口处需设立泵站和水闸。在外河水位较低时开闸，渠道中的涝水按重力流方式自排。当外河水位高于内河时关闸，防止洪水漫溢至保护区，同时可开动泵站排除区内涝水。

二、排涝规划

1. 排涝标准

排涝标准是设计排水系统的主要依据，设计标准高则保护区发生涝灾的风险小，涝灾损失低，但所建排涝工程规模大，工程投资费用和运营维护费用高；排涝标准降低，排涝工程投资和影响维护费用小，但保护区的涝灾风险和涝灾损失增大。因此，如何确定排涝标准，应综合考虑排涝系统的净效益、地区经济条件和发展，依据国家和地方有关部门颁布的规范和规程分析确定。

排涝标准有两种表达方式：第一种表达方式是以排除某一重现期的暴雨所产生的涝水作为设计标准。如 10 年一遇排涝标准是表示排涝系统为保证保护区不遭受涝灾的前提下，能可靠地排除 10 年一遇暴雨所产生的涝水；第二种表达方式不考虑暴雨的频率，而以排除造成涝灾的某一量级的降雨涝水作为设计标准。如北京市、上海市、江苏省农田排涝标准采用的是 1d 雨量 200mm 不遭灾。应该注意的是，在确定排涝标准时，系统的排涝的时间是非常重要的，如 1d 雨量产生的涝水是 1d 排出还是 3d 排出，则是两个不同标准，显然是前者标准高，设计排涝流量大，农田可能的淹水历时短，排涝工程规模和投资高。比较排涝标准的两种表达方式：第一种方式以暴雨重现期作为排涝标准，频率概念比较明确，易于对各种频率涝灾损失进行分析比较，但需要收集众多雨量资料进行频率计算以推求设计暴雨；第二种方式直接以敏感时段的暴雨量为设计标准，比较直观，直接得出设计暴雨，但缺乏明确的涝灾频率概念。

2. 规划原则

排涝规划要贯彻统一规划、综合治理、蓄排兼顾、以排为主的原则。统一规划就是从全局出发，考虑到上、下游，左、右岸，区、内外，主、客水之间的关系，排水系统的建立应是有利于整个区域的排涝，同时兼顾到局部的利益。不能因为局部工程的建立损害了整体的排涝工程布设和排涝效果。综合治理就是要在建立排涝系统时同时考虑到灌溉、治碱、环境、航运、渔业等方面的要求，以保证取得最大的效益。蓄排兼顾，以排为主是说明尽快排泄涝水是排水系统主要选择，但要充分利用排水系统和保护区的蓄水功能。这一方面可以减小排水系统的规模和造价，另一方面可以减小涝灾损失。

在规划工作中要根据区域总体规划和经济条件，区别轻、重、缓、急，近、远期相结合，全面规划，分期实施，随区内经济发展，逐步提高排涝标准和排涝系统的规模。在区内，也应根据保护对象的重要程度和损失情况，分别采用不同的排涝标准。

为了提高排涝系统的效益，应从实际出发，因地制宜制定规划方案，尽可能做到就地取材，降低工程建设费用。

排涝非工程措施的作用不能忽视。近年来，非工程措施在排涝方面的应用得到更多的重视，包括水土保持措施、水文气象情势预报、灾情预测和评估、涝灾风险图绘制、防灾减灾对策和措施的制定等。这些非工程措施对地区涝灾防治可以起到工程措施难以发挥的作用，最大限度地提高了排涝减灾的效益。

3. 规划程序

排涝规划的程序包括以下步骤。

（1）收集资料　主要是与排涝规划有关的各类资料，包括区域农业发展规划和流域水利规划报告，土壤和地形特性，水文与气象观测数据，现有水利工程设计资料，历史上该地区涝灾成因和灾害情况，同时应深入现场进行查勘和调查。

（2）确定标准　要根据保护区域的重要性，当地的经济条件，排涝工程建设的难易程度和费用，涝水造成的灾害损失程度，工程使用年限等因素综合考虑，确定相应的排涝标准。根据排涝工程建设的需要与投资的可能，可以采用全面规划，分期实施方针，对近远期工程分别定出不同的排涝标准。在同一区域中，如果土地利用性质差别较大，应根据不同防护对象的重要性，采用不同的排涝标准。

（3）分析计算　根据收集的资料和排涝标准，按规划的原则拟定各类可能的排涝方案，采用合适的水文学和水力学方法，计算工程的规模和相应的尺寸及每一方案的投资费用和排涝效益。

（4）筛选方案　根据计算结果进行分析，主要从排涝净效益的角度评价方案的优劣，同时兼顾考虑区域农业的发展和目前的经济条件。最终提出推荐方案，并撰写规划报告。

（5）上级审批　排涝规划需经有关部门组织评审，并经上级主管部门审批后生效。

三、排涝措施

1. 洪涝分治

治洪是排涝的前提，在洪涝并存的地方，必须按照洪涝分治，防治结合，因地制宜，综合治理的原则，采取蓄泄兼筹，整治骨干排洪河道，扩大洪水出路，在保障大片地区的防洪安全基础上，为农田涝水解决出路问题，因地制宜地规划行洪河道和排涝河道，排除洪水干扰。

2. 分片排涝

平原地区的地形特点，总的来说较为平坦，但因其范围广阔，地势仍然还有高差。如果不采取高、低地分开，势必造成高地排水要压向低地，使低地受淹，从而加重低地的排涝负担，低地涝水更难以及时外排。同样，低洼水网圩垸地区虽然地形也较为平坦，但圩内地形也存在高差，每逢暴雨，高水低流，加重低地的涝情，引起高、低地之间的排水矛盾。

因此，在排涝规划中，除了建立河网系统外，还应考虑在高低地分界处划分梯级、建闸控制、等高截流、高低分开、分片分组排涝，使各片自成水系，灵活调度，达到高水高蓄高排，低水低蓄低排，高地自排，坡地抢排，洼地抽排，排涝滞涝结合。

3. 排蓄结合、自排为主

平原、圩区当外河水位高于保护区地面高程时，往往不能自流外排，此时应充分利用原有湖泊、沟塘，洼地滞涝，以减小抽排流量，降低圩垸排涝模数。

单靠自流外排与内湖滞涝仍不能免除涝灾威胁的地区，需要辅以抽排。但是，为了尽量减少装机容量和抽水费用，在规划和管理时，必须坚持以自排为主的指导思想，并采取一切措施尽量利用和创造自流排水的条件。有条件时可适当抬高内河、内湖滞涝水位，以争取更多的自流外排条件。

4. 控制运用，加强管理

修建排涝工程固然十分必要，但不可忽视对其控制运用和加强管理，特别是有蓄水要求的河网，要做好及时预降，以增加河网滞涝蓄量，提高抗涝能力。汛期更要及时收听天气预报，做好雨前预降预排，并按雨情和涝情分布，通过工程控制调度，降低涝灾损失。

要管好用好排涝工程设施，充分发挥其效益，必须认真建立和健全管理组织，制定必要的控制运用制度，做好工程养护维修工作。

四、城市内涝治理

对于城镇地区排水，除建立管渠排水系统外，还需采用一些辅助性工程措施。

1. 增加雨水下渗能力

为了减少城市化地区地表径流量，削减地表洪峰流量，应注意增加地表渗透能力。最基本的方法是尽可能扩大城市绿地面积，在一些局部不透水区域，如广场、体育场的周边设立等高绿地，截留部分排泄雨水。

通过铺砌透水沥青公路、多孔混凝土广场、砖或砾石人行道和巷道，可以显著增加雨水下渗能力。透水铺装的材料可以是透水沥青混凝土，嵌草砖或无砂混凝土透水砖等。不同渗透铺装材料削减径流量的幅度不同，一般可达30％～60％。沥青混凝土透水路面孔隙率可达60％。纽约州罗彻斯特市的一个停车场采用了透水性路面后，高峰径流速度减缓83％。加大渗透铺装面积可以使地面径流雨水分散、就地排放，又可以补充地下水，促进植物生长。采用透水性排水管道、渗透池、渗透井，增加入渗量，也是减少地表径流量的选项。

日本从20世纪80年代初开始雨水渗透技术的研究，已从实验研究阶段进入推广实施阶段，纳入国家下水道推进计划并制定了雨水渗透设施的标准。到1996年初为止，仅东京都就采用渗透检查井33450个，透水性排水管道286km，透水地面495000m^2。经过有关部门对东京附近面积为22万m^{2}的20个主要降雨区长达5年的观测和调查，在平均降雨量69.3mm的地区，其平均流出量由原来的37.6mm降低到5.5mm。

美国则强调提高天然入渗能力，如美国加州富雷斯诺市的地下回灌系统，10年间（1971～1980年）的地下水回灌总量为1.338亿m^3，年回灌量占该市年用水量的20％；芝加哥市兴建了地下隧道蓄水系统，以解决城市防洪和雨水利用问题。还有一些城市建立了屋顶蓄水系统和由入渗池、井、草地、透水地面组成的雨水入渗系统。

2. 增加城市雨水滞蓄能力

在雨洪流量较大时储存部分雨水径流，而流量下降时排出，以达到削峰作用，这类调蓄库容可以是大型地下管道、管网系统内的人工调节池，与管网相连的一些蓄水池、凹槽、岩洞、地下隧道等设施，或结合公园观赏的池塘湖泊，也可以是其他各类有调蓄性能的下垫面或构筑物。

例如，为了减小城市暴雨径流的峰、量，可以充分利用城市的一些洼地、池塘、广场、操场、公园、校园、体育场、球场、停车场等暂时滞留雨水，待最大流量下降后，再从调节设施中慢慢排出，这样可大大降低最大流量。有人提出，可以调整我国城市常用的绿地的竖向设计，将传统的高绿地、低道路的设计改为下凹式绿地，将周围不透水铺装地面上的径流雨水汇集进来，充分利用了绿地的下渗能力和蓄水能力。据分析，当下凹深度为50～150mm，下凹式绿地占全部集水面积比例为20％时，可以使外排径流雨水量减少30％～90％。在北京的典型土质条件下，最长蓄水时间小于24h，不超过绿地一般植物耐淹时间，不影响绿地植物的生长。

　　蓄水方案可采用屋顶蓄水池或屋顶花园和屋顶草坪的方式；滞水方案是增大屋顶铺面糙率，如波状屋顶、砾石屋顶等，也可束狭楼房落水管使雨水暂时滞蓄屋顶。加大屋顶绿化可以起到多方面的综合作用。首先绿化屋顶可作为城市的天然节能空调。在夏季，绿化地带和绿化屋顶可以通过土壤水分和生长的植物降低大约 80% 的自然辐射。在冬季，长有植物的屋顶可以显著减缓热传导以利节能，严寒时也对缓冲极端温度起着突出的作用。其次，绿化屋顶提供了储存降水的可能性，可以减轻城市排水系统的压力。如普通瓦屋顶和沥青屋面的径流系数是 0.9，采用绿化屋顶后，可以使径流系数减少到 0.3。

　　3. 城市雨水利用

　　收集雨水加以利用，可以有效地降低地表径流系数，又可以增加城市水资源。主要方法是在城市建筑物上设计雨水收集设施，或通过地面的下渗设施来实现。收集到的雨水经简单的处理后，达到杂用水水质标准，可用于消防、植树、洗车、冲厕所和冷却水补给等，也可以经深度处理后供居民使用。

　　雨水利用在国外得到充分发展。日本 1963 年开始兴建雨水滞蓄池，并将滞蓄池的雨水用作喷洒路面、灌溉绿地等城市杂用水。这些设施大多建在地下，以充分利用地下空间，而建在地上的也尽可能满足多种用途。东京江东区文化中心修建的收集雨水设施集雨面积 5600m^2，雨水池容积为 400m^3，每年利用的雨水占其年用水量的 45%。东京的一座相扑馆，每天雨水利用量可达 300m^3，其中一半用于冲厕所，这些水的大部分是利用屋顶收集到的。

　　丹麦从屋顶收集雨水，经过收集管底部的预过滤设备，进入蓄水池进行储存。使用时利用泵经进水口的浮筒式过滤器过滤后，用于冲洗厕所和洗衣服。在每年 7 个月的降雨期，从屋顶收集的雨水可以满足冲厕用水。

　　德国利用公共雨水管收集雨水，处理后达到杂用水水质标准，用于街区公寓的厕所冲洗和庭院浇洒。如位于柏林的 Hlank Witz Beless - luedecke Strasse 公寓始建于 20 世纪 50 年代，通过采用新的卫生原则，并有效地同雨水收集相结合，利用雨水每年可节省 2430m^3 饮用水。

　　在英国伦敦，泰晤士河水公司为了研究不同规模的水循环方案，设计了英国 2000 年的展示建筑—世纪圆顶示范工程。在该建筑物内每天回收 500m^3 水用以冲洗该建筑物内的厕所，其中 100m^3 为从屋顶收集的雨水。这使其成为欧洲最大的建筑物内的水循环设施。

　　在我国，城市雨水利用还处于刚刚起步的阶段。由北京市水务局组织实施，于 2000 年启动的"北京城区雨洪控制与利用示范工程"，是我国开展得比较早的城市雨水利用项目之一，被列入"首都 248 重大创新工程"。该项目在北京选择了 5 个示范区，总面积 59hm^2。主要措施是把部分道路改建成透水道路，部分建筑物屋顶雨水直接排入下凹式绿地，渗入地下，其余建筑物、道路的雨水经收集、处理后进入蓄水池储存，用于灌溉和洗车等。此外，在"规划建设小区"、"老城区"、"公共建设用地"、"机关和学校"中选择有代表性的区域，采取不同的雨水利用模式，包括雨水收集处理后用于小区景观用水，多余雨水回灌地下水；收集建筑物屋顶雨水，通过蓄水池储存，用于家庭冲厕；对大面积绿地内采用渗井、渗沟等设施增加入渗等。北京市水利科学研究所的统计显示，在 7 月 10 日的暴雨中，5 个示范区共收集雨水 3300m³，其中经过处理后回灌地下水 2300m³，蓄水池拦蓄雨水 1000m³。在这些示范区，3 年来收集起来经处理后用于洗车、灌溉、冲厕、喷泉景观等的雨水将近 1 万 m³。

4. 法律与法规

为了更好地减缓城市内涝，降低地表径流系数，保证排涝系统正常运行，必须制定一系列的法律、法规及制度，提高全民的防灾意识。市政、水利、园林、环卫等部门必须相互协调，按各自功能充分发挥其作用。应广泛宣传，杜绝往雨水口和河道中倾倒垃圾、污物等现象。为了保证排水系统正常运行，还可采取一些举报监督、经济处罚、行政处罚等多种措施。

为了控制地面下沉，我国有关部门已经颁布有关法规。如江苏省九届人大常委会第十八次会议 2000 年 8 月 26 日通过的《关于在苏锡常地区限期禁止开采地下水的决定》，江苏省十届人大第四次会议 2003 年 8 月 15 日通过的《江苏省水资源管理条例》，使得乱采地下水的行为得到禁止，地面下沉现象得以有效控制。

在充分利用雨水、降低地表径流系数方面，国外制定了一系列行之有效的法规。美国科罗拉多州、佛罗里达州和宾夕法尼亚洲 20 世纪 70 年代制定了《雨水利用条例》，规定新开发区的暴雨洪水的最大流量不能超过开发前的水平，所有新开发区（不包括独户住家）必须实行强制的"就地滞洪蓄水"。日本于 1992 年颁布了《第二代城市下水总体规划》，正式将雨水渗沟、渗塘及透水地面作为城市总体规划的组成部分，要求新建和改建的大型公共建筑群必须设置雨水下渗设施。德国制定的法律法规要求，在新建小区之前，无论是工业、商业还是居民小区，均要设计雨水利用设施，若无雨水利用措施，政府将征收雨水排放设施费和雨水排放费。

第六节　渍　灾　的　防　治

一、水利措施

1. 建立农田地下排水系统

农田土壤过湿，地下水位过高，必须采取排水措施，排降地表水、土壤水与地下水。排水防渍又可分为明排与暗排两种方式。对大、中沟的固定沟道，大多采用明沟排水。小沟以下的田间墒沟多为田间排水沟，有条件的地区，采取浅明沟与深暗管相结合，因地制宜，就地取材，建立农田地下排水系统，以改善土壤的排水条件。另外，采取竖井排水，以降低地下水位，也是灌排结合的重要形式。湖北省潜江县进行了水稻田暗管排水试验，1984～1987 年 4 年平均暗管除渍试验田与大田每公顷产量分别为 6810kg 和 5145kg，暗管排水可增产 32%。

对于水稻田一般要求控制地下水埋深在 0.5m 左右，即沟渠水位至少在田面以下 0.7～0.8m，保证稻田有适宜的渗漏量。据观测研究，不论早稻，晚稻，间歇增加渗漏能促进水稻的发育和增产。

2. 耕层滞水

据上海农业科学研究院研究，南方水稻土粘性重，犁底层的持水特性十分明显。而砂土地区，经过雨水的自然淋洗，或在江河泛滥沉积的过程中，地面以下 2m 土层深度内有1～3 层粘土隔层，土壤水分在剖面上部的运动，受到犁底层（或粘土隔层）的制约。雨水入渗后，便在根系密集层中的耕犁层间聚积滞留，简称耕层滞水，可能导致根系呼吸窒息，植株枯萎。所以，有些地方尽管地下水位不高，但遇上阴雨连绵，气温低，湿度大，造成耕层滞水过多，致使作物受渍。

3. 控制河网水位

平原、湖区、圩田都要求控制地下水位，而控制地下水位，必须从控制河道水位入手。河道水位一般应比棉、麦各生育阶段的适宜地下水埋深至少再低 0.2m，冬季一般控制在麦田田面以下 0.7～1.0m，春季 1.2～1.5m，棉花苗期 0.7～1.0m，蕾期 1.4～1.7m，花铃期到成熟期 1.7m。盐碱地要求控制在田面以下 2m。具体运用时应视当地天气情况与土壤墒情灵活掌握。

在非盐碱化土壤地区，作物的适宜地下水位应等于根系层厚度加上毛管水饱和区厚度，其中根系层厚度 0.2～0.6m，毛管水饱和厚度 0.3～0.6m，即控制地下水位在地面以下 0.5～1.2m。根据对比试验资料，棉、麦田地下水适宜水深见表 4-13。

表 4-13　　　　　　棉、麦田地下水适宜水深

作物	生育阶段	播种出苗	分蘖越冬	返青	拔节～成熟
三麦	适宜地下水埋深	0.5	0.6～0.8	0.8～1.0	1.0～1.2
棉花	生育阶段	播种出苗	苗期	蕾期	花铃吐絮
	适宜地下水埋深	0.5～0.8	1.0左右	1.2～1.5	1.5

4. 采取深沟密网，加快田间排水

以往的旱田排水，多采用田块中开浅明沟的办法。由于墒沟挖得浅，地表水排除速度不快，且不能排除土壤水，造成耕层土壤依然过湿，地下水位降不下去。近年来，各地普遍采取深沟密网（沟深 0.4m，有的田块中心开挖的墒沟深达 0.6～0.7m），加快排除地表水和土壤水，效果较为明显。

5. 实行"灌排分开"、"水旱分开"

灌排分开，就是灌溉、排水各走各的路，自成系统，互不干扰。这不仅能保证浅水勤灌，提高灌水质量，而且能降低排水沟水位，使作物根系层内的过多水分及时排出，调整土壤中的水气比例。

水（田）、旱（地）不分，最易形成人为渍害。据观测，与水田相邻的旱地，由于水稻淹灌的影响，约 60m 左右的范围内，根系层土壤含水量升高到 25%～30%，极易受渍减产。因此，在水、旱轮作地区，水、旱作物应实行分区分片集中种植。其具体措施是以小沟（农沟）为界统一布局，每隔 3～5 块田，间距 80～100m，布设一条隔水沟，沟深1.0m，沟底宽 0.3m，边坡视土质而定，一头通入小沟（农沟），随时排除渗入隔水沟中的水量，同时也便于统一隔水沟之间的田块作物布局，做到水旱分开，不受渍害。

6. 推行计划用水

推行计划用水，禁止串灌漫灌，节约灌溉水量，减少渗漏损失，提高灌溉水的利用系

数，也是水利防渍措施中不可忽视的一环。

二、农业措施

1. 深耕晒垡，增施有机肥料

深耕晒垡，增施有机肥料，可促进团粒结构的形成，使土壤变得疏松，增加通气、吸水、保墒性能，并调整毛管水供水状态。一般要求逐步深耕至 20cm 左右，并与干耕晒垡、秸秆还田等措施结合起来。对底层有不透水粘土隔层的砂土地区则要深翻，挖穿底部隔水层，以求上下疏通，消除耕层滞水。

在降水多的雨季，水分管理的重点是及时清沟排水，雨后还要及时中耕松土，避免土壤板结，这样也有助于散失一部分土壤中过多的水分。

2. 水旱轮作，轮种绿肥

实行水旱轮作，如麦、豆、稻，或麦、稻、豆的二旱一水新三熟的轮作制，可以调节土壤氧化还原状态，土壤密度较小，促进高产。

轮种绿肥，如稻、麦、棉、玉米与绿肥的轮作，旱作与绿肥采取间、套作的种植法，土壤的透水性增强，耕层不易形成滞水，而且消退速度也快。

此外，选育抗渍能力强的作物与品种，力求做到水、旱作物合理布局，相对集中，连片种植。

3. 结合兴修水利，客土改土

有条件的地方，结合开河挖沟，采取"粘（土）拌砂（土）"，的方法，直接改良土壤的物理性状。

4. 生物排水，降低农田地下水位

沿沟、渠、路两旁植造乔、灌木护田林网，也有利于降低农田地下水位，起到生物排水的作用。

为了保证水稻的高产稳产，稻田土壤同样需要有适宜的水，肥、气，热状况，要求有适宜的渗漏量和适时烤田，以利于土壤中好气性微生物的活动及稻根的呼吸，促使作物正常生长，才能获得高产稳产。

5. 水稻的湿润灌溉

水稻为耐淹作物，但亦存在渍的问题，多雨季节水稻田的滞蓄水深和时间应该有所限制，湿润灌溉方式则能改善稻田作物根层环境。湖北省江汉平原进行了水稻湿润灌溉和淹灌的观测，以稻田有水层与维持地下水埋深 0.1m 对比，水稻产量由 $6000kg/hm^2$ 增加到 $7376kg/hm^2$，增产 23%；晚稻由 $5875kg/hm^2$ 增加到 $7125kg/hm^2$，增产 21%。

第七节　农 田 排 水 计 算

从排水区域径流形成过程得知，通过排水沟道任一断面的排水流量，都是随时间而变化的。为了保证排水通畅，排水沟道往往根据最大流量进行设计。田间排水沟道控制面积较小，在不影响作物生长发育的允许耐淹历时内，可暂时漫溢；骨干排水河道控制面积较大，要求不同，因此需区别对待进行计算。

1. 设计暴雨

农业区一般缺乏实测流量资料，且由于人类活动影响显著，尤其灌溉和排涝工程的影响，流量资料不能保证一致性，无法采用流量频率曲线直接推求设计排涝流量。采用设计暴雨推求设计流量是最常用的途径。

如果设计地点或附近有充分的雨量资料，可以采用年最大值选样法得出时段雨量系列，绘制雨量频率曲线，根据设计标准可以得出相应雨量的设计值。如果缺乏雨量资料，可以采用暴雨强度公式推求设计雨量。暴雨公式的形式和参数可以在地区水文手册或排水手册中查得。水利部门常用的暴雨强度公式形式为

$$i = \frac{a}{(t+b)^n} \tag{4-3}$$

式中：i 为降雨历时为 t 的平均雨强，mm/h；a、b、n 为暴雨参数。

对排水沟渠起控制作用的暴雨是形成洪峰的短历时暴雨，应选用短历时暴雨作为规划设计排水沟渠的依据。根据实测资料的分析，对于 $100 \sim 500 \mathrm{km}^2$ 的排水面积，成峰暴雨一般由 1d 暴雨形成；对于 $500 \mathrm{km}^2$ 以上的排水面积，成峰暴雨由 3d 暴雨形成。此外，由于水田对降雨具有一定的调蓄作用，设计暴雨历时可较长。

2. 排涝水量

降雨量减去大田蓄水量便为应排除的田间地表涝水总量。大田蓄水量包括水田蓄水量和旱地蓄水量。

水田蓄水量可用下式计算

$$H_p = H_{\max} - H_0 \tag{4-4}$$

式中：H_p 为水田蓄水量，mm；$H_{\max}$ 为水田耐淹水深，mm；H_0 为降雨前水田水深，mm。

一般，旱田蓄水量按下式估算

$$V = Hn(\theta_{\max} - \theta_0) + H_1 n(\theta_s - \theta_{\max}) \tag{4-5}$$

式中：V 为旱地蓄水量，mm；H 为降雨前地下水埋深，mm；θ_0 为降雨前地下水位以上土壤平均含水率；$\theta_{\max}$ 为地下水位以上土壤平均最大持水率；θ_s 为饱和含水率；H_1 为降雨后地下水允许上升高度，mm；n 为土壤空隙率。

由于旱地蓄水量计算公式中的参数很难估算和监测，比较简单的方法是采用径流系数由降雨量估算地表径流量，作为旱地需排除的涝水量。如果需得出更可靠产流的结果，或要求产流过程，则可以采用其他一些水文学方法，常用的方法有下渗曲线法、初损后损法、降雨径流相关图法及蓄满产流模型等。

3. 排涝模数

设计排涝模数是设计流量与排涝面积的比值，推求设计流量有以下几种途径：

（1）对于无调蓄能力且坡度较大的排水流域，下游不受回水影响，可以采用推理公式推求洪峰流量作为排涝流量。公式形式为

$$Q_m = \alpha i_\tau F \tag{4-6}$$

式中：Q_m 为设计洪峰流量为，m^3/s；α 为径流系数；τ 为流域汇流时间为，h；i_τ 为流域汇流时间内的设计暴雨强度为，mm/h；F 为排水面积，km^2。

设计排涝模数

$$q = Q_m/F \qquad (4-7)$$

（2）对于平地排水区域，河渠具有一定的调蓄能力，则先通过产流计算和坡面汇流计算，推求出河渠入流过程，然后采用调蓄演算途径推求设计排涝流量。

（3）如果排水区域河道水流复杂，受下游回水或潮汐影响，则需采用明渠非恒定流方法推求河道设计排涝流量。

此外，也可以采用比较简单的经验公式直接推求排涝模数。影响排涝模数的因素较多，主要有设计雨量、流域形状、排水面积、地面坡度、地面覆盖、作物组成、沟网情况及排水沟渠坡度等，要精确分析较为困难。在生产实践中，对于平原地区骨干排水河道排涝模数的计算，常利用实测暴雨径流资料分析，其经验公式形式为

$$q = KR^m F^n \qquad (4-8)$$

式中：q 为设计排涝模数，（m^3/s）/km^2；F 为排涝面积，km^2；R 为设计径流深，mm；K、m、n 为地区经验参数。

上述经验公式应用方便，且具有一定的精度，被广泛采用。目前各地区或各流域在应用时，都根据所在地区或流域的排涝标准，确定了公式中的各项系数和指数，供计算时选用，也可从当地《水文手册》中查得。

如果按设计要求，排水面积上产生的径流在可以规定的时间 t 内排出，如平原河网圩区和靠泵站排水的区域，则可以按平均排涝模数作为设计排涝模数，即

$$q = \frac{R}{86.4t} \qquad (4-9)$$

式中：q 为排涝模数，（m^3/s）/km^2；R 为需排除的径流深，mm；t 为排涝历时，d。

如果排水区土地利用性质不同时，应按上式分别计算各土地利用条件下的排涝模数，然后以土地利用面积的比例为权重，计算综合排涝模数。

4. 设计排涝水位

排水河道宣泄排涝流量时的最高水位为设计排涝水位。

如果承泄区河网水位较低，主干排水沟渠具备自流外排条件时，可以按设计排涝流量采用水力学公式推求主干河道排涝水位，支流沟渠水位按比降推求。一般说来，各级排水沟的水位比承泄排水沟高 0.1m，沟底高程高 0.2m 左右。

如果承泄区河网水位较高，主干排水沟渠较长时间受水顶托无法自排情况下，分两种情况考虑。当没有内排站时，排水沟渠最高水位以离地面 0.2～0.3cm 为宜，最高可与地面齐平；当设有内排站时，排水沟最高水位可以适当高于地面高程，但河道两岸需筑堤。

为了控制河道水流，渠道上需修筑节制闸、陡坡跌水等建筑物，这会造成上游河道的壅水，需计算壅水曲线以确定沿程水位。

第五章

干　旱

第一节　干旱的概念及干旱指标

一、干旱的概念

（一）干旱的概念

干旱是指由于水分的收与支或者供与求不平衡形成的水分短缺现象。在自然界，一般有两种类型的干旱。一类是由气候特性、海陆分布、地形等相对稳定的因素在某一相对固定的地区形成的常年水分短缺现象，称为气候干旱，气候干旱出现的区域为干旱区。在干旱区内，可以按水分短缺状况或降水量的多少划分为绝对干旱、半干旱、半湿润等类型；另一类干旱是由诸如气候变化等因子形成的随机性异常水分短缺现象，称为短期干旱。这类干旱可以发生在任何区域的任何季节，在多数情况下所说的干旱是指这类干旱。

应该指出的是，干旱不等于旱灾，只有对人类造成损失和危害的干旱方称之为旱灾。但一般来说，达到某一程度的干旱都可能对人类造成损失和危害，因此，有时对干旱和旱灾不作严格区分。

（二）影响干旱的主要因素

1. 降水量

降水是"土壤—植物—大气"系统中水分平衡和水分循环的主要收入项，降水量偏少的程度不仅是干旱气候分级的主要因子，也是划分各类干旱严重程度的主要因子。地表水、地下水和土壤水可以互相转化，但它们同出于降水，因而降水量偏少的程度影响着水资源短缺的程度。由于干旱程度是逐渐积累的过程，前期降水状况对于干旱的严重程度也有重要影响。

2. 作物品种和生育期

作物是主要的受旱对象，不同的品种或生育期对水分的需求量不同，因而受旱程度有较大差异。在干旱发生时，抗旱能力强的作物，受旱较轻，耐旱能力弱的作物受旱严重；同一品种的作物在不同生育期，抗旱能力和受害程度也大不相同。

3. 土壤状况

不管是大气降水、地表水或地下水，都必须通过土壤才能被作物吸收利用。土壤既是作物生长的载体，又是水分和养分的储存库，使大气间断性的不均匀降水以及灌溉供水变为对作物连续的均匀给水。土壤干旱是形成农业减产的直接原因，而土壤干旱的程度与土壤种类、性质、结构、厚度，以及耕作措施、施肥等都有关系。例如，由于不同性质、厚度和坡度的土壤保水性能有差别，雨水的流失量不同，造成干旱程度的较大差异。

4. 大气参数

土壤和作物的主要支出项为蒸散发，其强弱受空气温度、湿度、对流等大气参数影响。一般情况下，空气干燥、气温高、风速大，则蒸散发量大、土壤和作物水分支出多，干旱的程度重。

5. 人类活动

干旱强度不仅与自然环境因子有关，与人类活动也有密切关系。人类活动可以减轻或避免干旱，也可能会加重甚至造成干旱。如围垦水面降低了河湖调蓄能力，扩大灌溉面积大大增加蒸散发量，过度放牧引起土地荒漠化，不顾地区水源状况的盲目发展等，这些行为往往造成水资源严重短缺和旱灾加剧。

（三）干旱指标

既然干旱是由水分收支不平衡形成的水分短缺现象，因此可由水分循环的各个环节或水分平衡方程分析推导或定义各种类型的干旱，包括由自然因素形成的干旱，如气象干旱（指由降水和蒸发不平衡造成的异常水分短缺现象）、水文干旱（指由降水和地表或地下水不平衡造成的异常水分短缺现象）和农业干旱（指由土壤水和作物需水不平衡造成的异常水分短缺现象），以及社会经济干旱（指由自然系统与人类社会经济系统中水资源供需不平衡造成的异常水分短缺现象）。

干旱指标是反映干旱成因和程度的量度。原则上说，好的指标应该具备明确的物理意义，可以反映干旱的成因、程度、开始、结束和持续时间，且资料收集方便、参数计算简便。一个完整的干旱指标，应包含三个要素：持续期 d（包括起始和终止日期）、平均强度 m（即平均水分短缺量）和严重程度 s（即水分累积短缺量）。

在气象干旱、水文干旱、农业干旱和社会经济干旱这四类干旱中，气象干旱是最普遍和基本的，其他类型的干旱多起源于气象干旱，尤其是降水的异常短缺形成水文、土壤、植物、人类等对水分需求的短缺的情况。例如，气象干旱与水文干旱及农业干旱之间的关系密切，在时间上存在位相差，但干旱的直接影响和造成的灾害常常通过农业和水文干旱反映出来。气象干旱并不等同于农业干旱或水文干旱，干旱的研究决不能仅仅停留在气象干旱上。正确的途径应该是以气象干旱为基础，进而深入到农业和水文干旱。农业干旱由于涉及到土壤、作物、大气等，所以比较复杂。此外，还要落实到社会经济干旱，以进一步寻求减灾对策。

二、气象干旱

气象干旱是指由降水与蒸散发收支不平衡造成的异常水分短缺现象。其原因是由收入项降水的短缺或支出项蒸散发的增大所形成。由于降水是主要的收入项，且降水资料最易获得，因此，气象干旱通常主要以降水的短缺程度作为指标的标准。

（一）导致气象干旱的各种因素及指标

导致气象干旱的因素包括降水量低于某个数值的日数、连续无雨日数、降水量距平的异常偏少以及各种大气参数的组合等。

1. 降水量低于某个数值或连续无雨的日数

这是早期人们使用最多的指标。某个时段或某一年的降水量如果少于某个界限值，则可能发生干旱。在没有灌溉的情况下，某一时段无雨，日数越多，缺水越严重，越容易干旱。这类判据很直观，但这些数值大多具有明显的地区性，一般只适用于指定的国家、地区，甚至某些季节或某些行业。在使用时必须了解选择每种临界判据的理由，检验定义的可靠性。例如，北京平原区小麦关键期 4 月中旬至 6 月中旬内，降水量小于 40mm 则发生干旱，夏玉米关键期的 7 月下旬至 8 月中旬，降水量小于 100mm 时发生干旱；广东省在对春、秋旱的分析中，以两场透雨之间相隔的日数定为旱期，由旱期长短确定干旱的严重程度。

2. 降水量距平百分比或降水距平的异常偏小

鉴于不同地区的年、月降水量差异很大，如果使用降水量作为干旱指标，缺乏可比性。降水量距平或距平百分比是指月或年降水量低于多年平均值的百分比（某个时期），这一干旱指标的优点是简单、直观，一般能反映气候变化和异常，对不同地区具有一定的可比性。

美国的亨利 1906 年最早使用了这类概念，他的定义是 21 天或更长时期的降水量等于或少于该地区同期正常值的 30％时为干旱，不足正常值的 10％时为极端干旱。这一概念在我国得到广泛应用，如中央气象台规定，连续 3 个月以上降水量比多年平均值偏少25％～50％为一般干旱，偏少 50％～80％为严重干旱；或连续 2 个月降水距平偏少 50％～80％为一般干旱，偏少 80％以上为严重干旱。

3. 降水十分位数及百分位数的应用

Gibbs 等 1975 年提出用降水的十分位数概念研究澳大利亚的干旱。他们将逐年降水量从最低到最高进行排列，并从累积频率中确定十分位数的范围，如第 1 个十分位数代表最低的 10％的降水值，第 2 个十分位数代表 10％～20％之间的降水值，依此类推，第 10个十分位数代表降水量中最高的 10％。该系统已经成为澳大利亚干旱监测系统的基础。严重的干旱相当于干旱期在 3 个月或以上时期，降水量不超过第 5 个十分位数，极端干旱则出现在 3 个月或以上时期的降水量不超过第 1 个十分位数。

降水量百分位数也有类似的意义，计算方法如下：

$$P = \frac{m}{n+1} \times 100\% \qquad (5-1)$$

式中：P 为百分位数；n 为资料年限；m 为年降水量从小到大排列的序号。

用降水量百分位数划分干旱的一般标准是：$P<15\%$ 为重旱，$15\%<P<25\%$ 为轻旱。

（二）大范围气象干旱的原因

大范围的气象干旱非几日少雨之因，而是长期持续明显少雨的结果。研究表明，大范围持久性的干旱是大气环流和主要天气系统持续异常的直接反映。就中国而论，高纬度的极涡、中纬度的阻塞高压和西风带、西太平洋的副热带高压、南亚高压，以及季风系统的成员都是影响和制约中国大范围干旱的大气环流系统，它们的强度和位置的异常变化对各地区的干旱有不同程度的作用。此外，季风的强弱、来临和撤退的迟早，以及季风期内季风中断时间的长短，与干旱也有关系。

此外，鉴于气候变化的非绝热性，大气环流异常的原因不仅是由于大气环流内部动力过程形成，外部的强迫，特别是下垫面的热状况，如海洋热异常、陆面积雪、土壤温度与湿度异常等都是引起大气环流异常的基本原因。据调查，当厄尔尼诺现象（即赤道太平洋海温异常偏暖）到来时，经常出现大范围的干旱。如印度过去 100 年间约 26 次干旱中，有 20 次发生在厄尔尼诺年。研究表明，中国的干旱与厄尔尼诺现象也有一定的关系，一般在厄尔尼诺年内蒙古及华北地区偏旱。对于更长尺度干旱的原因还可以从太阳活动以及各种地球物理因子等的异常中分析得出。

三、水文干旱

水文干旱是指由降水与地表水、地下水收支不平衡造成的异常水分短缺现象。由于地表径流是大气降水与下垫面调蓄的综合产物，它在一定程度上能反映降水与地面条件的综合特性。因此，水文干旱主要指的是由地表径流和地下水位造成的异常水分短缺现象。水文干旱年（或月）即地表径流、地下水位比多年平均值小的年份（或月）。可以用年（或月）径流量、河流平均日流量、水位等小于一定数值作为干旱指标，或者，求取某年或某月某区域水资源总量或其分量与多年平均值的偏差，如负距平或负偏差达到了某一量级或持续一定时期，则可定为某一时期某一区域为极端干旱、严重干旱、一般干旱等水文干旱等级。

一定区域内的水资源总量（W）是指当地降水形成的地表和地下的产水量，即

$$W = P - E_S = R_S + V_P \tag{5-2}$$

式中：P 为降水量；E_S 为地表蒸散发量；R_S 为地表径流量；V_P 为区域内地下水的降水入渗补给量。

在水资源的分类中，把地表径流量作为地表水资源量，把地下水补给量作为地下水资源量。由于地表水和地下水互相联系而又互相转化，地表径流量中包括一部分地下水排泄量，地下水补给量中有一部分来源于地表水的入渗，故不能将地表水资源量和地下水资源量直接相加作为水资源总量，而应该扣除两者互相转化的重复水量，即

$$W = R + Q - D \tag{5-3}$$

式中：R 为地表水资源量；Q 为地下水资源量；D 为地表水和地下水互相转化的重复水量。

分区重复量 D 的计算方法因不同类型，如山丘区、平原区、混合区等所包含的地下水评价类型而异，故分区水资源总量的计算方法也不同。计算出区域水资源总量，即可分析不同年份的水文干旱情况。

四、农业干旱

（一）农业干旱的分类

农业干旱是指由于外界环境因素造成作物体内水分失去平衡，发生水分亏缺，影响作物正常生长发育，进而导致减产或失收的一种农业气象灾害。农业干旱涉及到土壤、作物、大气和人类对自然资源的利用等多方面因素，不仅是一种物理过程，而且也与生物过程和社会经济有关。造成作物缺水的原因很多，按其成因不同可将农业干旱分为土壤干旱、生理干旱和大气干旱三种类型。

1. 土壤干旱

作物依靠根系直接从土壤中吸取水分以满足自身需水，如果土壤含水量少，土壤颗粒对水的吸力增大，作物根系吸收水的阻力增大，吸水量减少，不能满足作物蒸腾和光合作

用等生理过程对水的需求，从而导致作物体内水分供需失去平衡，影响各种生理生化过程和形态而发生种种危害。因此，农业干旱根据土壤水分含量来确定，而不是根据降水情况来确定。当根层土壤水分达到限制作物生长和产量时称为土壤干旱。这里需要特别注意的是土壤干旱是指根层的土壤干旱，因为不同作物种类的根层深度不一样，例如豆科作物根系深、根层厚，而禾本科作物根系浅、根层薄。即使同一种作物，不同生育期其根系深度也有很大差别。另外，不同降水量的地区，作物根系深度也不同。在干旱少雨地区，作物根系一般较深，而在多雨地区，作物根系则一般较浅。中山敬一分析了日本作物根系比其他国家浅的原因，指出由于梅雨期过多的雨水使土壤中氧气含量减少，于是根系就集中到氧气含量较多的土壤表层附近。显然，根系浅，根的吸水范围减少，就容易受旱。日本全国年降水量平均高达 1750mm，但大部分集中在梅雨和台风季节。而作物需水量最多的是盛夏季节，此时雨量较少，连续无降水期较长的地区也较多。由于作物根系浅，而表层土壤又因降雨少而变干，所以像日本这样多雨的国家也常常发生盛夏季节的农业干旱。可见土壤干旱应根据作物种类、发育期及不同地区的根层土壤含水量来确定。

2. 生理干旱

生理干旱是因土壤环境不良，使植物根系生理活动受阻、吸水困难，导致作物体内水分失去平衡而发生的危害。植物体的水分状况是由水分收入和支出两方面决定的。植物一方面从根吸收大量的水分和土壤中的无机盐类，另一方面又由叶面上把大量水分蒸腾出去，以保持正常的生理状态。蒸腾量与吸水量之比在正常生长时略小于1。当干旱开始发生时接近于1，当大于1时，蒸腾量超过吸水量而使叶内水分逐渐减少，于是气孔闭塞，光合作用减少，植物的生长速度和产量降低，如果继续干旱，最终将使作物旱死。

有时，土壤即使有足够水分，但由于土壤温度过高或过低，氧气不足，或施肥过多等原因，也会使作物根系吸水困难，体内水分失调而受害。作物干旱不但受气象和土壤的影响，还随作物种类、生长阶段、种植制度、灌溉保水方法、耕作措施等而有所不同。

3. 大气干旱

大气干旱是由于太阳辐射强、气温高、空气湿度低、风力较强等因素导致作物蒸腾旺盛、耗水加大所致。此时即使土壤不干旱，有足够的水供根系吸收，但因蒸腾耗水太多，根系吸取的水量不抵蒸腾耗水量，从而使作物体内发生水分亏缺。大气干旱能对多种作物发生危害，在中国最为典型的大气干旱是北方广大冬、夏小麦产区在产量形成阶段的干热风。据研究，黄淮海流域小麦轻干热风日指标是：灌浆速度下降值大于 0.4～0.5g，日最高气温不小于 32℃，14 时空气相对湿度不大于 30%，风速大于 2m/s；重干热风日指标是：灌浆速度下降值大于 1.0g，日最高气温不小于 35℃，14 时空气相对湿度不大于 25%，风速大于 3m/s。在黄土高原旱塬区，轻干热风日指标为日最高气温不小于 31℃，14 时空气相对湿度不大于 30%，风速大于 3m/s；重干热风日指标为日最高气温不小于 34℃，14 时空气相对湿度不大于 25%，风速大于 4m/s。

（二）农业干旱指标

1. 农业气候意义上的干旱指标

从广义上说，农业干旱是指农业生产中水分供需矛盾的现象。因此，在实际工作中，经常从农业气候学的角度出发，用一些反映农业水分供需状况的物理量如降水量、水分供求差、帕默尔指数等作为农业干旱指标。

（1）降水量　大气降水是农业水分供应的主要来源。降水长时间偏少可能造成土壤水分不足，植物体内水分平衡遭到破坏，正常的生理活动受阻，影响生长发育及产量形成。尽管大气降水只是农田水分平衡收入项的一部分，但是，一定气候区域内大气降水的多少及其年内分配情况与当地的干湿状况有密切的关系，在一定程度上反映了对农业需水的满足程度。而且降水资料易于获得，时间序列长，资料的站点多，覆盖面大。因此，降水量仍是评价农业干旱的常用指标之一。在气候分析中，常用的降水量指标有年、季、月、旬降水量及其距平百分率、连续无雨日数等。针对农业干旱还可分析一定保证率下的降水量、作物某发育阶段降水量、需水关键期降水量等。

（2）水分供求差或水分供求比　水分供求差（比）反映本地某时段内水分可能供给量与作物群体需水量的关系，它可以弥补用降水量做干旱指标只考虑农田水分收入而不考虑水分支出的不足，具有一定的农业气候意义。常用的水分供求差（比）指标有：

① 降水蒸发差（比）

$$D = P - E_m \tag{5-4}$$

式中：P 为降水量；E_m 为蒸发能力。

当降水量小于蒸发能力时，两者的差额即表明水分亏缺程度。有时也可用比值来表示。

② 帕默尔指数（$PDSI$）

干旱的形成和发展是水分亏缺缓慢累积的过程。大多数气候学的干旱指标，只考虑某一时段的水分亏缺量，没有和持续时间相联系，因此难以揭示干旱的严重程度。W. C. Palmer 提出了一个干旱严重程度指标，这个指标综合了水分亏缺量和持续时间因子，并考虑了前期天气条件，具有较好的时空比较性，是评估干旱程度的较好指标。

确定帕默尔指数时，将土壤分为上（地表到犁底层）、下两层。首先通过计算土壤水分平衡各分量及上下层间的交换，求出气候适宜降水量（$\hat{P}$）：

$$\hat{P} = \hat{E} + \hat{R} + \hat{R}_0 - \hat{L} \tag{5-5}$$

式中：$\hat{E}$ 为气候适宜蒸散发量；$\hat{R}$ 为补水量；$\hat{R}_0$ 为径流量；$\hat{L}$ 为失水量。

分别用历史资料逐时段进行水分平衡计算而得到。然后求出各时段实际降水量（P_j）相对于气候适宜降水量（$\hat{P}_j$）的差值：

$$d_j = P_j - \hat{P}_j \tag{5-6}$$

为了得出在时间和空间上相对独立的干旱指标，我国气象科学研究院安顺清等人1986 年提出了适合我国气候特征的改进帕默尔旱度模式，模式中采用的旱度值为

$$Z_j = K_j \frac{d_j}{D} \tag{5-7}$$

式中：D 为一年内各时段 P_j 与 $\hat{P}$ 绝对离差平均值；K_j 为反映地区水资源供需关系的特征因子。由下式定义：

$$K_j = \frac{k_j}{\sum\limits_i k_i} \tag{5-8}$$

$$k = \frac{E + R_G + R_V}{P + I} \tag{5-9}$$

式中：E 为时段蒸散发量；R_G 为时段土壤水补给量；R_V 为时段径流补给量；P 为时段降水量；I 为时段土壤水损失量。

为了反映前期干旱的影响和消除计算误差的累积，帕默尔旱度指标计算采用经验递推公式

$$PDSI_j = a \cdot Z_j + b \cdot PDSI_{j-1} \tag{5-10}$$

式中：$PDSI_j$ 为第 j 时段的帕默尔旱度指标值；a、b 为由历史旱灾资料确定的经验系数。

利用中国济南市、郑州市的资料得到修正的帕默尔指数公式

$$PDSI_j = Z_j/57.136 + 0.805 PDSI_{j-1} \tag{5-11}$$

根据公式（5-11）得出的指数 $PDSI$ 与帕默尔指数干湿等级对应关系见表 5-1。

2. 基于土壤—植物—大气系统的干旱指标

农业干旱是农作物生长特定阶段内，水分减少到使其生长发育及产量形成受到危害的状态，它是大气降水、土壤水分蓄量、作物生理响应等多种因素综合作用的结果，其中作物对水分的响应是造成干旱影响程度不同的主要原因。不同作物的抗旱能力不同，同一作物的不同生育阶段对缺水的敏感程度

表 5-1　帕默尔指数干湿等级

指数值（$PDSI$）	等　级
≥4.00	极端湿润
3.00～3.99	严重湿润
2.00～2.99	中等湿润
1.00～1.99	轻微湿润
0.99～-0.99	正常
-1.00～-1.99	轻微干旱
-2.00～-2.99	中等干旱
-3.00～-3.99	严重干旱
≤-4.00	极端干旱

也各有差异。其中，处于生殖生长阶段初期的缺水，将使作物生殖器官分化发育直接受到阻碍，严重影响产量。因此应当从"土壤—植物—大气"系统出发，寻求反映作物生长与水分利用关系的物理量作为农业干旱的指标。

（1）相对蒸散　联合国粮食及农业组织（FAO）在分析作物对水的反应时，提出了相对蒸散的概念。当水分供应能完全满足作物需水时，实际蒸散发速率等于最大蒸散速率（$ET_a = ET_m$）；水分不充足时，实际蒸散发速率小于最大蒸散发速率。因此，二者的比值 ET_a/ET_m 可以表示植株缺水的程度。

根据 FAO 的推荐，首先用 Penman 法、辐射法、蒸发皿法计算出参考蒸散量（ET_0），即完全覆盖土地、水分充足、高 8～15cm、生长良好的绿草表面的蒸散率。然后根据由作物种类及发育阶段决定的作物系数（K_c）确定最大蒸散量

$$ET_m = K_c \cdot ET_0 \tag{5-12}$$

实际蒸散发量的大小取决于土壤中的有效水分。利用 FAO 文献中的公式可以计算出各月的 ET_0，也可以根据实测或模拟的土壤水分变化，用水分平衡公式计算。

石培华等人利用北京地区 0～50cm 土层平均土壤相对含水量资料，建立了冬小麦相对蒸散的指数模型

$$\frac{ET_a}{ET_m} = \frac{1}{1 + \exp[3.85 - 7.71(SW/WM)]} \tag{5-13}$$

式中：SW 为 0～50cm 土层平均土壤含水量；WM 为田间持水量。

在此基础上，根据大田观测的冬小麦对水分亏缺的生物反应，得出了用相对蒸散表示的水分亏缺指标：相对蒸散≤50%，冬小麦水分亏缺明显。相对蒸散80%可作为节水灌溉的灌溉定额上限值。

（2）水分亏缺量　除了相对蒸散外，还可用农田实际蒸散与最大蒸散的差值表示作物水分亏缺程度，评价农业干旱的发生与否。王石立、娄秀荣等人利用水分平衡公式计算了华北各地历年小麦生育期内逐旬的实际蒸散与相对蒸散差，在此基础上得到小麦冬前、返青、拔节、抽穗、乳熟至成熟期内的蒸散差，称之为水分亏缺量。其中考虑了随小麦根系向下生长而吸收进入"土壤—植物"系统内的土壤下层水分，并根据农业生产实际，按照不灌溉和进行有限灌溉两种方案进行计算。计算得到的水分亏缺量的时空分布特征很好地反映了华北冬小麦生长过程中受干旱影响的情况。

3. 利用温度间接表示的干旱指标

当土壤干旱时，所含水分越少，叶温与气温的差值越大。另一方面，中午13～15时的太阳辐射强、气温高，植物叶片蒸腾最强。因此，董振国1986年提出用13～15时的作物层温度与气温的差值作为干旱指数

$$S = \sum_{i=1}^{N}(T_c - T_a) \quad (T_c > T_a) \tag{5-14}$$

式中：S 为植物水分亏缺指标；i 是作物层温度高于气温时的起始日期；N 是 S 值达到预定缺水指标时的天数；T_c 为作物层温度；T_a 为作物层顶以上 2m 处气温。

当土壤水分减少到一定程度时，作物层温度便开始高于气温。连续 N 天正值温差累积大于 S 时即表明农田缺水。

4. 用土壤水分表示的干旱指标

植物利用的水分主要是植物通过根系从土壤吸收的。如果土壤水分充足，能够满足植物蒸腾的需要，植物的光合作用及干物质生长便能顺利进行。反之，土壤水分减少到一定程度时，土壤对水分的束缚力加大，植物吸水困难，蒸腾受到影响，光合作用减弱，植物萎蔫，严重时可逐渐死亡。因此，土壤干旱是农业干旱的直接原因，土壤水分含量可以作为衡量农业干旱程度及其对植物生长影响的指标。土壤水分有不同的表示方法，因而有不同形式的干旱指标。

（1）以重量（体积）百分比表示的干旱指标　当土壤湿度低于某一数值，植物吸收不到足够的水分时便会受旱。不同质地的土壤，植物受旱的土壤湿度不同。砂性土壤的值一般较小。不同作物及作物不同生育期对土壤湿度有不同的要求。表5-2为春播作物种子出苗时的最低土壤湿度，低于此值便出现干旱。冬小麦春季正值拔节、抽穗等需水关键期，最低土壤湿度的值比春作物更高一些。轻壤土春季土壤水分应保持15%～18%，耕层土壤湿度小于13%～15%即为旱象露头。表5-3为棉花现蕾到吐絮期出现干旱的土壤湿度指标。

（2）以土壤有效水分储存量表示的干旱指标　除了土壤湿度外，还可用土壤有效水分储存量表示作物受干旱影响的程度。如谷类作物从分蘖到拔节时 0～20cm 土层中有效水分储存量小于 20mm 时作物生长开始受影响；不足 10mm 则明显受旱；拔节至开花期内 1m 土层的有效水分贮量少于 80mm 时将因水分不足而受旱。

表 5－2　　　　　　　　　　　春播作物种子出苗期最低土壤湿度　　　　　　　　　　　单位：%

作物 / 土壤类型	粘　土	壤　土	砂壤土	砂　土
棉　花	18～20	15	12～15	10～12
玉　米	17	13～14	12	10
谷子、高粱	15	12～13	10	6～7
花　生	15～16	12～13	10～11	9

表 5－3　　　　　　　　　　棉花现蕾到吐絮期干旱受害土壤湿度指标

受害表现	白天凋萎夜晚恢复			白天夜晚均凋萎			蕾铃脱落			蕾铃大量脱落		
土壤深度 (cm)	10	20	30	10	20	30	10	20	30	10	20	30
土壤湿度 (%)	5～8	7～10	8～12	3～6	4～8	6～9	6～9	8～11	9～12	3～7	5～8	7～10

土壤有效水分储量的计算公式为

$$S = (W - W_P) \times \rho \times h \times 10 \qquad (5-15)$$

式中：S 为某一厚度土层所含有效水分，mm；W 为土壤湿度，%；W_P 为凋萎湿度，%；ρ 为土壤密度，g/cm³；h 为土层厚度，cm。

五、社会经济干旱

虽然干旱问题受到广泛的关注，但至今尚没有普遍认同的从社会经济总体角度出发的评价方法。社会经济干旱应当是水分总供给量少于总需求量的现象，应从自然界与人类社会系统的水分循环原理出发，用水分供需平衡模式来进行评价。

（一）水分总供给量和总需求量的组成

按水分供需平衡的观点，水分的总供给量有以下几个组成部分：

第一水资源（W_1），包括径流与地下水可开采量（即补给量）。这种水资源可以收集、调运、储存和分配使用，是除农、林、牧业外，其余各行业的惟一水源，具有最大的使用价值。在评价干旱时，这一水资源的缺乏是有代表性的指标。但是农业用水量最大，而农业并不完全依赖这一水资源，故仅就这一水资源评价干旱是不全面的。

第二水资源（W_2）为土壤水。雨量中有很大一部分被土层吸收形成土壤水，尤其当雨量不大时，降水往往全部蓄于土壤，不能转换为径流与地下水，故不能列入第一水资源。但土壤水是野生植物与旱作农业生产的主要水源，特别在中国北方地区，其数量甚至远超过第一水资源。因此，这一水资源在评价干旱时是不可忽视的。

第三水资源（W_3）为蒸发。可以通过人工抑制蒸发，使之转变成有用的水资源。但抑制蒸发所获水量仍留在土壤与水体中，同前两种水资源难以区分，故可看作为前两种水资源开发潜力的一部分。计算中可暂不考虑。

第四水资源（W_4）是地区间的径流交换，流入为收入，流出为支出。但如以流域为单元计算，在闭合流域中，这种水资源的量接近于 0。

因此，水分的总供给量主要是第一水资源与第二水资源两种。另外，废水利用量

(W') 是再生水资源量，水库调节水量（W''）是可调节水量，调出为正值，调入为负值。故水资源总量 W 应为

$$W = W_1 + W_2 \qquad (5-16)$$

每年可供调节的水量

$$\Delta W = W' + W'' \qquad (5-17)$$

社会对水的需要主要分为工业需水量（A_1），农业需水量（A_2）和社会与服务行业需水量（A_3）。三者有不同性质，应当分别计算。

（二）社会经济干旱的判别和计算

对水的需求大于供给就成为社会经济干旱的判别式，即

$$W < A_1 + A_2 + A_3 \qquad (5-18)$$

如果使用了调节水量 ΔW 仍不能满足需要，就会出现旱灾，用下式表示：

$$W + \Delta W < A_1 + A_2 + A_3 \qquad (5-19)$$

由于只有农业能够使用第二水资源土壤水，为缓解对第一水资源供不应求的矛盾，在农业生产上应尽量发挥土壤水的效益，不足部分才由第一水资源解决。

设某区对农产品的需要量为 F，F_2 是土壤水所能提供的农产品，$F_1 = F - F_2$，即不足部分农产品由第一水资源的产量补充。设 k 是蒸腾系数，即单位农产品所需的水量。因此，土壤水所能生产的农产品 $F_2 = W_2/k$。这样，可以将 5-18 式改写成以第一水资源为标准计量的干旱判别式

$$W_1 < A_1 + A_3 + (F - W_2/k)k \qquad (5-20)$$

改写后的干旱判断式所显示的仍然是一种动态关系。水分的供需平衡是由各种水资源的总量（其总和的上限就是降水量）与社会经济、科学技术等诸多因子所共同确定的一个函数，对人水关系的监测与调整有指示性意义。

第二节 干 旱 的 影 响

一、对农业的影响

我国是农业大国，农业是国民经济的基础产业，目前农业生产尚未超越"靠天吃饭"的发展阶段，极易受干旱的影响。

（一）对种植业的影响

在影响种植业的各种气象灾害中，以旱灾最为严重，农田受旱灾面积占农田总受灾面积的 60%，平均每年受旱面积 $2.15 \times 10^7 \text{hm}^2$ 左右，损失粮食 100 亿～150 亿 kg。表 5-4 为全国各个不同年代的平均农田受水、旱灾的面积。

可见，各个年代的旱灾面积均远远地超过水灾面积。旱灾受灾面积除 20 世纪 50 年代外，其他年代均超过 $2 \times 10^7 \text{hm}^2$。表 5-5 为重旱年份的受旱、成灾面积。

黄淮海地区是我国的主要产粮区，同时又是旱灾最严重的地区，农田受旱面积占全国受旱面积的 46.5%，而旱灾粮食损失占全国旱灾粮食损失的 32.1%。其次是长江中下游地区，受旱面积占全国受旱面积的 22%，但粮食损失却占全国旱灾粮食损失的 27.5%。这说明产量越高，损失越严重。

表 5-4	全国不同时期的农田受灾的面积			单位：万 hm²
年　代	旱灾面积	旱灾成灾面积	水灾面积	水灾成灾面积
1950～1959	1160.0	370.3	736.4	455.9
1960～1969	2164.4	1002.5	942.0	585.3
1970～1979	2610.8	740.4	639.4	297.1
1980～1989	2457.1	1170.5	1042.0	552.7
1990～1995	2517.4	1191.9	1543.4	860.0

表 5-5	全国不同年份的旱灾面积			单位：万 hm²
年　份	受旱面积	成灾面积	年　份	受旱面积	成灾面积
1959	3380.7	1117.3	1986	3104.2	1476.5
1960	3812.5	1617.7	1988	3290.4	1530.3
1961	3784.7	1865.4	1989	2935.8	1526.2
1972	3069.9	1360.5	1992	3298.0	1704.9
1978	4016.9	1796.9	1994	3028.2	1704.9

（二）对草原畜牧业的影响

我国草原牧区如内蒙古牧区、新疆牧区、青海牧区和西藏牧区等，主要分布于干旱、半干旱气候区和青藏高寒气候区，年降水量多在400mm以下，多数地区不足200mm，有些地区仅几十毫米，甚至几毫米。干旱是这些地区普遍出现的灾害，发生范围广，出现频率高，对牧业生产的影响主要表现在两个方面：一是草场退化，产草量降低，品质变差；二是家畜饮水困难，为寻找水源，放牧采食时间缩短，畜体瘦小，体重下降，甚至死亡。

1. 对牧草生长和产量的影响

内蒙古草原由东向西，随着雨量减少和湿润度减小，草原带依次为草甸草原—干草原—荒漠化草原—草原化荒漠—典型荒漠，相应的产草量依次为3000kg/hm²以上，1500～3000kg/hm²，1000～1500kg/hm²，750～1000kg/hm²，750kg/hm²以下。

表5-6为不同草原地带产草量与降水量的关系。可以看出，降水量不同，所形成的草原类型不同；同一草原类型，因降水量不同，产草量也不同。总而言之，在内蒙古和新疆牧区，降水量是产草量的决定因子，产草量与降水量呈正相关关系，即干旱越严重，产草量越低。

表 5-6	不同草原地带产草量与降水量关系					
草原类型	歉　年		平　年		丰　年	
	降水量(mm)	产草量(kg/hm²)	降水量(mm)	产草量(kg/hm²)	降水量(mm)	产草量(kg/hm²)
森林草原	<350	<800	350～450	800～1000	>450	>1000
干草原	<300	<600	300～350	600～800	>350	>800
荒漠草原	<150	<400	150～300	400～600	>300	>600
荒　漠	<50	<200	50～150	200～300	>150	>300

新疆牧区各年产草量与当年降水量关系亦十分密切。据在温泉县干草原上测定的资料表明，干旱年份的产草量仅为湿润年份的 25%～35%。因降水量年际变化，造成的丰歉年产草量，在草甸草原约差 1 倍，干草原约差 2 倍，荒漠草原约差 4 倍。可见，草原类型越趋荒漠，干旱的危害越严重。

2. 对家畜饮水的影响

干旱使地下水位下降，湖泊、泡子水面缩小，泉水枯竭，河流断水，窖池蓄不上水，导致人畜饮水困难而成灾。据测定，当畜体内水分减少 8% 时，家畜会出现严重的干渴感，食欲减退，对疾病的抵抗能力降低；当体内失水 10% 时，会导致严重的代谢紊乱；畜体失水 20% 以上时，可引起死亡。

例如，内蒙古牧区从 1982 年 5 月至 1983 年 8 月长达 15 个月的时间里，基本没有下过大雨和透雨，降水量比常年同期偏少三成至八成，干旱严重，使牧区地下水位普遍下降，干土层达 1～3m，泉淖干涸，河溪断流，牲畜饮水困难。加之干旱使牧草返青面积只有 35%，受旱灾危害严重的 18 个旗（县），草场受旱面积达 38 万 km²，牲畜食草困难。缺水又缺草，牲畜体弱多病，死亡近 1000 万头（只）。

（三）对林业的影响

林业是大农业的一个组成部分，与种植业一样，同样受到各种气象灾害的影响，其中干旱灾害亦是林业生产中的主要灾害。干旱对林业的影响主要表现在植树造林、林木生长、森林火灾及病虫害方面。

1. 对植树造林的影响

植树造林的成败及幼苗成活率大小与降水密切有关。1982 年，第五届全国人民代表大会第四次全体会议通过了《关于开展全民义务植树的决议》，东北地区造林面积和株数都比往年多，然而由于该年受严重干旱的影响，新造林大面积死亡，如黑龙江省植树成活率往年都在 80% 以上，1981 年达 86.8%，而 1982 年平均只有 52.9%，其中松花江林区的成活率只有 36.7%。全省造林合格率仅占总造林面积的 20%，直接经济损失在三四千万元以上。

干旱对育苗影响更大，1982 年干旱严重的地区，成活率仅 10% 左右，不仅影响当年的造林，还影响到今后的造林。

2. 对树木生长的影响

水分在树木生长中具有非常重要的意义，它是光合作用必须的条件和物质基础。水分存在于植物的各个部分，如果水分供应不足，会使树木生长缓慢，发育不良。

干旱对林木生长的影响通常还表现在森林及森林类型的分布上，年降水量不足 300mm，一般不能形成森林，年降水量 300mm 以上可生长落叶松林，年降水量 400mm 以上可生长云杉林。

3. 对森林火灾的影响

火灾是森林的大敌。全世界每年发生的森林火灾多达几十万次，火烧面积数百万公顷，甚至达上千万公顷，并且每年约有上千人被林火烧死。我国森林主要分布在东北林区和西南林区，每年发生火灾万次以上，尤其是干旱年份火灾较多。以每年林火成灾面积计算，黑龙江省最多，其次是云南、广西、广东、福建、湖南、四川等省区。这些地区春、秋季或冬季气候干燥时，有利于森林火灾的发生和蔓延。

二、对城市供水和工业的影响

（一）对城市供水的影响

随着人口迅速增长和经济发展，世界城市化的进程在不断推进（表5-7），城市需水量（取水量）在总取水量中所占的比重越来越大。我国的情况亦类似，表5-8为不同时期我国城市生活、工业取水量占总取水量的比重，表明我国的城市化进程以及城市发展对水的需求增长很快。

表5-7　　　　　　　　　　　　1900～2000年世界城市人口所占比例

年　份	世界人口（亿）	10万以上城市人口（%）	5000人以上城市人口（%）	5000人以下城镇或乡村人口（%）
1800	9	1.7	3.4	96.6
1900	16	5.5	13.6	86.4
1950	25	16.2	28.2	71.8
1975	40	25.8	41.1	58.9
2000	63	39.5	55.0	45.0

表5-8　　　　　　　　我国城市生活、工业取水量占总取水量的比重

年　份	1949	1980	2000
所占比重（%）	2.9	11.8	25

目前我国已有城市600多座，缺水城市占一半以上，严重缺水的城市100多座，在一般年份，日缺水量1000多万 m^3。遇到干旱和连续干旱年份，城市供水问题更为严峻。20世纪80年代以来，我国进入了少雨时期，全国约有144个城市发生了严重水荒。由于地表水严重短缺，过度超采地下水，一些城市已经形成大面积地下水下降漏斗区，致使许多城市地面沉降，沿海城市还遭到海水的倒灌侵蚀。

城市缺水与干旱造成用水剧增和供水水源短缺密切相关。比如上海市1990年盛夏季节持续晴热、高温少雨，加之黄浦江水污染严重，用水量猛增。据自来水公司统计，6月初至8月下旬，全市日供水量18次打破1989年日供水量452万 m^3 的最高纪录，最大日供水量达到472万 m^3，致使全市供水设备不得不超负荷运转。

北京市也是严重缺水的城市之一，干旱对北京城市供水的影响更为显著。在1980年、1981年、1982年连续3年干旱少雨的基础上，1983年降水量再度减少，致使该年夏季尽管动用了密云和官厅两水库的死库容，全市仍有90%以上的地区水压不足，引起了市民的惊慌。1986年降水量为550mm，较多年平均少75mm，官厅水库只来水3.1亿 m^3，比来水量最少的1985年还少0.2亿 m^3，由此引起供水能力较1985年下降5%。北京市1988年冬春降水量又持续偏少，用水量高峰日缺水35万 m^3 以上。1989年1～9月全市平均降水量只有400mm，比1988年同期少20%，10月初，官厅水库蓄水接近死库容蓄水量；而密云水库的来水量比1988年同期减少38%。到8月底，全市地下水平均比1988年同期下降2.03m。1992年北京市普遍少雨，全年降水量420mm；1993年还是少雨，全

年降水量为 419.9mm，比多年平均降水量减少 30％以上。1993 年 1～6 月全市平均降水量仅 61.7mm，是北京市 1905 年有降水记录以来的第 4 个干旱年，使北京市再度陷入水危机之中。

（二）对工业生产的影响

水是工业的血液，工业用水约占城市总用水量的 80％，供水不足首当其冲是影响工业生产。干旱对工业生产的影响方式分为直接影响和间接影响两种。在工业生产过程中，有的把水作为原料，有的把水作为冷却剂，有的把水作为媒介等，水直接参与生产过程，缺水就无法生产，这类影响称为直接影响。工业生产离不开能源，如城市发电、供电系统都与水有关，干旱缺水，水力发电和火力发电都受到影响。与此同时，由于干旱缺水和气温升高，农业灌溉需电和生活用电量增加，不得不采取限电措施，由此造成工厂停工停产，这类影响归之为间接影响。据对我国目前工业缺水状况的测算，仅直接影响每年损失产值就高达 1200 亿元。例如，山西省仅 1985～1987 年连续 3 年大旱，工业缺水每年要影响国民收入 26 亿元，干旱已成为山西电力、冶金、煤化建设规模和速度不得不缩小或放慢的主要原因之一；1982 年干旱严重的大连市，除人民生活用水实行计划供给外，对工厂的供水也是一再减少，辽河化肥厂是个引进先进设备年产 30 万 t 化肥的大厂，因干旱缺水，2～8 月共停产 95d。该厂日产值 50 万元，停产造成产值减少近 5000 万元。干旱对北京市工业生产的影响更加严重。1983 年因干旱水资源短缺，有 350 家工业企业被迫限制用水，不少工厂停工停产，就连一些医院的手术室和急诊室都不能正常工作。1988 年又因干旱缺水，对 319 家企业限制 50％的用水量，以保证群众生活用水的需要。1989 年的干旱使水资源紧缺的状况进一步加剧，若不是市政府采取各种措施，将导致全市 182 万 kW 水力和火力发电机组的停转，城市将陷于瘫痪。

其实，干旱缺水问题我国每年都不同程度地发生，制约着工业的生产和城市的发展。尤其是那些严重缺水的城市受干旱的威胁更大。而且，随着城市化和城市经济的不断发展，干旱影响愈加明显，造成的经济损失也愈大。今后干旱仍将频繁发生，大旱也会重复出现，如何把干旱给城市和工业生产带来的负面影响减小到最低限度，是我国经济持续发展面临的重大问题。

三、对其他社会经济活动的影响

（一）对水力发电的影响

水电是一种便宜、无污染、可再生的能源，比之煤、石油、天然气等矿物能源有着无可比拟的优越性，从控制污染、减缓气候变暖的角度考虑，水电更是要提倡发展的能源。但水电发电量的多少与气候、河川径流的增减关系密切。一般来讲，降水多就能够多发电；反之，干旱少雨就少发电。

湖南省水电发电量占全省总发电量的 50％～60％，1985 年长江流域"空梅"，干旱少雨，省内柘溪、凤滩、双牌三大水库来水量均较常年偏少，其中柘溪水库偏少 30％以上，致使发电量比常年少 7.0 亿～8.0 亿 kW·h。

福建省水力发电占总发电量的 65％～70％。1986 年因干旱少雨，全省大中型水库的蓄水量只占常年的 26.2％，古田一级、安砂、池潭三大水库蓄水量降至历史最低水位，有的接近死库容，全年水电发电量比上年减少 3.36 亿 kW·h，造成供电不足，全省从 9

月中旬开始大量限电，平均每天压电 200 万 kW·h，影响工业产值 5 亿～6 亿元。

湖北省水电占总电力的 2/3，水力发电量多少对全省电力供应影响很大。1992 年因伏旱严重，长江水位急剧下降，一些测点水位达有记录以来的最低点，宜昌出现了 116 年以来的最枯水位，使葛洲坝电厂发电能力较往年降低 50% 以上，全省水电比上年同期减少 30% 左右。

（二）对内河航运的影响

在东北地区，干旱对交通运输的影响比较突出的是内河航运。黑龙江、松花江、乌苏里江是东北三条主要河流，内河航运比较发达，到我国边境去的运输任务主要由这三条江承担，1982 年由于夏旱严重，自 4～5 月份出现春汛后，水位一直下降，6～7 月份水位达全年最低。哈尔滨 7 月 6 日水位 112.37m，是有记录以来的最低值，其下游通河、佳木斯也都出现了历史上的最低水位，佳木斯至同江段 253km，露出水面的浅滩 30 余处。黑龙江和乌苏里江也同样如此。随着水位下降，河床水深变浅，只有 0.8～1.2m，致使船舶搁浅，造成航运中断和减载航行。不仅如此，航运不通还直接影响沿江各地群众的生产和生活。

1986 年是湖南省有水文资料以来的第三个枯水年，8 月底湘江水位只有 27m，比常年同期低 6m 左右，大型船只只好减载减速缓行。该年 8 月淮河支流也因干旱，水位太低，造成航运困难，据安徽宿县航运局资料，装有出口物质的 70 余条船（约 4000t）搁浅河中。1986 年的干旱也严重影响了湖北省的水上交通。汉江航运量占全省总航运量的 55%，而汉江水位主要依靠丹江口水库调节，1986 年因干旱少雨，丹江口水库蓄水不足，仅为常年的一半，下泄量减少，使得汉江航道出现浅滩，航宽、水深不足的情况，樊城以上水深 0.8～1m，航宽不到 30m，造成运输量大减，物资周转慢。省内其他内河航道也因干旱影响，货运量受到较大损失，仅汉江平原内的河道就损失了 2 个月的运输量。

（三）对水产养殖的影响

水产养殖的基本条件是要有足够的水和一定的水环境条件，干旱往往导致水源减少或不足，以及改变水环境，进而影响到水产养殖。

（四）对社会经济系统的影响

以上列举了干旱对经济系统中几个主要经济部门的影响。其实，现代经济系统中各部分各环节是紧密联系的，只要某个部分或环节受到影响，其影响就会发生连锁效应。

1988 年美国大旱灾波及 33 个州的 1500 个县，这年的干旱使美国谷物产量较上年减少 31%。谷物的大幅度减产造成谷物价格上升，由此触发食品加工业的连锁反应，使面包、食油、熟食、运输等费用大幅度提高。饲料价格上升迫使牧场大批屠宰牲畜，全国牲畜存栏数量降至 30 年来的最低点。食品价格上涨使美国的经济增长率降低，加剧了通货膨胀。旱灾冲击了美国的谷物出口贸易，根据一项鼓励外国购买美国农产品的"促进出口计划"，美国政府 3 年内对农产品出口补贴 210 亿美元。由于市场需求增加，许多公司要求政府中止昂贵的补贴出口计划，政府放慢补贴出口速度，并拒绝了一些外国订货。此外，美国旱灾还影响到世界粮食储备，造成国际粮价的上涨，波及谷物进口国的经济。

从 1987～1988 年印度遭受了一场百年未遇的旱灾，造成约 15.3 亿美元的经济损失，给印度的经济发展带来了严重影响，波及到国民经济的各个部门，在印度的经济生活中产生了消极的"多米诺效应"。据报道,旱灾首先使印度少收了1500万t粮食,使粮食库存减少一半。旱灾也使其他农作物歉收,如甘蔗、黄麻、花生、饲料、棉花和水果均大幅度减产。由此引起食品加工、纺织工业、服装工业以及其他相关的工业部门原料供应短缺,原料价格猛涨和企业生产成本提高。与此同时,副食品和日用品的价格也急剧上升,使得印度出现了进入上世纪80年代以来最高的通货膨胀率。干旱还使印度主要河流水位降低、水库蓄水量锐减,严重影响了水力发电。粮食、食用油、能源短缺,不得不增加进口,造成了预算赤字和贸易逆差的扩大。

旱灾对我国社会经济的影响也发生过类似的连锁效应。例如1982年东北大旱,造成农民口粮不足、种子缺乏、民用燃料不足、牲畜饲料不足、生产资金不足等,引起少数干部和群众思想情绪不够稳定,一度出现抢购粮食、倒卖粮食等现象,甚至发生哄抢粮食的现象。由于原料和能源短缺,造成一些工厂停工停产。例如在黑龙江省,因粮食歉收,全省80%的酒厂停产;在医药方面,青霉素、链霉素和葡萄糖等都是以玉米为原料生产的,由于玉米歉收,影响了上述药物的生产。此外,甜菜、亚麻产量的减少还影响制糖业和纺织业。由于亚麻比计划减产60%,造成了8个麻纺厂停产。到1982年10月全省轻工业的损失就达30亿元,经济损失远远大于农业。

因此,严重干旱带来的消极连锁反应是显而易见的。旱灾带来的一系列社会和经济问题,相当程度上影响了国民经济的发展,在社会经济基础比较脆弱的国家或地区,这种情况更为严峻。

四、对自然环境的影响

(一)土地干化、河流断流及湖泊干涸情势加剧

人们为了抵御干旱缺水的威胁,采取筑坝建库、开渠引水、抽汲地下水等措施,以增加灌溉用水和工业供水。这些措施导致水平衡要素中的径流量趋于减少,蒸发量趋于增加,导致北方一些地区呈现明显的干化趋势,并由此引发了一系列环境问题。如河北省和北京市由于上游邻省丘陵山区经济发展,用水量的增多,加之降水量的变化,自20世纪60年代起山区进入平原的入境径流减少,致使下游地区面临干旱情势。华北地区随着水资源的大量开发利用,径流系数及入海水量减少趋势明显,见表5-9。

表5-9 干旱及缺水引起的入境水量、入海水量及径流系数变化

项 目	地 区	1956~1959年	1960~1969年	1970~1979年	1980~1989年
平均年入境水量 (亿 m³)	河北省	99.8	70.8	52.2	31.2
	北京市	34.7	20.0	16.2	11.7
平均年入海水量 (亿 m³)	河北省	70.1	59.3	60.5	3.6
	华北地区	241.8	161.8	104.8	14.3
	胶东地区	99.0	91.0	82.0	67.0
径流系数	河北省	0.202	0.156	0.140	0.090
	华北地区	0.180	0.150	0.138	0.098

位于华北地区的白洋淀,水产丰富,有"华北明珠"之称。但自20世纪70年代以

来，出现水源不足、水位不稳、水质污染、泥沙淤积、鱼虾回游断道等现象，其中以水源不足尤为严重，20 世纪 80 年代连续几年干淀，已经引起生态环境的巨大变化。其原因除降水量减少外，主要是上游用水增加，使入淀水量减少，在干旱年，已基本无水入淀。再有，1965 年以前，白洋淀余水多靠天然出口排泄，自枣林庄枢纽建成后，排泄能力加强，出淀水量加大，再加上周边工农业用水的加大，更增加了干淀几率。

我国西北内陆区新疆塔里木河和甘肃石羊河等流域的水循环状况，也在人为因素影响下，产生类似上述的变化。石羊河干流进入民勤盆地的年径流量，20 世纪 50 年代为 5.7 亿 m³，20 世纪 60 年代为 4.5 亿 m³，20 世纪 70 年代为 3.2 亿 m³，20 世纪 80 年代为 2.4 亿 m³，呈明显减少趋势。

径流量的减少，引起平原河道频繁断流。华北地区 1984～1986 年年降水量属枯年和偏枯年，该时期发生河流断流的地区和断流日数如图 5-1 所示，其中以京津地区和胶东地区最为严重。

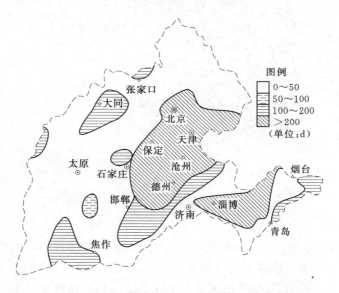

图 5-1　华北地区河流年断流日数分区图（1984～1986 年）

黄河流域由于城市建设、人口增加和引黄灌溉事业的发展，流域引耗水量大幅度增加，在春夏干旱少雨季节，黄河下游出现频繁严重的断流现象，据统计，从 1972～1997 年的 26 年中，黄河下游共有 20 年发生断流。根据黄河入海口利津水文站的实测资料，20 年中累计断流 70 次，共 908 天，平均每年断流 45.4 天（有断流的年份平均），其中 1991～1997 年连年断流，累计断流 717 天，平均每年断流 102.4 天。1997 年，由于黄河流域降雨和径流量较常年明显偏少，水资源供需矛盾十分突出，黄河下游出现了有资料记录以来断流最为严重的一年，创下了断流频次、天数、月份最多、断流河段最长等历史记录。

（二）地下水环境明显恶化

在人为经济性干旱为主要类型的地区，为满足需水增长的要求，地下水长期过量开采，造成地下水位大幅度下降，地下水降落漏斗不断发展和泉水流量日益衰减，并引发地面沉降、海水入侵等一系列地下水环境问题。

1. 地下水位降落漏斗发展

据统计，20世纪80年代末，华北地区浅层地下水位已平均下降8～10m，浅层水位降落漏斗面积已达2.7万km²。漏斗区水位下降20～30m，主要分布在山前冲积、洪积平原和一些大中城市地区。华北地区的深层水漏斗面积也已达到2.3万km²，在20世纪80年代，漏斗区水位每年以3～5m的速率下降。华北平原地下水位降落漏斗分布情况见图5-2。

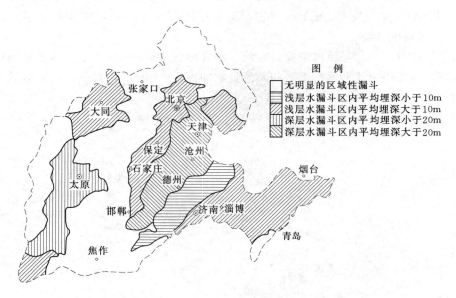

图 5-2 华北平原地下水位降落漏斗分布图

2. 泉水流量锐减

干旱对泉水出流量的影响也很明显。济南市20世纪60年代初，大于0.1m³/s的泉水20多处，仅趵突、黑虎、珍珠三泉日涌水量即达19万t，但70年代以后泉水日趋萎缩。山西涌泉也很多，20世纪50年代出水量大于0.1m³/s的喀斯特泉有86处。据12个大泉统计，70年代以后，因连年干旱少雨和泉域地下水大量开发利用，泉出水流量减少50％以上的有4处，减少5％～50％的有7处，只有1处减少5％以下。著名的山西晋祠泉20世纪50年代平均流量为1.94m³/s，自60年代起，在晋祠附近大量凿井开采喀斯特地下水，晋祠泉流量也随之逐年衰退，1960～1969年平均流量为1.69m³/s，1971～1980年平均流量为1.13m³/s，1983年减为0.47m³/s，1986年最低时只有0.29m³/s，1990年6月降至0.17m³/s，1993年4月断流，晋祠泉已濒临干涸的危险。

3. 城市地面沉降频频发生

地面沉降主要起因于地下水过量开采和区域地下水位持续下降。根据调查资料，上海、天津、西安、北京、太原等10余座城市不同程度地出现了地面沉降。

上海市是我国发现地面沉降最早的地区，1921年已有了观测资料，以后随着地下水开采规模的不断扩大，沉降也随之加剧。到20世纪60年代初最为严重，每年沉降量达

110mm，每年扩展面积 13.2km²。到 70 年代，由于采取了限制地下水开采和人工回灌地下水措施，大部分地区地面沉降得到了缓解。至 90 年代初，每年沉降量减为 20mm，还未得到完全控制。

天津地面沉降主要发生在 20 世纪 70 年代以后，其原因与为满足用水量增长大量开采深层地下水有关。80 年代初期，沉降幅度大于 1200mm 的区域为 89km²，最大沉降量已超过 2000mm。1992 年，沉降幅度大于 1000mm 的区域达 2640km²，大于 1500mm 的区域已达 828km²，在市区、汉沽和塘沽形成三个沉降中心，城区最大降深达 3400mm。

4. 海水入侵加剧

海水入侵危害的发生与干旱密切相关。由于干旱缺水，滨海区超量开采地下水，地下淡水水位下降，海水与淡水的交界面不断向内陆推移，导致地下淡水咸化，影响工农业生产和生活饮用。这种环境变化在地处半湿润半干旱区海岸带的莱州湾沿岸、渤海湾沿岸危害已经很严重，在湿润地区的上海、宁波等地也已出现。大连市 20 世纪 80 年代初海水入侵面积只有 130km²，至 1992 年底已达 434km²，平均每年增加 30km²；山东省海水入侵面积已达 627km²；辽、冀、鲁三省海水入侵面积累计达 1433km²。海水侵染的危害程度，通常以水源中的氯离子含量来衡量。一般海水中的氯离子含量大于 5000mg/L，农田灌溉用水要求小于 200mg/L，人畜饮用水小于 60mg/L。当沿海地区地下淡水中氯离子含量大于 3000mg/L，即认为受到了海水的侵染。

（三）地表水体的污染有所加重

干旱期间，地表径流量减少，河流、湖泊等陆地水体的纳污能力和稀释能力下降，地表水体的污染加重。由于干旱缺水，污水灌溉得不到有效的节制，污水灌溉不仅污染了土壤和农作物，影响人体健康，而且污水渗入地下，恶化了地下水水质。20 世纪 80 年代后期，华北地区污水年排放总量达 43 亿 t，而河川年径流量仅 338 亿 t，污径比为 0.13，超过规定标准。京津唐地区污径比达到 0.25，一些流经城市的河流和河段情况更为严重，汾河流经太原市的 170km 河段，半年以上的时间污径比大于 5.0，250 余天大于 1.0。其他如济南的小清河，保定的府河，唐山的陡河也都有类似情况。上海黄浦江由于干旱期间径流减少，污水受潮汐顶托影响，来回游荡，危及自来水厂取水口水质。新疆塔里木河，由于天然径流量减少，灌溉回归水增多，阿拉尔以上河段，每年接纳回归水携带的大量盐分，使塔里木河水质明显盐化。

干旱缺水使内陆湖泊水质发生明显变化。新疆博斯腾湖原为矿化度不超过 0.4g/L 和化学类型为 HCO_3-Ca 型的典型淡水湖泊；20 世纪 70 年代中期矿化度已增至 1.42～1.50g/L，水化学类型变为 SO_4-Na-Mg 型，80 年代初，湖区矿化度已达到 1.60～1.83 g/L，年积盐量达 45 万 t，成了微咸水湖泊。由于湖水量减少，额济纳河的两个尾闾湖之一的嘎顺诺尔湖已从咸水湖变成了盐湖，另一个索果诺尔湖则由微咸水湖变成了真正的咸水湖。

（四）土地沙漠化的危害有所加剧

土地沙漠化是在干旱缺水的条件下对土地植被进行过量的人类经济活动所逐步形成的。在我国北方地区，沙漠化土地断续分布在黑龙江、吉林、辽宁、内蒙古、山西、陕西、宁夏、甘肃、青海、新疆等 10 余个省（自治区），面积达 33.4 万 km²，其中已沙漠化的土地面积达 17.6 万 km²，近 30 年来平均每年扩大 1500km² 左右。此外，尚有正孕育和发展的潜在沙漠化土地 15.8 万 km²。

第三节　中国旱情的时空分布

一、干旱区的划分

由于气象干旱是引发其他干旱的主要原因，其考虑因素较少，且资料容易获得，故本节讨论的干旱是纯气象意义的干旱。

然而，即使只从降水量异常考虑，也有一个干旱标准问题。究竟降水量负距平达到多大，持续时间多长可以称为干旱是有争议的。中国气象局冯佩芝等 1985 年提出的原则得到了较为广泛的承认，即针对不同地区，研究对农业较有意义的生长季的干旱（表 5-10），对不同干旱持续时间采用不同的负距平标准（表 5-11）。

表 5-10	全国不同地区的生长季
地　区	月　份
东北地区	4～9
黄淮海地区	3～10
长江流域	3～11
华南、西南地区	1～12

表 5-11	干　旱　标　准	单位：%
旱　期	一般干旱	重旱
连续 3 个月以上	−25～−50	<−50
连续 2 个月	−50～−80	<−80
连续 1 个月		<−80

本章第一节提到，在自然界中，一般有两种类型的干旱，一类是由气候、海陆分布、地形等相对稳定的因素在某一相对固定的地区常年形成的水分短缺现象；另一类是由气候变化等因素形成的随机性异常水分短缺现象。本节仅讨论后者，重点是我国东部从江南到华北的干旱。我国东部可划分为东北、黄淮海流域、长江流域、华南及西南五个干旱区。

东北干旱区：春旱最为突出，有时干旱从春播作物开始播种的 4 月持续到 5 月或 6 月。夏季干旱一般出现于 7～8 月。个别年（如 1958 年）春旱连着夏旱，则影响更为严重。

黄淮海流域干旱区：这是我国干旱面积最大、频率最高的干旱区，3 月到 10 月的农作物生长期均有可能出现干旱。春旱频率最高，有十年九旱之说，如 1951～1980 年 30 年内就有 26 年出现不同程度的春旱。大多数春旱年之前的冬季即少雨雪。进入 3 月一旦土壤解冻，作物需水而又没有透雨，干旱往往持续到夏季。有时春旱可持续到 7～8 月，造成春夏连旱，1962 年就是一个突出的例子。个别年（如 1965 年）甚至造成春、夏、秋三季连旱。

长江流域干旱区：这是我国东部干旱频率较低的一个地区，干旱出现的次数不仅低于北部的黄淮海流域，甚至也低于其南部的华南及西南地区。这里春旱频率不高，夏旱比较常见。1951～1980 年 30 年内中有 25 年出现不同程度的夏旱，最突出的是 1961 年和 1972 年。有时夏旱可持续到 10 月或 11 月，出现夏秋连旱，如 1959 年干旱从 7 月持续到 9 月。单独出现的秋旱一般范围较小，影响程度较轻。

华南及西南干旱区：这两个地区一年四季都有农作物生长，干旱频率也比较高。但与前几个区不同之处是冬、春两季干旱为主，特别冬春连旱影响巨大。有时也发生秋、冬、春三季的连旱，如 1954 年 9 月到 1955 年 4 月华南地区发生了持续期最长的三季连旱；1959 年 11 月到 1960 年 5 月西南地区的干旱持续了 7 个月之久。

二、干旱的空间分布和年际变化

李克让等人研究了中国现代干旱灾害的时空特征，绘制了 1951～1991 年我国各地干旱总次数分布图（图 5-3）和平均干旱月数分布图（图 5-4）。

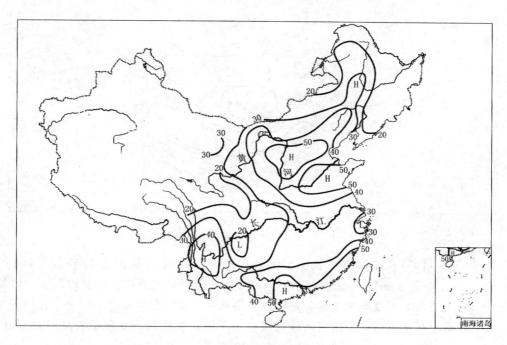

图 5-3　1951～1991 年干旱频次分布图

对图 5-3 所示干旱出现频次的分析表明，我国有三个多旱区，它们是黄淮海多旱区、闽粤桂东部沿海多旱区、西南多旱区。黄淮海多旱区包括河北、山西、山东省全部，安徽、河南、江苏、陕西、宁夏和内蒙古的部分地区，干旱中心位于河北、山西、山东、河南及陕西境内，1951～1991 年 41 年内发生干旱 50 次以上，平均每年 1.2 次。闽粤桂东部沿海多旱区包括福建、广东及广西东部沿海旱区，广东及福建沿海为最大值中心，发生干旱 50 次以上。西南多旱区主要位于西南地区的西南部、云南及四川南部，发生干旱 40 次以上。此外，内蒙古东部及辽宁、吉林、黑龙江部分地区呈东北—西南向的狭长地带为次多旱区，发生干旱的总次数在 30 次以上。

图 5-4 表示了干旱持续时间的空间分布状况。我国干旱持续时间较长的区域主要有两个：一个是长江以北的黄淮海流域地区，包括河北、山东和山西全省及宁夏、内蒙古、陕西、河南、江苏部分地区，平均持续干旱时间在 2 个月以上，持续 3 个月以上的中心位于河北省境内；另一个干旱持续时间较长的区域位于广东、福建和广西东部沿海，平均持续干旱时间在 2 个月以上，广东和福建沿岸干旱持续时间在 3～5 个月以上。此外，我国东北西部及西南地区的西南部也是干旱持续时间较长的区域。

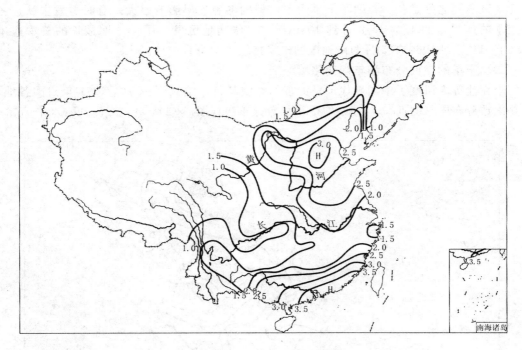

图 5-4 1951~1991 年平均干旱月数分布图

统计表明，1951~1992 年来全国最旱的年份为 1972 年，其次是 1965 年、1986 年、1981 年、1991 年等。1972 年是特大干旱年，其特点为干旱范围广、持续时间长、灾情程度重，影响大，北方春夏连旱，部分地区还出现秋旱，南方春旱及夏旱严重，长期干旱导致河流流量减少甚至断流，水库蓄水量大减甚至干涸，农作物大面积受害减产甚至绝产，一些城市的用水受到影响，水资源供需矛盾加剧。

第四节 干旱影响评估

干旱的影响极为广泛和深远，主要包括对经济、人类社会及自然环境三个方面的影响。本节主要阐述干旱影响的评估内容、评估途径和评估方法，以及干旱影响评估系统的建立。

一、干旱影响的评估内容

干旱影响的评估包括历史干旱的影响评估、实时干旱的影响评估和展望性干旱的影响评估。

（一）历史干旱的影响评估

历史干旱的影响评估一般是对历史上的干旱，特别是大旱年的天气气候特征、干旱强度、持续时间、影响范围、受灾程度、造成的损失等进行描述和评价。也有人采用风险分析的方法，对各地干旱影响进行评估。例如，张剑光根据旱灾的特点，提出了一种综合评价旱灾可能危险程度的方法，计算了四川盆地旱灾危险度。该方法定义旱灾危险度。

$$Dr = T \cdot S \cdot D \cdot L \qquad (5-21)$$

式中：Dr 为旱灾危险度；T 为旱灾发生频率，旱灾单一的地区用该旱灾的出现频率，复合旱灾（春旱、夏旱、伏旱等）地区以频率最高、危害最大的旱灾为主；S 为旱灾影响范围占总耕地面积的比例；D 为干旱强度指数，根据各种干旱对农作物影响的大小、所在地区位置，采取评分办法，按各地离干旱中心的距离和各种干旱出现频率进行加权平均；L 为受灾区的经济水平，以各地粮食生产力水平表示经济水平，规定最高产量水平的地区为 90%，其余地区与之相比。

四个因子均取百分数。将得到的危险度划分为极端危险、高度危险、显著危险、一般危险、稍有危险和没有危险 6 个等级，确定了整个四川盆地及 16 个地、市、县的旱灾危险度。

（二）实时干旱的影响评估

实时干旱的影响评估主要对已经发生或正在发生的干旱的影响进行实时、定量评估，为有关部门制定防灾、救灾对策提供科学依据。实时干旱影响评估的模型有反映作物与水分关系的各种静态模式，也有作物生长动态模拟模式。使用的因子有降水量、相对蒸散发、土壤水分等。

（三）展望性干旱的影响评估

主要以干旱影响指数、影响模式的滞后性影响研究为基础，在干旱预报的基础上，对农业、工业、交通运输、水利工程等可能出现的损失和影响做出展望，为制订减灾对策、建立粮食预警系统等提供信息。

二、干旱影响的评估途径

（一）实地调查

实地调查是科学研究最常用的方法，也是一种行之有效的方法。通过对受旱地区的实地调查或考察，可以获得干旱影响的第一手资料。例如，对东北地区 1982 年严重干旱的调查，采取座谈会、登门拜访等方式先后走访了东北三省的农业、水利、林业、商业、气象等十几个部门和单位，较系统地了解干旱如何影响国民经济系统的各个方面，包括影响的过程和环节，以及对社会经济的深远影响和连锁效应。再如，中国气象局组织的调查组对 1995 年度西北地区发生的 40～60 年一遇的特大干旱的调查。这次调查以座谈会为主，同时观看录像片、实地考察和个别交谈，了解到西北地区东部从 1994 年冬到 1995 年夏的干旱，持续时间之长、范围之广、灾害程度之重，造成的损失之大，是近几十年来未有的。这仅从有限的气象资料中是反映不出来的。严重的干旱给人民生活和农牧业生产带来了巨大的困难和灾难，仅陕西、甘肃两省受灾面积就达 386.7 万 hm²，陕、甘、宁三省（自治区）夏粮严重减产，有的地方绝收；牧区草场受旱，牧草短缺；各地的中小河流和大部分塘库、水井（窖）干涸，有 700 多万人和 2000 多万头牲畜饮水困难，近百家大中型企业因缺水停产，经济损失严重。这些是坐在室内难以弄清的。

（二）新闻媒介

随着社会经济、科学技术的发展，以及改革开放政策的实行，新闻媒介报道自然灾害的范围越来越广泛，时效越来越快。通过新闻媒介可以获得大量国内外干旱等自然灾害影响的信息。比如，美国 1988 年特大旱灾不仅给美国社会经济带来了巨大影响，还波及到世界市场及其他国家的经济。印度 1987～1988 年的持续干旱带来的深刻影响等信息也基本上是通过新闻渠道获得的。国内干旱等自然灾害的影响信息，很大一部分也来自新闻媒介的调查报导，包括电视、广播、报刊、杂志等，这些为深入研究干旱影响提供了宝贵的信息和材料。

（三）遥感监测

随着卫星气象基本业务的稳定发展，气象卫星资料的应用和专业服务领域不断扩大，已开展包括洪水监测、干旱监测、植被监测、作物估产等十多项专业服务。各省气象局也相继建立了农业遥感信息中心，在天气分析、森林防火、作物估产和旱涝监测等方面取得了显著的效益。

干旱监测，在无植被覆盖的情况下，应用卫星资料估算土壤湿度，预报干旱面积和趋势。在有植被覆盖时，卫星无法直接观测到土壤湿度，只能测量到植被的变化。标准化植被指数（$NDVI$）可以较好地反映绿色植被叶绿素的含量及长势。

标准化植被指数的定义为

$$NDVI = (CH_2 - CH_1)/(CH_2 + CH_1) \tag{5-22}$$

式中：CH_1、CH_2 分别为 AVHRR 通道 1、2 的反射率。

若生长季期间，某时段植被差，一般认为是由干旱或雨涝等灾害所致。为进一步判断灾害类型，还需配合常规气象观测资料进行综合分析。例如，国内曾利用 NOAA 卫星 1985～1991 年共 7 年每周一次的条件植被指数（VCI）研究了 1990 年、1991 年山西省玉米生长发育各个时期的长势，发现 1990 年玉米各个生育阶段的 VCI 值都高，玉米长势好；而 1991 年自 6 月以后，VCI 值呈下降趋势，玉米长势很差。配合常规气象资料分析，1990 年玉米生育期内基本上是风调雨顺，而 1991 年则少雨高温，干旱严重。调查证实，该省近 70 万 hm^2 玉米，1990 年单产 4800kg/hm^2，是一个丰收年；而 1991 年单产仅 3675kg/hm^2，较 1990 年下降 1125kg/hm^2。

又如四川省继 1992 年冬旱后，1993 年又发生了严重的春旱。四川省气象局 1993 年运用国家卫星气象中心研制的极轨气象卫星微机处理系统，监测到 1993 年 4 月 23 日四川盆地植被指数比 1992 年 4 月 27 日普遍低 1～2 个等级。此时正值小麦齐穗、灌浆期，根据卫星遥感植被指数与小麦产量关系密切的观点，预计春作物产量不如 1992 年，从而为产量预报提供依据，实况证明预报正确。该局还根据 5 月 21 日的卫星资料反映出的南光、遂宁、广元、绵羊等地市的旱情特征，综合分析农业、气象信息，确认旱情发生，并对上述春旱进行了跟踪监测。先后接收了 5 月 27 日、6 月 4 日、6 月 14 日、6 月 23 日的卫星信息，制成嵌有行政县界的彩色卫星遥感信息图，并分析指出，受旱区逐渐扩大并向西移，已移至成都、内江等粮食主要产区，受旱的范围已达 11 个地区，113 个县市。旱情严重的县市，禾苗枯死，人畜饮水困难。这份灾情报告为各级政府领导抗旱救灾提供了科学依据。

三、干旱影响的评估方法

（一）个例分析法

从个别到一般是认识事物规律的常用方法。干旱造成的社会经济影响不仅与气候本身有关，还涉及到社会发展水平及经济状况等，因而干旱影响是个十分复杂的问题。

由于严重干旱对社会经济的影响往往程度重、范围广、涉及社会经济的各个领域的不同层次并给人留下深刻的印象，一般文字记载详实。如历史上曾出现过的 1929 年、1934年大旱，引起农业失收，发生特大饥荒，造成数百万人死亡。在论及干旱影响时，人们还常常以此为例。中华人民共和国成立后，严重干旱仍多次发生，如 1959 年、1960 年、1972 年、1978 年、1986 年、1994 年的干旱，都给我国社会经济带来了重大影响和巨大损失。这些严重干旱事件资料较全，剖析这些重大干旱事件，可以全面深刻地认识干旱影响的范围、程度以及干旱形成影响的过程和物理机制。

对重大干旱事件的分析，还可为水资源的开发利用、为经济规划确定标准。特别在资料序列短或缺乏的地区，严重干旱提供的参考指标尤为重要。比如 1972 年华北发生的严重干旱，对重新认识和了解华北地区的水资源起了重大作用，引起从地方到中央的关注。此后，对华北地区水资源的开发利用进行了一系列的规划，兴建了大批水利工程。

（二）历史相似法

气候变化的研究表明，干旱的发生具有重现性，即历史上出现过的干旱可能重现。不同程度的干旱，其重现期不同，越是严重的干旱，其重现期越长。按概率分布，一般分为5 年一遇、10 年一遇、20 年一遇、50 年一遇、百年一遇、千年一遇等。因此，在研究某地区干旱影响时，可以根据历史上曾出现过的干旱影响情况，利用历史相似法，推断类似干旱再现时，可能会产生哪些影响以及影响程度。

（三）比较法

比较是人们认识事物最常用的简便方法。分析干旱影响时，也可采用这种方法。事实上，气候分析中常用的距平或距平百分率就是各年值与常年值比较的结果。除了与常年值比较外，还可以视研究的需要与其他参考值进行比较。比如，在分析干旱对水资源或农作物产量的影响时，可以把受干旱影响年的水资源量或粮食产量与前一年的相比，或与丰水（收）年的相比。1978 年是我国自 20 世纪 50 年代以来受旱面积最大的年份，表 5-12 列出了 1978 年干旱对长江中下游各地水库蓄水量的影响，表 5-13 为长江 1978 年 8 月流量与多年平均 8 月流量的比较。

表 5-12　长江中下游地区 1978 年各不同时期蓄水量与上年同期的比较　　单位：亿 m³

时间＼地区	浙 江	江 苏	安 徽	江 西	湖 北	湖 南	合 计
7 月 1 日	−58.44	−5.05	−15.76	−13.28	−13.09	—	−105.62
8 月 1 日	−54.02	−34.13	−17.00	−14.69	−2.30	−9.55	−131.69
9 月 1 日	−52.50	−35.86	−17.52	−19.33	−26.78	−4.62	−156.61
10 月 1 日	−49.81	−35.93	−17.06	−15.67	−13.71	+0.10	−132.08

表 5-13　长江 1978 年 8 月流量与多年平均 8 月流量的比较　　单位：亿 m³/s

项目＼站名	宜 昌	汉 口	大 通	城陵矶	湘资沅澧入湖量
1972 年 8 月	16500	21300	23300	6000	1950
历年 8 月	29000	39400	48100	25000	6400
偏少（％）	−43	−46	−52	−76	−70

从表 5 - 12 可以看出，受干旱影响各地蓄水量普遍较上年同期减少，其中减少最严重的是浙江省。从表 5 - 13 可以看出，1972 年 8 月份长江平均流量比常年同期减少 50％左右。

（四）模式法

干旱影响评价的目的在于弄清干旱与社会经济活动间的关系，提高人们对干旱影响的认识，增进人们对干旱与社会结构、经济活动相互影响的了解，以便进行经济预测。这就要求在定性分析干旱影响的基础上，确定干旱参数与社会经济间的数学模型。因此，在现代干旱影响评估方法中，模式法是最有效也是最先进的方法。利用模式法，可由当前的气象资料展望未来经济状况，评价降水变化对经济参数变动的影响，还可对某个经济系统作定量的风险分析等。

黄朝迎等人在研究黄河流域干旱影响时，曾采用经验函数方法，建立了该流域内各省区农田受旱面积与年降水量之间的数学模型，结果如下

山东：$\hat{y} = 19.875 \times 10^7 x^{-7.26}$ $r = -0.9628$

河北：$\hat{y} = 153902.7 - 213x$ $r = -0.7568$

山西：$\hat{y} = 95455.65 - 130.8x$ $r = -0.5697$

河南：$\hat{y} = 53.25 \times 10^{11} x^{-2.79}$ $r = -0.9280$

陕西：$\hat{y} = 53678.7 - 42.9x$ $r = -0.5974$

内蒙古：$\hat{y} = 109302.45 - 276.75x$ $r = -0.8171$

宁夏：$\hat{y} = 44.7 \times 10^{13} x^{-4.72}$ $r = -0.6657$

甘肃：$\hat{y} = 74605.7 - 182.4x$ $r = -0.7476$

式中：$\hat{y}$ 为估算的受旱面积，hm^2；x 为全省（区）平均年降水量，mm；r 为相关系数。

目前，中国各地在干旱评价的基础上已先后建立了干旱预警系统，提供决策服务，受到政府部门的好评。

四、干旱影响评估系统及评估模式的建立

美国气候影响评价业务自 1976 年开展以来，以现代农业气候影响评价为起始，用于监测全球气候异常（包括干旱）的影响，对国内和世界粮食作物的生长情况及其产量进行评价和预测，取得了巨大的社会和经济效益。干旱影响评估系统主要包括数据库、统计分析软件包、影响评估指数、模式程序库、绘图软件包、灾情检索系统以及干旱影响评估专家系统等。资料是影响评估系统的基础。在评估系统中，包括情报网的建立、传输、加工处理直至评价结果的做出，都需要收集、传递、整理和使用各类资料，其中包括气象资料、自然地理资料、水文资料、卫星遥感资料以及社会经济资料等。同时还应制订各类评估指数或模式，这是至关重要的，以下就干旱对农业影响的评估指数或评估模式作重点介绍。

（一）利用降水量的评估指数

1. 产量水分指数（YMI）

美国国家海洋大气局情报评价服务中心根据作物不同发育阶段内的降水量及其对作物

的不同影响，建立产量水分指数，进行干旱影响评估。

$$YMI = \sum_{i=1}^{n} P_i K_{ci} \qquad (5-23)$$

式中：YMI 为某作物的产量水分指数；i 为作物发育阶段（$i=1$ 为播种，$i=2$ 为出苗，$i=3$ 为开花，$i=4$ 为成熟）；P_i 为 i 阶段降水量；K_{ci} 为第 i 阶段的作物系数，取自 FAO 的作物系数，用以表明降水量对不同作物及作物不同发育阶段的不同影响。

应用 YMI 评价干旱对作物的影响时，首先计算历年的 YMI，将其从小到大排序，计算出百分位数，并分为严重干旱、中度干旱等不同级别。然后对当年的实际 YMI 进行评价。也可根据多年的标准 YMI 值，求出当年 YMI 值的距平百分率，进行比较和评价。

2. RY 指数

张浩等提出了一种适用于北方旱作农业地区的降水量对作物产量影响的评价方法——RY 指数。

首先用一定的统计方法，定量确定作物生育期间不同时段单位降水量对产量的影响（D），再根据选定的比较标准（W），计算各时段实际降水量对作物产量的影响，用增（减）产百分比 $\left(\dfrac{\Delta Y}{Y} \times 100\%\right)$ 表示：

$$RY = \frac{D \cdot W}{Y} \times 100\% \qquad (5-24)$$

式中：D 值可用产量与降水量相关分析中的回归系数；比较标准 W 用以下三种方法确定：

（1）降水与作物需水量（ET_m）之差，即用作物水分供需矛盾评价

$$W = R - ET_m; \quad ET_m = ET_o \cdot K_c \qquad (5-25)$$

式中：R 为降水量；ET_m 为作物需水量；ET_o 为用 Penman 方法计算的参考蒸散量；K_c 为作物系数。

（2）降水量距平，即用相对于常年同期水平评价

$$W = \frac{R - \overline{R}}{\overline{R}} \qquad (5-26)$$

式中：R 为当年某时段降水量；$\overline{R}$ 为同期多年平均值。

（3）与上一年同期降水量（R'）的差异，即用相对于上一年同期水平评价

$$W = R - R' \qquad (5-27)$$

RY 指数意义明确，与作物产量联系密切，是旱作农业地区干旱影响评价的一种实用方法。类似的有关旱作农业地区农作物与降水量之间的统计相关模式很多，在此不再赘述。

（二）利用相对蒸散评估

1. FAO 模式

FAO 文献通过产量反应系数建立起相对蒸散差额（$1 - ET_a/ET_m$）与导致的相对产量下降数（$1 - Y_a/Y_m$）之间的联系，从而可以评价水分亏缺引起的产量损失大小。表达式为

$$1 - Y_a/Y_m = K_y(1 - ET_a/ET_m) \qquad (5-28)$$

式中：K_y 为产量反应系数。

由于作物不同发育阶段对水分的敏感程度不同，因此，开花期、产品形成初期的反应系数比其他时期的要大，如表 5 - 14 所示。

表 5 - 14　　　　　　　　　　部分作物的产量反应系数

作　物	营养生长期	开花期	产品形成期	成熟期	全生育期
冬小麦	0.2	0.6	0.5	—	1.0
玉　米	0.4	1.5	0.5	0.2	1.25
大　豆	0.2	0.8	1.0	—	0.85
棉　花	0.2	0.5	—	0.25	0.85

2. Jensen 阶乘模式

由于各发育阶段的缺水是互相联系的，并影响到最终产量，因此，Jensen 的阶乘模式关于产量与水分胁迫的关系较为合理：

$$Y_a/Y_m = \prod_{i=1}^{n} (ET_a/ET_m)^{\lambda_i} \tag{5-29}$$

式中：i 为作物发育阶段；λ 为水分敏感系数，需用水分试验资料求得。

如栾城 1987～1988 年小麦试验资料确定了播种、越冬、返青、拔节、抽穗、灌浆期的 λ 值分别为 0.0781、0.04114、−0.09831、0.2832、0.1188 和−0.02109。分析结果表明，拔节至抽穗（水分临界期）对缺水最敏感，其次是抽穗至灌浆期（水分关键期），再次是冬前分蘖期。根据这一模式可以定量评估小麦不同生育期的水分状况对最终产量的不同影响。王宏利用 Jensen 模式，把小麦从返青到成熟分成苗期、拔节、孕穗、开花、灌浆前期、灌浆后期和蜡熟期 8 个阶段，进行水分亏缺敏感度的盆栽试验，得到了各阶段的敏感度系数。利用相对蒸散和敏感度，便可计算和评价水分胁迫对产量的影响。同时，还可根据最佳相对蒸散值有效地指导灌溉。

3. CSDI 模式

Meyer 在 Jensen 公式基础上，提出了针对美国玉米带的干旱指数 CSDI（Crop - specific Drought Index），并对干旱影响的实时监测和评估做了有益的尝试。

实际
$$CSDI_{act} = \frac{Y_{act}}{Y_{pot}} \tag{5-30}$$

预测
$$CSDI_{pred} = \prod_{i=1}^{n} \left(\frac{\sum ET_{calc}}{\sum ET_{pc}} \right)_i^{\lambda_i} = \frac{Y_{pred}}{Y_{pot}} \tag{5-31}$$

式中：Y_{act} 为实际产量；Y_{pred} 为预测产量；Y_{pot} 为最大潜在产量；ET_{calc} 为作物实际蒸散量计算值；ET_{pc} 为潜在蒸散量；n 为作物生育期数量；λ_i 为第 i 个生育期中作物对水分胁迫的相对敏感性，利用历史产量资料和气象资料，可以通过对上式的数学处理得到。表 5 - 15 为通过美国内布拉斯加州中、东部地区 8 年资料得到的玉米水分敏感性系数。

表 5 - 15　　　玉米水分敏感性系数

生 育 期	敏感性系数
播种～12 叶	0.058
14～16 叶	−0.179
吐丝～鼓粒	1.539
乳熟～成熟	0.032

用内布拉斯加州中、东部地区其余 10 年的资料及玉米带其他地区的资料进行验证，CSDI 模式运行良好。

第五节　干旱监测和预报

一、干旱监测的主要方法

由于干旱是一种缓慢的现象，其程度是逐渐积累的，这就为干旱的监测和早期预警提供了方便和可能。干旱监测的内容大致有五类，即大气参数、与农业有关的参数、与水文有关的参数、卫星遥感资料和社会经济资料。监测的方式通常有两种：一是通过台站网络系统的监测；二是遥感监测。

（一）干旱监测的主要内容

1. 大气参数

主要包括降水、湿度、气温、风向、风速、积雪、云量、太阳辐射等分量。这些大气参数观测方法可具体参见《实用气象手册》等有关大气参数观测、资料整理方面的技术手册。

2. 与农业有关的参数

主要包括土壤湿度、蒸散发、土壤温度、作物长势等。

3. 与水文有关的参数

主要包括径流量、地下水位、江湖水位、水库蓄水量等。

4. 卫星遥感资料

主要包括植被覆盖状况、作物生长状况、各种植被指数等。

5. 社会经济资料

主要包括灾情（如受灾面积、生命财产和经济损失等）、经济指标（如耕地面积、作物产量等）、人口等。

（二）主要监测方法

由于遥感、台站网络和现代信息系统技术相结合所独具的优势和潜力，在干旱发生前，可以不断提供关于干旱发生背景和条件的大量信息，有助于圈定干旱可能发生的区域、时段及危险程度，采取必要的抗旱抗灾措施、减轻干旱造成的损失。在干旱发展中，可以通过点面结合，不断监测干旱的过程和态势，及时把信息传输到各级抗旱指挥部门，有助于组织抗旱活动。在成灾以后，可以在大范围内迅速、准确地查明受灾情况，及时组织救灾和恢复生产。具体的监测方式有两种。

1. 台站监测

台站监测的首要任务是对干旱有关的单要素分别在气象或气候站、农业气象站、水文站等站点进行观测。同时，针对不同类型的干旱确定适合本地区或全国的干旱指标，按照指标的要求对干旱的发生、发展、持续时间以及造成的影响进行系统监测。

2. 遥感监测

遥感对干旱的监测，主要是通过对作物长势、土壤水分状况、农田蒸散、水系分布和降水量等监测实现的。与台站相结合，能客观、快速、大范围和经济地监测旱情的发生和发展。

由于土壤水分不足是造成农业灾害、作物减产的直接和主要原因，因此，土壤水分监测比较能反映作物受害的程度。但经典的土壤水分测量方法，如称重法、中子水分探测法等，因采样速度慢，范围有限，而限制了它们的应用范围。在农水管理中如需要迅速而大面积地知道土壤水分的分布状态，常规方法是难以胜任的。随着遥感技术的迅速发展，多时相、多光谱遥感数据反映了大面积的地表信息，这些信息从定位、定量方面反映了土壤水分的分布状况，为旱情监测开辟了一条新途径。

二、旱情分析预报方法

旱情分析与预报的主要途径有两类：一是用旱情指标值判断是否会发生旱情和旱情程度；二是按土壤含水量预报值判断对作物生长的影响程度。显然，旱情分析预报的实质是在预见期内降水量和蒸散发量预报值的基础上，分析研究土壤含水量是否满足作物正常生长的需要。因此，旱情分析预报还需依靠气象预报作分析与计算。以下着重介绍几种较常用的土壤含水量预报方法。

（一）单站土壤含水量预报

如果需要预报的地区面积不大，且有一个墒情观测站，则可利用该站墒情观测资料分析墒情变化规律，并编制其墒情预报方案，即可预报该地区的土壤含水量变化。

土壤水补给的主要来源是降水、人工灌溉水和地下水；土壤水消退的主要因素是土壤蒸发、作物散发、向深层的渗漏和侧向重力排水等。因此，土壤含水量预报应包括增墒和减墒两部分。

1. 土壤含水量增值预报

在不考虑人工灌溉及水分侧向扩散的情况下，按水量平衡原理，可写出包气带土壤含水量增值方程式

$$\Delta W = P - I_s - R - F - ET + V_g \qquad (5-32)$$

式中：ΔW 为降雨后土壤含水量的增值，mm；P 为降雨量，mm；I_s 为植物截留，mm；R 为径流深，mm；F 为通过土层底部的深层下渗量，mm；ET 为计算 ΔW 期间的蒸发量，mm；V_g 为地下水补给量，mm。

当降雨产生的植物截留和径流深很小，而且地下水位较低，难以达到作物生长层，毛管水补给土壤包气带的数量很小，或者当地下水位变动不大时，大气降水可视为土壤水分增加的惟一来源。ΔW 主要由降雨量或蒸发量决定，而蒸发又与前期土壤含水量有关，故可直接绘制降水量、雨前土壤含水量和土壤含水量增值的相关关系。图 5-5 是山东省南四湖湖西平原区以代表站为基础建立的降水量 P～雨前土壤含水量 W_0～雨后 0.6m 土层增墒 ΔW 之间的相关图。该图中的相关线上部与纵坐标近似平行，表明当降雨量增大到一定量后，土壤含水量达到饱和，雨后土壤含水量不再增加。图中关系线下与纵坐标的截距为无效降雨量，主要耗于植物截留。

2. 土壤含水量消退预报

当无降水和灌溉，且地下水位埋深较大时，土壤含水量因蒸发和作物需水及其散发等作用而呈消退变化，其消退规律类似于退水规律，可用下列指数方程表示：

$$W_t = W_0 e^{-kt} \qquad (5-33)$$

或

$$W_{t+1} = W_t e^{-k} = W_t K \qquad (5-34)$$

式中：W_0 为初始土壤含水量，mm；W_t 为 t 时的土壤含水量，mm；W_{t+1} 为 $t+1$ 时的土壤含水量，mm；K 为土壤含水量消退系数。

一般来说，K 值随土壤深度的加大而递增，土层越浅，K 值越小，消退越快。反之，土层越深，K 值越大，消退越慢。另外，K 值又与初始土壤含水量 W_0 有关，W_0 越大，K 值越小，消退越快。反之，W_0 越小，K 值越大，消退越慢。当 W_0 小至接近凋萎系数时，K 值趋于 1.0，消退也几乎停顿。

（二）土壤含水量区域预报

我国谚语有云"涝一线，旱一片"。因此，需要解决大面积的干旱预报问题，目前有如下几种方法。

1. 地区综合法

当某一地区内的气候、地貌、植被等特征彼此相近时，其各个单站的土壤含水量预报图表也大致接近，综合后即可进行区域性预报。

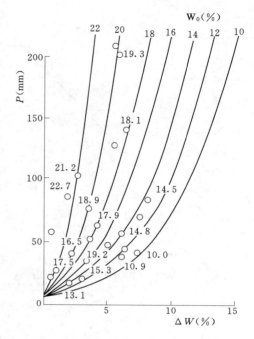

图 5-5　山东南四湖湖西平原区 $P \sim W_0$ $\sim \Delta W$ 相关图（0～0.6 土层平均值）

图 5-6 是鲁北徒骇河试验区雨后土壤含水量预报图。该图以综合变量 $W_0 + P - R$ 与雨后土壤含水量 W_t 建立相关关系。图 5-6 也可用幂函数形式的经验公式表示，即

$$W_t = A(W_0 + P - R)^n \qquad (5-35)$$

在图 5-6 双对数纸上的点群中心定直线，根据该线可求出 A、n 的值。

2. 消退系数综合法

无雨期间区域土壤含水量的消退，可用综合性的消退系数来推算。同单站的情况类似，区域土壤含水量的初始值 W_0 越小，K 值越大，消退越慢。反之，W_0 越大，K 值越小，消退越快。当然，K 值应有个大于 0 的下限和有个小于 1 的上限，一般 K 值的上限为 1，下限为 0.8。图 5-7 应用太原、吕梁、晋中等站资料，综合无雨期由旬初预报旬末区域土壤含水量消退情况的 K 值与初始土壤含水量的关系曲线，它属于非线性负相关。含水量消退的速率实质上随着土壤的干化而减缓。换句话说，消退系数 K 值将随着土壤的干化而增大，直至含水量无限趋于土壤的凋萎系数时，K 值也无限趋近于上限值。

3. 土壤含水量等值线法

在区域预报的实际工作中，为了及时指导防旱抗旱，也可粗略地将各墒情站实测或预报的土壤含水量绘成等值线图，如图 5-8 所示。

从图上可大致看出各地区的墒情分布情况，但需要指出，由于土壤含水量的变化受到土壤和水文地质条件局部性变化的影响，因此在应用等值线图时，要注意结合当时当地的具体条件加以认真分析。

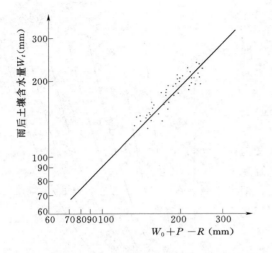

图 5-6 鲁北徒骇河试验区
$W_t \sim (W_0 + P - R)$ 关系图

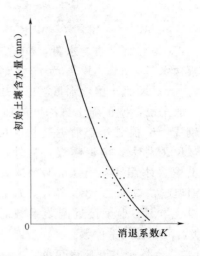

图 5-7 太原、吕梁、晋中等站 K 值
综合关系曲线（无雨期，相隔10d）

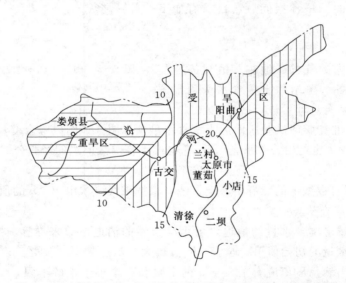

图 5-8 太原市 1983 年 7 月某日土壤含水量（%）等值线图

第六节 抗 旱 措 施

旱灾是我国主要的自然灾害之一，旱灾较其他灾害遍及的范围广，持续的时间长，对农业生产影响最大。严重的旱灾还影响工业生产、城乡生活和生态环境，给国民经济造成重大损失。

不论是解决农业缺水问题还是解决城市缺水问题，最根本的途径不外乎开源和节流两种。由于农业用水与城市用水在用水性质上存在较大差异，本节将分别讨论农业抗旱措施和城市抗旱措施。

一、农业抗旱措施

（一）开辟新水源措施

在水资源不足的地区，应千方百计开辟新的水源，以满足灌溉抗旱用水。在这方面有许多途径。

1. 修建蓄水工程

在河流上修建水坝，形成水库，可供给干旱期农业灌溉用水。据黄禾青等（1993）报导，埃及的阿斯旺高坝形成纳塞尔水库，扩大灌溉面积 80.9 万 hm^2；美国在密西西比河支流修建了许多水坝，在 1988 年和 1989 年极端干旱的情况下，保证了农业灌溉和航运，在抗旱中发挥了巨大作用；印度在安德拉邦建成的纳加琼纳萨格水坝，可灌溉农田 87.5 万 hm^2；塞内加尔在塞内加尔河河口上游 23km 处建成的迪阿马水坝，在枯水期可防止海水倒灌，并扩大灌溉面积 4 万 hm^2；中华人民共和国成立以来也修建了很多调蓄水库，这些水库虽然存在调蓄利用率低的状况，但在控制洪水、抗御干旱中仍发挥着重要作用。这些大中型水库有些因年久失修、工程老化、工程配套不够，供水能力衰退，急需维修配套以保证增加汛期与丰水年来水的调蓄量。

2. 跨流域调水工程

这是解决水资源地区分布不均的有力措施。通过修建调水工程将丰水河流的水引入干旱缺水地区，解决农业灌溉或城市供水困难。美国耗巨资建成跨流域调水工程十余次，效益明显。加利福尼亚州的北水南调和中央河谷调水工程，历时 44 年建成输水渠道 900km，将萨克拉门托河流的水调入圣华金河流域南部缺水地区，耗资 1000 多亿美元，增加灌溉面积 121.7 万 hm^2。巴基斯坦西水东调工程将印度河及其支流的水调到东部干旱缺水地区，引水渠道总长 626km，形成了世界上最大的灌溉系统，对巴基斯坦的农业发挥了巨大作用。20 世纪 60 年代以来我国已实施了 7 项跨流域调水工程，取得了显著的效益。长江是中国最大的河流，本流域用水量为 1000 亿 m^3，还有 9600 多亿 m^3 的水流入海洋，是中国主要跨流域调水工程——南水北调工程的水源，该工程全部完成后，将缓解中国北方一些地区、特别是华北地区的干旱缺水问题。

3. 人工增雨

自 20 世纪 40 年代末，人们开始重视人工方法改变云的微物理结构以增加降雨量的科学研究，进行了大量的试验和人工增雨实践，特别是近十几年来，有关科学技术取得了显著进步，进一步充实和改善了人工增雨的科学概念，改进了对人工增雨条件的认识，提高了人工增雨作业的针对性和科学性，技术装备条件也有明显改善，提高了人工增雨条件的实时监测能力，提高了作业功效。

我国现在已有 20 个省（区）开展了人工增雨作业，在抗旱和防御森林火灾方面起到了一定的作用。目前，我国人工增雨水平与国外先进国家相比仍有差距，还需要对各类人工增雨条件的判据和实时监测识别技术，对各类云在不同条件下的最佳催化部位、时机、剂量以及人工增雨效果的评估等方面进行深入研究，以减少人工增雨作业的盲目性。

4. 咸水资源的利用

在国内外淡水资源缺乏而微咸水和咸水资源丰富的地区，可应用含盐地下水和排水沟排出的咸水作为灌溉的补充水源。在美国，已大量利用排水沟排出的咸水。如在加利福尼亚州圣华金河流域对棉花在幼苗期使用微咸水灌溉，在其他生长阶段用电导度为 8ds/m 的地下咸水灌溉，棉花发育良好；用电导度为 7ds/m 的咸水灌溉小麦，产量也不受影响。根据美国在世界各地调查的结果，凡是电导度为 8ds/m 的咸水都可用于灌溉。在我国也有不少地区利用微咸水进行灌溉。例如，河北省滨海低平原地区就属于咸水灌溉小麦产区。宁夏回族自治区同心县、海原县用含盐量 4g/L 左右的水源灌溉大麦、小麦，产量普遍比旱地高。用咸水灌溉应注意相应的技术和作物种植方式，需要微咸水和咸水交替灌溉，作物处于非耐盐阶段应用微咸水，在耐盐生长阶段用咸水。微咸水、咸水灌溉时间和灌溉量随土壤含盐量、种植方式、气候条件而定。由于咸水仅有限地用于部分作物的特定生长阶段，再加上其他生长阶段微咸水的淋洗作用，一般不会引起土壤过度盐碱化。美国试用海水灌溉小麦已经获得成功。我国也在用过滤膜过滤海水灌溉小麦，在黄骅市初步试验结果表明有相当高的产量。

5. 污水利用

污水处理后是稳定的水肥资源，在国际上把污水处理既作为保护环境的重要手段，又作为包括农业灌溉在内的多种用水场合的补充水源。我国每年有近 400 亿 m^3 污水，利用率不到 20%，绝大部分排走，成为水污染的祸源。近年来对不同预处理污水农田灌溉及其效益进行了不少试验研究，明确了污水灌溉的污水水质、灌溉量和灌溉方法，对合理利用污水灌溉提供了科学依据和有效的技术方法。农业部环境保护科研监测所用原污水、清水、一级处理水、二级处理水和氧化塘处理水等进行了农田灌溉试验，结果表明，在上述各种污水处理中以一级处理的水灌溉效果较好。因为一级处理的水除掉了大量有机污染物，而养分却没有降低。

6. 雨水利用

据有关专家估计，全世界每年降到陆地上的水量足够满足 5～10 倍于目前全球人口的需要，但这些降水中有 2/3 迅速流失，剩下的 1/3 又分布不均，且往往不易得到利用。如果使这些降水少流失一些，通过有关措施截留蓄存起来用于抗旱、灌溉农田，这是最简单最便宜的开源途径。我国多年平均降水量为 6.19 万亿 m^3，形成河川径流 2.71 万亿 m^3，地下水资源 0.83 万亿 m^3，两者重复量为 0.73 万亿 m^3，降水形成水资源量仅占 40%，60% 未形成水资源。对降水的蓄积除通过上述的大型水库外，还可修建小型水库、池塘和人工蓄水池。在我国西北干旱区，如甘肃、宁夏、内蒙古，近年来修建了许多水泥蓄水窖，用微灌技术灌溉农田，在农业抗旱中发挥了重要作用。除了地面拦截蓄积雨水外，还可利用汛期雨水回补地下水。如北京市大兴县半壁店乡，在 20 世纪 60～70 年代农田灌溉依靠官厅水库供水，80 年代以来，水库已无水可供，该区成为纯井灌溉区。由于连年超采地下水，使地下水位埋深由 2.47m 降至 9.17m。为了解决农田用水的紧缺状况，实施了农业灌溉综合节水措施，其中措施之一就是采用沟、渠、坑塘及回灌拦蓄汛期径流回补地下水。1988 年汛期通过工程措施回补地下水 5.06 万 m^3，在蓄水沟渠附近，回灌地下水位较回灌前上升 0.75～1.45m。

（二）节水灌溉技术

节约用水和科学用水，可以提高水资源的利用率，使有限的水资源发挥最大的经济效益。农田供水从水源到形成作物产量要经过三个环节：一是由水源输入农田转化为土壤水分；二是作物吸收土壤内的水分，将土壤水转化为作物水；三是通过作物复杂的生理生化过程，使作物水参与经济产量的形成。在农田水的三次转化中，每一环节都有水的损失，都存在节水潜力。

1. 渠道防渗和管道输水技术

地表水通过蓄水工程、输水工程蓄存和远距离输送，能调节天然降水在时间上和空间上的分配不均，但从水源到农田输水过程中水的损失量较大，美国输水损失量为47%，前苏联为50%，日本为40%，巴基斯坦为40%。我国南方为40%，黄淮海地区为55%，全国平均为50%。

渠道防渗，是减少输水损失、控制地下水位，提高渠道水利用系数的工程措施。目前防渗衬砌的材料主要有灰土、砌石、水泥土、沥青混凝土、混凝土、复合土工膜料等，其中混凝土材料占有很大的比重。根据国内外的实测结果，一般渠灌区的干、支、斗、农渠采用粘土夯实能减少渗漏损失量45%左右，采用混凝土衬砌能减少渗漏损失量70%～75%，采用塑料薄膜衬砌能减少渗漏损失量80%左右；对大型灌区渠道防渗可使渠系水利用系数提高0.2～0.4，减少渠道渗漏损失50%～90%。因此，积极推进渠系防渗，是减少输水损失的重要技术措施。

低压管道输水灌溉（简称低压管灌）是以低压管道代替明渠输水灌溉的一种工程形式。采用低压管道输水，可以大大减少输水过程中的渗漏和蒸发损失，使输水效率达95%以上，比土渠、砌石渠道、混凝土板衬砌渠道分别多节水约30%、15%和7%。对于井灌区，由于减少了水的输送损失，使从井中抽取的水量大大减少，因而可减少能耗25%以上。另外，以管代渠，可以减少输水渠道占地，使土地利用率提高2%～3%，且具有管理方便、输水速度快、省工省时、便于机耕和养护等许多优点。因此，对于地下水资源严重超采的北方地区，井灌区应大力推行低压管道输水技术，特别是新建井灌区，要力争实现输水管道化。近几年南方有经济条件的渠灌区正在大力推广低压管灌。

2. 地面灌溉改进技术

地面灌溉是最古老的，也是目前世界上采用最普遍的农田灌溉技术措施。据统计，全世界采用地面灌水方法进行灌溉的面积占总灌溉面积的90%左右，我国现有灌溉面积的98%也是采用地面灌水方法。传统的地面灌水方法灌溉定额大、渗漏多，水的浪费严重。通过平整土地，长畦改短畦，宽畦改窄畦，大畦改小畦，膜上灌溉，涌流灌溉等措施，可取得明显的节水和增产效果。

膜上灌溉是我国在地膜覆盖栽培技术的基础上发展起来的一种新的地面灌溉方法。它是将地膜平铺于畦中或沟中，畦、沟全部被地膜所覆盖，从而实现利用地膜输水，并通过作物的放苗孔和专设灌水孔入渗给作物供水的灌溉方法。由于放苗孔和专设灌水孔只占田间灌溉面积的1%～5%，其他面积主要依靠旁侧渗水湿润，因而膜上灌实际上是一种局部灌溉。地膜栽培和膜上灌结合后具有节水、保肥、提高地温、抑制杂草生长和促进作物高产、优质、早熟及灌水质量高等特点。生产试验表明：膜上灌与常规沟灌相比，棉花节水40.8%，增产皮棉5.12%，霜前花增加15%；玉米节水58%，增产51.8%；瓜菜节水25%以上。目前，新疆采用膜上灌的农田已达23.33hm²，甘肃、河南等省也已开始推广。

涌流灌溉被认为是20世纪80年代地面灌水技术的一大突破。它把传统的沟、畦一次放水改为间歇放水，使水流呈波涌状推进，由于土壤孔隙会自行封闭，在土壤表层形成一薄封闭层，水流推进速度快。在用相同水量灌水时，间歇灌水流前进距离为连续灌的1～3倍，从而大大减少了深层渗漏，提高了灌水均匀度，田间水利用系数可达0.8～0.9。一些试验结果表明，间歇灌比连续沟灌节水38％，省时一半左右；比连续畦灌节水26％，省水1/3左右。

3. 喷灌和微灌技术

喷灌是将灌溉水加压，通过管道，由喷水咀将水喷洒到灌溉土地上，喷灌是目前大田作物较理想的灌溉方式，与地面输水灌溉相比，喷灌能节水50％～60％。但喷灌所用管道需要的压力高，设备投资较大、能耗较大、成本较高，适宜在高效经济作物或经济条件好、生产水平较高的地区应用。

微灌有微喷灌、滴灌、渗灌等微管灌，是将灌溉水加压、过滤，经各级管道和灌水器具灌水于作物根系附近，微灌属于局部灌溉，只湿润部分土壤。对部分密播作物适宜。微灌与地面灌溉相比，可节水80％～85％。微灌与施肥结合，利用施肥器将可溶性的肥料随水施入作物根区，及时补充作物所需要水分和养分，增产效果好，可应用于大棚栽培和高产高效经济作物上。

（三）节水抗旱栽培措施

1. 深耕深松

深耕深松，打破犁底层，加厚活土层，增加透水性，加大土壤蓄水量，减少地面径流，可以更多地储存和利用天然降水。玉米秋种前深耕29cm加上深松到35cm，其渗水速度比未深耕松地快10～12倍，大大降低地面径流，使绝大部分降水蓄于土壤。据测定，活土层每增加3cm，每公顷蓄水量可增加1000～1100m³。加厚活土层又可促进作物根系发育，提高土壤水分利用率。

2. 选用抗旱品种

花生等作物抗旱性强，在缺水旱作地区应适当扩大种植面积。同一作物的不同品种间抗旱性也有较大差异。

3. 增施有机肥

可降低生产单位产量用水量，在旱作地上施足有机肥可降低用水量50％～60％，在有机肥不足的地方要大力推行秸秆还田技术，提高土壤的抗旱能力。合理施用化肥，也是提高土壤水分利用率的有效措施。

4. 覆盖保墒

一是薄膜覆盖，在春播作物上应用可增温保墒，抗御春旱；二是秸秆覆盖，即将作物秸秆粉碎，均匀地铺盖在作物或果树行间，减少土壤水分蒸发，增加土壤蓄水量，起到保墒作用。

（四）化学调控抗旱措施

1. 保水剂

能在短时间内吸收其自身重量几百倍至上千倍的水分，将保水剂用作种子涂层，幼苗蘸根，或沟施、穴施、或用地面喷洒等方法直接施到土壤中，就如同给种子和作物根部修了一个小水库，能够吸收土壤和空气中的水分，又能将雨水保存在土壤中，当遇旱时，它保存的水分缓慢释放出来，以满足种子萌发和作物生长需要。

2. 抗旱剂

抗旱剂起抗蒸腾的作用，叶面喷洒，能有效控制气孔的开张度，减少叶面蒸腾，有效地抗御季节性干旱和干热风危害。喷洒 1 次可持效 10～15d。还可用作拌种、浸种、灌根和蘸根等，提高种子发芽率，使得出苗整齐，促进根系发达，缩短移栽作物的缓苗期，提高成活率。

二、城市抗旱措施

以上谈到的修建蓄水工程、跨流域调水工程、人工增雨、咸水利用、污水回用、雨水利用等措施同样适用于城市抗旱。除此之外，对沿海城市，海水也是一种很好的替代水源。海水可以直接作为工业生产中的冷却用水、除尘冲灰用水、洗涤用水或作为生活杂用水、市政消防用水等，也可以经过淡化处理以后再使用。下面简述我国城市节约用水状况、城市工业节水和生活节水的基本对策。

（一）城市节水成绩与问题

1. 节水成绩

（1）节水量　据不完全统计，自 1983 年全国第一次城镇节约用水会议至 1999 年的 17 年中，全国实际用水比用水计划累计节水 299.5 亿 m³，相当于目前全国城市一年用水量的 50％以上。特别是从 1990 年全国第二次城市节约用水会议至 1995 年间，累计节水 129.8 亿 m³，是前 7 年的 2 倍多，为满足全国城市经济发展和人民生活用水需求做出了巨大的贡献。

（2）工业万元产值取水量　全国工业万元产值取水量自 1983 年以来降幅很大，1983～1989 年的 7 年下降 41.18％，1990～1995 年又下降 23.85％，1995～1999 年又下降 54.04％，17 年累计下降率达 80.17％，经济效益和社会效益都有明显提高。

（3）工业用水重复利用率　此指标随节水技术的发展而不断提高，1983～1997 年的 15 年中工业用水重复利用率提高了 25％，工业节水技术水平踏上了新台阶。据不完全统计，火电企业仅 1991～1995 年的 5 年间通过重复利用节约的水量就有 1800 亿 m³ 以上。

（4）减少污水排放，保护城市水环境　城市节水既节约了大量水资源，又减少了污水排放。1983～1995 年全国累计少排污水 149 亿 m³，比同期污水处理总量多 29.8％。虽然污水量不断增加，但工业废水治理率也在不断提高，从 1997～2000 年的 3 年中就提高了 23.7％，说明污水治理工作在不断加强。

2. 存在问题

（1）节水意识淡薄。一方面对节水意义缺乏全面深刻的认识，另一方面由于城市生活用水装表率低，至今部分地区仍沿袭"包费制"；企业效益考核仅把用水量大小及对水资源的污染严重程度等因素考虑在内，致使企业缺乏节水动力，居民生活节水意识淡薄。

（2）缺乏有效的激励政策和管理制度。节水方面至今没有统一而完善的管理机制和机构；有关法律、制度尚不健全；缺少配套的技术方针、技术政策与管理办法，其科学论证也显不足；技术力量与基础工作薄弱；管理手段落后。

（3）节水技术推广速度缓慢，节水器具与设备推广不够。由于设计及经济等原因，节水技术推广受到限制，节水技术运行的一次性投资费用高使设施的投入运行受到限制；我国研制开发节水器具较晚，产品质量尚未过关，技术水平低，无论在数量上还是质量上都远不能满足节水形势的需要，与国外相比差距很大。

（4）水价偏低，价格体制不合理。不论是丰水区还是缺水区都存在水价偏低的问题，过低的水价使供水部门没有发展能力，使用水者缺乏节水动力。

（5）用水浪费依然严重。据不完全统计，全国城市使用的包括近 4000 万套便器水箱在内的大量用水器具，不仅耗水量大，而且近 25％ 是漏水的，每年漏失量达 4 亿 m³ 以上。供水环节的漏水也很严重。全国综合漏失率为 12％～13％。

（6）工业用水效率与国外先进水平相比仍有较大差距。工业万元产值取水量 156m³，是发达国家平均水平的 3～5 倍，是美国、日本的 8～16 倍；工业用水重复利用率为 63％，只相当于发达国家 20 世纪 70 年代的水平，与发达国家多数已在 90％ 以上的现状相比差距更大。

（7）对再生水、海水的利用正处于起步阶段，对雨水、微咸水和苦咸水的利用更少。

总之，我国城市节约用水的潜力还很大。工业用水浪费严重，许多工厂企业由于设备陈旧、工艺落后，水的重复利用率只有 65％ 左右，不少地区仍低于 60％，而发达国家则为 70％ 以上。我国合理用水水平还很低，城市工业万元产值取水量与发达国家相差较大。城市生活用水的跑、冒、漏、滴现象较普遍，不少水龙头和便器"长流水"现象严重。

（二）工业节水的基本对策

城市是工业的主要集中地。据 1997 年建设部统计资料，我国城市总用水量（不含火力发电用水）为 476.78 亿 m³/a，其中工业总用水量为 257.52 亿 m³/a，占 54％。由于工业用水量大、供水较集中，节水潜力相对较大，且易于采取节水措施。因此，工业用水一直是城市节水的重点。在分析我国城市节水现状的基础上，确定今后工业节水的基本对策。

（1）控制生产力布局，促进产业结构调整。加强建设项目水资源论证和取水管理，限制缺水地区高耗水项目上马，禁止引进高耗水、高污染工业项目，以水定产，以水定发展。积极发展节水型的产业和企业，通过技术改造等手段，加大企业节水工作力度，促进各类企业向节水型方向转变；新建企业必须采用节水技术。逐步建立行业万元国内生产总值用水量的参照体系，促进产业结构调整和节水技术的推广应用。

（2）拟定行业用水定额和节水标准，对企业的用水进行目标管理和考核，促进企业技术、工艺改革，设备更新，逐步淘汰耗水大、技术落后的工艺设备。

（3）推进清洁生产战略，加快污水资源化步伐，促进污水、废水处理回用。采用新型设备和新型材料，提高循环用水的浓缩指标，减少取水量。

（4）强化企业内部用水管理和建立完善的三级计量体系，加强用水定额管理，改进不合理用水因素。

（5）沿海地区工业发展海水利用。

（三）生活节水的基本对策

生活节水的基本对策主要包括：①实行计划用水和定额管理；②全面推行节水型用水器具，提高生活用水节水效率；③加快城市供水管网技术改造，降低输配水管网漏失率；④加大城镇生活污水处理和回用力度，在缺水地区积极推广中水利用技术；⑤强化科学管理。

第六章

风暴潮与灾害性海浪

第一节　风暴潮与灾害性海浪的危害

一、风暴潮的危害

风暴潮指由强烈的大气扰动，如热带风暴、温带气旋、气压骤变、寒潮过境等引起的海面异常升高或降低，使受其影响海区的潮位大大地超过平常潮位的现象，也常称为"风暴海啸"或"气象海啸"。在受到风暴潮影响的近海海区，当暴风从海洋吹向河口时，可使沿岸及河口区水位剧增；当风从陆地吹向海洋时，则使沿岸及河口区水位降低。这种现象称为风暴增水和减水。风暴潮的空间范围一般由几十至上千平方公里，时间尺度或周期约为1~100h。一次风暴潮过程可影响一两千公里的海岸区域，影响时间可多达数天之久。国际上通常以引起风暴潮的天气系统来命名风暴潮。例如，2005年登陆中国的第9号强台风被称为0509台风或"麦莎（Matsa）"台风，引起的风暴潮称为0509台风风暴潮或"麦莎"台风风暴潮（见图6-1）。

图6-1　2005年9号台风"麦莎"掀起巨浪

风暴潮是一种重大的海洋灾害。当暴风从大洋刮向海岸时，表层的海水是以风浪的形式推向海岸的。当不断涌向海岸的风浪受到海岸阻挡时，就会使沿岸海平面增高，尤其是使浅水域水位猛烈增长，一般可高达数米。当风暴潮与天文潮相叠后的水位超过沿岸"警戒线"时，常会招致海水外溢。风暴潮能否成灾，在很大程度上取决于其最大风暴潮位是否与天文潮高潮相叠，尤其是与天文大潮期的高潮相叠。当然，也决定于受灾地区的地理位置、海岸形状、岸上及海底地形，尤其是滨海地区的社会经济情况。如果最大风暴潮位恰与天文大潮的高潮相叠，则会导致发生特大潮灾。当然，如果风暴潮位非常高，虽然未遇天文大潮或高潮，也会造成严重潮灾。

　　风暴潮灾害位居海洋灾害之首，世界上绝大多数特大海岸灾害都是由风暴潮造成的。在孟加拉湾沿岸，1970 年 11 月 13 日的台风造成的风暴潮增水超过 6m，夺去了恒河三角洲一带 30 万人的生命，溺死牲畜 50 万头，使 100 多万人无家可归。1991 年 4 月的又一次特大风暴潮，在有了热带气旋及风暴潮警报的情况下，仍然夺去了 13 万人的生命。1959 年 9 月 26 日，日本伊势湾顶的名古屋一带，遭受了日本历史上最严重的风暴潮灾害，最大风暴增水 3.45m，最高潮位 5.81m，死亡 5180 人，受灾人口达 150 万，直接经济损失 852 亿日元。1969 年 8 月 17 日 "卡米耳（Camille）" 飓风袭击了美国墨西哥湾沿岸，飓风风暴潮引起了 7.5m 增水，是世界实测最高的风暴潮增水记录，给美国墨西哥湾沿岸造成了巨大损失，死亡 144 人，经济损失达 12.8 亿美元。2005 年 8 月 29 日，美国墨西哥湾地区遭受 "卡特里娜（Katrina）" 飓风暴潮肆虐，飓风抵岸时海浪高达 6m 以上，造成新奥尔良市堤防溃决，死亡 1209 人，经济损失高达 1250 亿美元。荷兰是一个低洼泽国。

　　我国大陆的东部濒临渤海、黄海和东海，南部又有广阔的南海海域，地跨 44 个纬度，有长达 18000km 的海岸线，沿岸常有台风、温带气旋或寒潮大风的袭击，是世界上风暴潮灾害最严重的国家之一。据统计，渤海湾至莱州湾沿岸，江苏省小羊口至浙江省北部海门港及浙江省温州、台州地区，福建省宁德地区至闽江口附近，广东省汕头地区至珠江口，雷州半岛东岸和海南岛东北部等岸段是风暴潮的多发区。据不完全统计，渤海湾沿岸于中华人民共和国成立前 400 多年时间内，发生过较大的潮灾约 30 余次。莱州湾沿岸也是多次发生风暴潮的地区之一，1644～1911 年的 268 年中，潮灾发生过 45 次，较大的10 次，特大的 3 次，最大增水在 3m 以上，超过警戒水位 1.5m，海潮侵入内陆数十公里。东南和华南沿海是中国受台风侵袭最多的地区，广东、广西、福建、台湾、浙江和上海是台风暴潮的多发区。就华南沿海而言，中华人民共和国成立前的 1000 年内，受台风灾害计 1000 多次，其中大部分是由台风引起的风暴潮灾害。

　　1922 年 8 月 2 日，强台风风暴潮袭击了汕头地区，台风中心风力超过了 12 级，风暴潮值为 3.65m，造成 7 万余人丧生，更多的人流离失所、无家可归，是 20 世纪我国遭受的损失最严重的风暴潮灾害。1949 年以后，我国对风暴潮灾害的防治措施得到加强，但仍然多次遭受风暴潮袭击而造成重大损失。1956 年第 12 号台风（Wanda）登陆浙江象山，由于此次风暴潮正好遭遇天文大潮，造成自 1949 年以来最严重的风暴潮灾，浙江全省 75 个县、市遭到严重损失，死亡 4629 人，伤 2 万余人，农田受损 40 多万 hm²，冲倒房屋 7 万多间，经济损失数亿元。1969 年第 3 号强台风（Viola）登陆广东惠来，狂风推着潮水，使几个人合抱的大榕树被连根拔起，潮阳县牛田洋垦区的 85km 长、3.5m 高的海堤被削去 2m，汕头市平均进水 1.5～2.0m，全市死亡 1554 人，倒塌房屋 82381 间。1969 年第 11 号台风（Elsie），造成我国台湾省和福建东部沿海发生较强风暴潮，福建沿海受淹农田 49.8 万 hm²，伤亡约 7770 人。1992 年第 16 号台风引发的特大风暴潮先后波及福建、浙江、上海、江苏、山东、天津、河北和辽宁等省、市的沿海地区，天津塘沽被海水浸泡了 65h，受灾人口达 2000 多万，死亡 193 人，直接经济损失 90 多亿元。1994 年第 17 号（Fred）登陆浙江瑞安，福建北部和浙江省沿海遭受风暴潮袭击，台风及其风暴潮的正面侵袭造成了海塘大量决口，飞云江北岸海水入侵达 7km，受淹区水深一般都在 1.5m 以上，最深达 3m，造成 1216 人死亡，损毁船只 1700 余艘，坍塌房屋 10 万余间，经济损失 124 亿元。1997 年第 11 号台风登陆浙江温岭，台风增水恰与天文高潮同步，造成浙江中北部沿海出现超历史的特高潮位，浙中、浙北沿海海塘几乎全线崩溃，受淹区最大水深 4m，时间长达 150h，1890 万人不同程度受灾，死亡 236 人，直接经济损失 198 亿元。2002 年第 16 号台风"森拉克（Sinlaku）"在浙江省温州市苍南县登陆，受其影响台湾省东北部及福建、浙江、上海沿海普遍出现了 1～2m 的风暴潮，浙江省和福建省受灾人口 1000 多万，在转移人口 50 多万前提下仍死亡 30 人，房屋倒塌 4.5 万间，船只沉损 1986 艘，直接经济损失 62.2 亿元。2003 年第 7 号台风"伊布都（Imbudo）"在广东省阳西至电白县一带沿海登陆，我国台湾省东南部及珠江口以西沿海普遍出现了 1～3m 的风暴潮。广东省和广西受灾人口 546.7 万，死亡 3 人，倒塌房屋 6820 间，直接经济损失 21.5 亿元。2004 年第 14 号台风"云娜（Rananim）"在浙江省温岭市石塘镇沿海登陆，浙江、福建、上海、江苏、江西、安徽、湖北、河南等省市共有 1818 万人受灾，死亡 168 人，失踪 24 人，农作物受灾面积 74 万 hm²，倒塌、损坏房屋 28 万间，直接经济损失 201 亿元。2005 年是 1949 年以来我国风暴潮灾害损失最严重的一年，在 7 月 18 日至 10 月 2 日的二个半月内，发生了"海棠（Haitang）"、"麦莎（Matsa）"、"泰利（Talim）"、"卡努（Khanun）"、"达维（Damrey）"、"龙王（Longwang）"、"天鹰（Washi）"、"珊瑚（Sanvu）"、"韦森特（Vicente）"等 9 次致灾风暴潮，风暴潮灾害主要集中在浙江省、海南省和福建省，造成直接经济损失 329.8 亿元，死亡 137 人。

我国风暴潮的主要特点是：①一年四季皆可发生。夏秋两季台风暴潮可遍及全国沿岸；冬春两季受寒潮大风及温带气旋活动的影响，也常在北部海区产生强大的风暴潮。②发生频次多。西太平洋沿岸是世界上发生风暴潮最频繁的地区，而我国风暴潮的发生次数和发生率最高。③增水强度大。由于我国近海具有广阔的大陆架，水浅滩涂广，为风暴潮增水强度的发展提供了有利条件。④规律复杂。我国沿海岸线曲折，地形复杂，潮汐类型多样；天气多变，气旋、台风、反气旋的移动路径、强度、速度、风力大小与方向等各不相同。特别是在潮差大的浅水区，天文潮与风暴潮具有较明显的非线性耦合效应，致使风暴潮的规律更为复杂。⑤风暴潮沿河口上溯，对三角洲及上游地区沿线堤防造成威胁和损害，如果与上游洪水和当地暴雨遭遇，会带来严重洪、涝、潮灾害。

二、灾害性海浪的危害

出现在海洋表面及其内部的各种波动现象称波浪。海洋中的波浪可按其成因、周期（或频率）、水深以及受力的情况等进行分类。其中，由风直接作用于海面而形成的波浪称风浪，特点是外形极不规则，波峰较尖，宽度和波长都比较短，周期较小，波峰附近有浪花或大片泡沫，传播方向与风向一致。因风停或风速风向突变区域内留存在下来的波浪和传出风区的波浪称涌浪，其外形圆滑规则，波面较平坦，波峰宽度及波长都比较长，波形接近摆线。风浪或涌浪传至岸边的浅水区便形成近岸浪，其传播主要受水深的影响。风浪、涌浪及近岸浪统称为海浪，其周期为 0.5~25s，波长为几十厘米至几百米，一般波高为几厘米至 20 多米，在罕见的情况下，波高可达 30m。

由强烈大气扰动，如热带气旋、温带气旋和强冷空气大风等引起的海浪，在海上常能掀翻船只，摧毁海岸工程，给海上的航行、施工、军事活动及渔业捕捞等活动带来危害，这种海浪称为灾害性海浪。在实际上，很难确切规定什么波高的海浪属于灾害性海浪。对于抗风抗浪能力较差的小型渔船、小型游艇等，波高 2~3m 的海浪就构成威胁。而这样的海浪对于千吨以上的海轮则不会有危险。按我国的实际情况，在近岸海域活动的多数船舶对于波高 3m 以上的海浪已有相当的危险。

灾害性海浪在近海不仅冲击摧毁沿海堤岸、海塘、码头和各类构筑物，还伴随风暴潮沉损海岸沿线船只、席卷人畜，致使各种水产养殖珍品受损、农作物受淹和大片土地盐碱化，海浪所导致的泥沙运动使海港和航道淤塞。灾害性海浪到了近海和岸边，对海岸的压力可达到 300~500kN/m²，巨浪冲击海岸能激起数 10m 高的水柱。例如，1933 年 2 月 7日，在北太平洋，美国海军的莱梅帕号油船观测到波高达 34m、周期 14.8s 和波速 102km/h 的大浪；1956 年 4 月 2 日前苏联调查船鄂毕号在印度洋的风暴区域于风速 35m/s 时，使用立体照相测量得到最大波高为 24.9m 的大浪；在大西洋也曾观测到 20.4m 的最大波高。1986 年 8 月 27 日在我国东海，使用海洋资料浮标测得 18.2m 的最大波高；1985 年 8 月 19 日，青岛小麦岛海洋站观测到 11m 的岸边最大波高。

20 世纪以来，我国近海和近岸曾发生许多由于灾害性海浪酿成的沉船事故，导致了大量人员伤亡和财产损失，台风型灾害性海浪是导致灾害的主要原因。据 1982~1990 年的统计，我国近海因台风海浪翻沉的各类船只 14345 艘，损坏 9468 艘，死亡、失踪 4734人，受伤近 4 万人。平均每年沉损各类船只 2600 多艘，死亡 520 多人。最严重的 1985 年翻沉船 4236 艘，死亡 1030 人；1986 年翻沉船 4102 艘，死亡 889 人；1990 年翻沉船 3300艘，死亡 876 人。

由于从我国陆地入海的温带气旋和寒潮大风的强度难于监视和预报，由它们引起的灾害性海浪，往往在海上造成更大更多的海难事故。1983 年 4 月 25 日，一次强气旋影响导致海上出现 11 级大风和最大波高 6.7m 的狂浪，仅山东、辽宁两省的统计，受损渔船就有 1046 艘，死亡渔民 23 人，还造成了大量水产养殖业的损失。在渤海中部作业的渤海海洋石油公司"107 号浮吊船"也因受风浪袭击而沉没。近年来，海上恶性海难事故时有发生，这种海难事故大多是船舶在巨浪区航行时发生的。例如，1989 年 10 月 31 日凌晨，渤海气旋大风突发，渤海海峡和黄海北部的风力达 8~10 级，海上掀起 6.5m 的狂浪。正由塘沽启航驶向上海的载重 4800t 的"金山"号轮船受疾风狂浪的袭击，沉没在山东省龙口市以北 48 海里处，船上 34 人全部遇难。台湾"茂林"号渔轮也沉没于石岛东南方，船上 8 名船员全部遇难。烟台渔业公司"611"和"612"两艘渔轮因操作失控，拱入扇贝养殖区，造成巨大经济损失。天津远洋运输公司的"保亭"号万吨轮受风浪影响在荣成市鸡鸣岛以西搁浅。这次过程直接经济损失 1 亿多元。1990 年 1 月 18 日起受冷空气影响，渤海、黄海和东海先后刮起 7~8 级大风，出现 4~5m 的巨浪。20 日在东海沉没一艘 15000t级的外轮；5 天后，又一艘大连经济开发区 5000t 级的"华竹"号货轮沉没。1990 年 11

月 11 日上午，8000t 级的"建昌"号中国货轮在南海海域遇到 8 级大风和 7m 狂浪的袭击而沉没，经多方救助，仍有 2 人遇难。

灾害性海浪也给蓬勃发展的海上油气勘探开发事业带来巨大损失。据统计，从 1955 年到 1982 年的 28 年中，因狂风恶浪在全球范围内翻沉的石油钻井平台有 36 座。1980 年 8 月的"阿兰（Allen）"飓风，摧毁了墨西哥湾的 4 座石油钻井平台。1989 年 11 月 3 日起于泰国南部暹罗湾的"盖伊"台风横行两天，狂风巨浪使 500 多人失踪，150 多艘船只沉没，美国的"海浪峰"号钻井平台翻沉，84 人被淹死。类似的石油钻井平台海难事故在我国海域也发生多起。1979 年 11 月我国"渤海 2 号"石油钻井平台在移动作业中，遇气旋大风海浪沉没于渤海中部。平台上 74 人全部落水，除 2 人获救外其余全部遇难。1983 年 10 月 26 日，美国阿克（ACT）石油公司租用的"爪哇海"号钻井船在南中国海作业时，因遭 8316 号台风（Lex）激起波高达 8.5m 的狂浪袭击而沉没，船上中、外人员 81 人遇难。1991 年 8 月 15 日，美国阿克石油公司租用的美国泰克多墨特公司的大型铺管船 DB29 船，在躲避 9111 号台风时，在珠江口外被海浪断为两截而沉没，船上人员全部落水。经各方出动飞机 12 架，救捞船只 14 艘，历经 32h，救起 189 人，其中 14 人已死亡，另有 6 人失踪。

第二节　风暴潮与灾害性海浪的成因

一、天气系统

1. 台风

热带气旋指发生在低纬度海洋上的强大而深厚的气旋性旋涡（见图 6-2）。1989 年世界气象组织规定，按照热带气旋中心附近风速的大小，将其分为四类：近中心最大风力 6～8 级为热带低压；8～9 级为热带风暴；10～11 级为强热带风暴；大于 12 级为台风。台风是引起沿海地区风暴潮和灾害性海浪的最主要天气系统之一。

我国东临西北太平洋，受西北太平洋台风影响十分显著。全球八大洋区台风，约 36% 集中在西北太平洋，而西北太平洋的台风，约有 35% 在我国登陆，在沿海产生特大风暴潮和灾害性海浪。据统计，每年 5～11 月，西北太平洋台风都有可能在我国登陆，平均每年 6～7 个，最多 11 个，最少 3 个。其中 7～9 月是台风登陆高峰，占全年登陆总数的 80%。台风暴雨也随台风活动季节的变化及移动路径而变。其特点为：5～6 月在南岭以南；7～8 月范围最广，南起海南岛，北至东北均可发生暴雨；9 月暴雨出现在淮河以南，10 月则退至长江以南。

每个热带气旋不但有名字而且还有序号，它采用了 4 位数字编号，前 2 位数字表示年份，后 2 位数字表示当年热带气旋的顺序号。每年，对在东经 180°以西，赤道以北太平洋（包括南海海域）洋面上生成的热带气旋统一编号。1998 年年底，亚洲太平洋地区台风委员会在菲律宾召开了第 31 届会议，通过了台风研究协调小组提出的命名方案，决定新的命名方法自 2000 年 1 月 1 日起执行。台风委员会命名表共有 140 个名字，分别由亚太地区的柬埔寨、中国、朝鲜、日本、菲律宾、韩国、泰国及美国等国家和地区提供，并按排列顺序循环使用。如某一台风破坏力巨大，世界气象组织将不再继续使用这个名字，使其

图 6-2　2003 年第 13 号台风"杜鹃（Dujuan）"

成为该次台风的专属名称。例如，2004 年 8 月上旬生成的第 14 号台风"云娜（Ra-nanim）"、2005 年 7 月中旬生成第 5 号台风"海棠（Haitang）"，由于这两次台风造成巨大损失，已经作为两次台风的各自的专有名称，停止参与编号。其中，"海棠"就是我国提供的名字。

2. 温带气旋

一般中高纬度的气旋是有锋面的，叫锋面气旋。在中国沿海地区，某些锋面气旋和局部性低压槽移动也可造成大风。例如，东北低压和黄河气旋入海，常会造成渤、黄海大风；江淮气旋入海，使渤、黄、东海出现大风；东海气旋加深时，往往有大风影响东海海面；西南低压槽发展时，南海西北部可产生较强的西南大风。因此，温带气旋是造成我国近海风暴潮的另一种重要天气系统。

就温带气旋影响的范围来看，基本上局限于 20°N 以北的海域和陆地，20°N 以南一般不会出现或受其影响很小。我国沿海地区全年都有低压活动，并以锋面气旋为主，如东北低压，黄河气旋、江淮气旋、东海气旋等。

东北低压活动于东北地区，一年四季都可能出现，以春、秋季最多，尤以 4、5 月最为频繁。东北低压生成于当地的不多，多数是从蒙古气旋或黄河气旋发展而来的，其天气特征主要是大风，南部暖区可影响到整个黄海和渤海，造成渤、黄海出现西南大风。渤海北部受其影响的机会最多，风力一般 6～7 级，瞬间 8 级以上，持续时间 1～2d。

黄河气旋生成于黄河流域，一年四季均可出现。冬半年产生在河套北部较多，夏半年（5～9 月）产生在黄河下游较为频繁。前者大部分向东北或偏东方向移动，一般无多大发展。后者的移动路径有二：一是向东入黄海，经朝鲜半岛北部入日本海，这条路径的气旋一般不大发展；二是入渤海后，向东北方向进入东北地区，气旋往往得到发展，常在渤海、辽东半岛及黄海北部出现暴雨和大风，风力一般5～7级，最大8级，持续时间1～2d。

江淮气旋主要生成于长江中下游和淮河流域，春，夏季较多，尤以6月最为活跃。它是造成江淮地区暴雨的重要天气之一。江淮气旋分南北两支入海，入海后又获得加强和发展，不仅产生暴雨，而且可产生大风。北支在苏北沿岸入海，造成黄海中部、南部6～8级偏东大风；南支在长江口附近入海，可使东海北部产生6～8级偏北或偏南大风。

东海气旋生成于东海海面及西部沿岸地区，春、冬季较多，生成后向东北方向移动，并逐渐加深发展，使东海出现6级以上偏北大风。

3. 寒潮

寒潮是指北方的寒冷空气大规模地向南侵袭的过程。按我国气象部门规定，24h内气温下降10℃以上，最低气温在5℃以下的冷空气爆发过程叫寒潮。又补充规定，长江中下游及其以北地区，48h内气温下降10℃以上，长江中下游最低气温为4℃或以下，陆上相当于3个行政区出现5～7级大风，海上有3个海区出现6～8级大风的情形也属寒潮过程。侵入我国的寒潮，其突出的天气表现是大风和剧烈降温，常伴有雨雪、霜冻或冰冻等天气现象。未达到寒潮标准的，一般称为冷空气活动或冷空气南下。影响我国近海的寒潮主要有西路、中路和东路三条路径。

西路：强冷空气自源地出发，从我国新疆侵入，沿河西走廊、青藏高原东侧南下，有时横扫华北平原自东出海；有时向东南抵达长江流域；有时还可南侵达北部湾，雷州半岛一带。后者在北部湾出现6～8级偏北大风，随后琼州海峡也出现6级偏东大风，甚至珠江口附近海面也有大风出现。每年入秋后爆发第一次较强的寒潮，大多沿西路南下，我国沿海都有可能受其影响。

中路：发源于极地、西伯利亚等地的强冷空气，经蒙古国侵入我国，主要出现在冬季。自北向南经河套、华北平原直冲长江流域；有时可越过南岭侵入南海北部，使南海北部出现6级以上的大风。由此路而来的较弱寒潮，有时到了淮河流域后转而向东出海，造成黄海、东海6～8级的偏北大风。

东路：发源于西伯利亚东北部和鄂霍次克海的强冷空气，有时从我国东北地区入侵；有时经日本海、朝鲜半岛、黄海南下，影响我国东南沿海；有时也从东海穿过台湾海峡侵入南海，使渤、黄、东海甚至南海北部出现大风和降温天气。就冷空气本身的强度而言，一般比西路和中路的寒潮弱、次数少，但因它经过的是光滑海面，风力较大。此路径的寒潮多发生在晚冬和早春。

寒潮主要出现在11月至翌年3月。一般说来，冬季的较强冷空气常可影响到华南沿海及南海北部，而晚秋或早春的冷空气影响往往比较偏北。随着寒潮中心的移动，各种灾害性天气相继发生，一般伴有6～8级的偏北大风，最大可达12级或以上。由于寒潮或冷空气不具有低压中心，因而可称这类风暴潮为风潮。

二、海洋系统

1. 海洋潮汐

潮汐是海水在天体（主要为月球和太阳）引潮力作用下产生的周期性涨落运动。太阳虽然质量较大，但因为距离地球较远，对海水的引力作用相对较小，约为月亮的46%。因此，海水主要受月球引力作用。但太阳的引潮力，可以加强或者削弱月球对地球的引潮力作用。当太阴、太阳时角差为0°或180°时，太阳、地球和月球处以同一个方向，即在农历的每月初一和十五前后，太阳的引潮力将起到推波助澜的作用，使高潮更高，形成朔望大潮。而当太阴、太阳时角差为90°或270°时，即太阳、地球和月球成直角时，月球的引潮力将受到削弱，形成两弦小潮。

相对于地球，太阳、月亮的位置和距离在不断变化，它们的运动有诸多周期，因而潮汐涨落过程是因时因地而异，综合起来有4种类型。在一个太阴日（24h50min）内，最常见的是两次高潮和两次低潮，两次相邻的潮差基本相等，两次高潮（或低潮）之间的时间间隔相近，称正规半日潮；一个太阴日内只出现一次高潮和一次低潮，称正规全日潮；以半日潮为主，并夹有全日潮者叫不规则半日潮；以全日潮为主，间有半日潮出现，称不规则全日潮。

我国近海的潮振动主要来自太平洋潮波。潮波在传播过程中受地球偏转力、水深、地形等影响，使中国近海的潮汐现象复杂化。我国近海潮汐类型的地理分布大致为，在台湾省以北，渤、黄、东海以正规半日潮及不规则半日潮为主；台湾省以南，整个南海以不规则全日潮占优势；台湾省以东海域为不规则半日潮。

风暴潮与天文大潮遭遇时，两者叠加造成特大潮位，最易造成较大的风暴潮灾害。在1949~1997年的150次风暴潮灾中，有82次发生在天文大潮期，占总数的55%。尤其是造成特大灾害的，基本都是风暴潮与天文大潮遭遇所致。

2. 河口潮汐

海洋潮波传至河口引起河口水位的升降运动，叫河口潮汐。河口潮汐除具有海洋潮汐的一般特性外，因受河口形态、河床变化、河道上游下泄流量等影响，造成潮历时、高低潮间隙及潮差等与海洋潮汐不同。我国是一个河流众多的国家，在河流下游的河口地段不同程度地受到海洋潮波的影响。在平原地区，河流的潮区界通常较远，这是因为河床坡度较平缓，潮波上溯时阻力较小。例如长江，枯水季节潮区界可达距河口以上624km的大通，洪水季节也可抵距河口540km的芜湖。珠江在枯水季节潮波可上溯到距河口279km的德庆，洪水季节也可达距河口79km天河。相反，山区河流的潮区界较短。如闽江在枯水季节潮波上溯到距河口65km的侯官；鸭绿江潮区界一般只达距河口约30km的九连。

河口潮的特点一是涨潮时间短，落潮时间长；愈向上游涨潮时愈短，落潮时愈长，如表6-1所示。特点二是高、低潮间隙自河口向上游递增。特点三是潮差沿河程而变化，平直的河道潮差沿河程递减。特点四是潮流为往复流，因受河岸的约束，一般不存在旋转流。与潮位相似，涨潮流流速随河程增加而减小，直至潮流流速与径流流速相等、潮水不再倒灌为止。

当河口天文高潮和风暴潮叠加，又遭遇上游洪水下泄及河口地区暴雨时，俗话称为洪、涝、潮三碰头，会造成河口及受潮流影响的沿江河地区特大水灾害。

3. 海平面上升

根据《2003年中国海平面公报》数据显示，近50年来，我国沿海海平面平均上升速

表 6-1　　　　　　　　　　　　长江下游的潮汐特征

站名	横沙	堡镇	天生港	江阴	镇江	南京	芜湖
涨潮历时	5h11min	4h37min	4h12min	3h42min	3h24min	3h49min	3h28min
落潮历时	7h14min	7h48min	8h14min	8h51min	9h14min	8h36min	8h47min
平均潮差（m）	2.60	2.40	2.26	1.91	1.64	0.55	0.28
高潮间隙	0h26min	0h12min	3h41min	4h33min	3h02min	10h16min	12h51min
低潮间隙	6h38min	8h00min	11h55min	13h25min	17h04min	18h53min	21h37min

率为 2.5mm/年，略高于全球海平面上升速率。2003 年，我国沿海海平面比常年平均海平面高 60mm。各海区中，黄海海平面比常年平均海平面高 73mm；东海、南海和渤海分别高 66mm、63mm 和 27mm。重点海域中，长江三角洲和珠江三角洲沿海海平面分别比常年平均海平面高 83mm 和 66mm。海平面上升加剧了风暴潮灾害，引发了海水入侵、土壤盐渍化、海岸侵蚀等问题。

三、地理因素

1. 沿海平原和三角洲

在国际上，一般认为海拔 5m 以下的海岸区域为易受气候变化、海平面上升和风暴潮灾害的危险区域。我国沿海有这类低洼地区 14.39 万 km²，如图 6-3 所示，包括辽河平原、淮北平原、淮南平原、长江三角洲、黄河三角洲、福建沿海三角洲、珠江三角洲等，常住人口 7000 多万，约为全世界处于危险区域人口总数的 27%。其中，9.28 万 km² 的地区高程还不足 4m，属极端脆弱区，生活着约 6500 万人口。易灾区包括江苏南部到浙江北部沿海地区，福建省闽江口附近沿海地区，广东省汕头至珠江三角洲地区，广东雷州半岛东海岸以及海南省海口至清澜港一带沿海，广西北部湾沿岸的低洼地区。

我国沿海的河口和三角洲区域，在地势低平的海湾凹入部分及平原河口地区，海水易于堆积而难于扩散，对台风、风暴潮极其敏感和脆弱。尤其是其中长江口、钱塘江口和珠江三角洲，往往是洪水与风暴潮叠加而加重潮灾，易造成灾难性的后果，是风暴潮的重灾区。

2. 海岸带地质环境

对整个渤海海岸带的调查发现，可大致分为基岩海岸带和泥砂质海岸带。基岩海岸是坚硬的石质，能够抵挡住风暴潮；泥砂质海岸则比较松软，风暴潮及灾害性海浪袭来时就会致灾。在渤海沿岸，共有 1000 余公里岸线为泥砂质海岸带，其中已修筑防护大堤约 250km，还有 700~800km 海岸带仍处于没有任何防护设施的情况下。历次风暴潮及灾害性海浪中受灾严重的地区，均为尚未修筑防护大堤的泥砂质海岸带。除了渤海湾和黄河三角洲，我国东部沿海经济带一半以上的地区属于泥质海岸带，重要的"珠三角"、"长三角"经济区带也处于泥质岸段范围，海岸带地质环境直接决定风暴潮及灾害性海浪造成的损失后果。

四、人类活动

1. 防潮工程

自古以来，人们都用修造海堤的办法来抵御海潮的侵袭，而今它仍为防潮减灾的有效措施。目前我国东部沿海有 11 个省市，大陆海岸线 18000km；大小岛屿 6500 个，其海岸

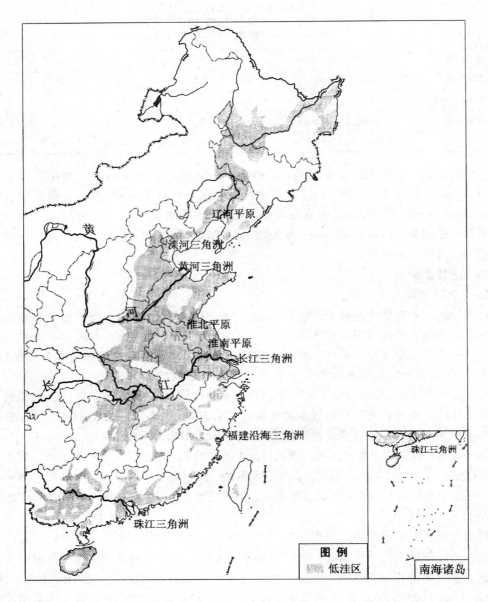

图 6-3　我国沿海低洼区域分布

线长 14000km。一般海堤防御标准为 20 年一遇，重要海堤 50 年一遇，重要城市 100 年一遇。现有海堤可保护 25 个省的 48 城市和 342 个县，保护面积为 29.1 万 km², 人口 1.78 亿（1998 年底）。由于多数海堤没有达标，造成那些低标准海堤在大潮灾面前显得无能为力，这也是目前在风暴潮预报、预警比较成功的情况下，一些沿海地区仍然遭受巨大经济损失的根本原因。

2. 地面沉降

上海及天津市区地面沉降灾害始于 20 世纪 20 年代，到 20 世纪 60 年代两市地面沉降灾害已十分严重。20 世纪 70 年代，长江三角洲主要城市及天津市平原区、河北平原东部相继产生地面沉降。20 世纪 80 年代以来，这些地区的中小城市、农村地下水开发利用量大幅度增加，地面沉降范围也因此从城市向农村扩展，并在区域上连片发展，地面沉降范围扩大。

长江三角洲是我国地面沉降最为严重的地区。其中，上海地区是我国发生地面沉降现象最早、影响最大、危害最深的城市。地面标高降低直接导致黄浦江高潮对市区造成灾害次数和强度增加。1962 年上海市高潮位比 1931 年历史最高潮位低 0.18m，但市区防汛墙溃决 46 处，市区最大淹水深 2m，直接经济损失达 5 亿人民币。据统计，由于地面沉降，市区防汛墙大规模加高的情形有 3 次。但在 1999 年上海市出现的洪、涝、潮三碰头情况下，由于高潮造成市区排水困难，仍然造成较大的灾害，全市累计受淹农田 8.4 万 hm^2（成灾 3.4 万 hm^2），受淹人口 16 万多，倒塌房屋 690 间，经济损失 87 亿元。

华北平原也是我国地面沉降灾害严重的地区，天津市地面最大沉降量已经超过 3m，沉降中心向海岸线迁移，沿海一带已出现负海拔标高地区近 20km²。由于地面沉降，天津市沿海一带已出现数处低于海面的凹地，伴生的风暴潮灾害加剧。在 1985 年、1992 年、1997 年、2003 年发生了 4 次风暴潮，天津防潮堤有十几处被冲垮，造成了重大损失。

3. 经济发展

近年来，我国海洋经济得到快速发展，从 1980 年海洋经济总值不足 20 亿元，上升到 2001 年的 7233 亿元，年平均递增率为 26%，远高于我国国民生产总值的增长率，也高于世界经济的发展。我国海洋经济总值在 GDP 中的比重逐年提高，从 1990 年的 2.4% 上升到 2001 年的 7.0%。海洋经济已经成为中国经济新的增长点，2003 年首次突破 10000 亿元大关，达到 10078 亿元，其增加值相当于国内生产总值的 3.8%，伴随中国内地沿海社会经济的快速发展，海洋经济将在更高的水平上持续增长。

我国改革开放和经济建设的发展，已陆续在沿海建立了四个经济特区。另外，上海、广州、大连、天津等一批港口城市及江河三角洲等沿海开发地区，经济发展很快，固定资产迅速增加。

随着我国沿海地区和海洋经济的迅速发展，沿海基础设施的增加，造成承灾体日趋庞大，使列入潮灾的次数增多。虽然，在近几十年中，由于防御海洋灾害能力的加强，死于潮灾的人数已明显减少，但每次风暴潮造成的经济损失却在加重。统计表明，我国沿海地区风暴潮灾害的经济损失已由 20 世纪 50 年代的平均每年 1 亿元，增至 80 年代后期的平均每年 20 亿元、90 年代平均每年 100 亿元，2005 年更高达 329.8 亿元，风暴潮正成为沿海对外开放和经济社会发展的一大制约因素。

4. 过度开发

人类活动经常成为海岸侵蚀灾害的主要因素。沿岸采砂、不合理的海岸工程建设、过度开采地下水、采伐海岸红树林等，是人类活动直接导致的海岸侵蚀的常见原因。受经济利益的驱使，一些沿海地带的开发利用具有相当程度的盲目性，水产养殖业过度开发、填海造地、围垦滩涂、抬滩造地等海岸开发活动无序开展。在不少的旅游海岸，别墅和娱乐设施往往直接建在沙滩上。这种高密度大范围的经济开发行为，造成沿海防潮减灾的脆弱性，增加了风暴潮和海浪灾害损失的程度。

第三节　风暴潮和灾害性海浪的时空分布

一、风暴潮时空分布

1. 主要发生区域

从气象学上来划分，全球共有 8 个热带气旋多发区：西北太平洋、东北太平洋、北大西洋、孟加拉湾、阿拉伯海、南太平洋、西南印度洋和东南印度洋。太平洋是全球最适于台风生成的地区，该地区生成的台风占全球总数的 63%，其次是印度洋占 26%，西北大西洋占 11%。频繁遭受台风风暴潮侵袭的国家都分布在以上三大洋沿岸，主要有中国、孟加拉、印度、菲律宾、越南、日本、朝鲜、美国、澳大利亚等国。登陆台风造成的风暴潮灾害，虽因当地所处的地理位置、海底地势等因素有所不同，但风暴潮发生的频率与台风出现的频率基本一致。受温带风暴潮影响严重的地区，大都在北纬 20°以北的海域，而在北纬 20°以南一般不会出现，即使出现了，它的影响也很小。

我国是世界上遭受风暴潮灾害最严重的三个国家之一，常常遭遇风暴潮的正面袭击。我国除新疆、西藏、青海、甘肃、宁夏、四川外，其余省自治区均可受热带风暴袭击。南起北部湾，北至渤海辽东湾，沿海是台风特大暴雨带，强度从沿海向内陆迅速递减。广东、广西、海南、台湾、福建、浙江是台风登陆最多的省自治区，也是台风暴潮最高和发生次数最多的地区。遭受台风风暴潮灾最严重的地区多集中在大江、大河的入海口、海湾沿岸和一些沿海低洼地区，包括江苏省南部到浙江省北部沿海地区，其中长江三角洲以及杭州湾地区是重灾区；福建省闽江口附近沿海地区；广东省汕头至珠江三角洲地区，其中的汕头沿海是历史上的重灾区；广东雷州半岛东海岸以及海南省海口至清澜港一带沿海；广西北部湾沿岸的低洼地区。

除我国外，国际上另外两个风暴潮灾严重的国家是孟加拉国和美国。孟加拉国邻近印度洋，位于孟加拉湾的海岸呈喇叭口状，面向印度洋，极易受风暴潮的侵袭。美国地处中纬，其东海岸以及墨西哥湾沿岸，濒临大西洋，在夏秋季节多发生飓风暴潮，约每隔四五年发生一次，每次损失均高达数亿美元。

温带风暴潮发生在中高纬度地带的沿海国家。在亚洲，我国是最易遭受温带风暴潮灾害的国家。我国渤海、黄海北部沿海地区渤海湾、莱州湾周围地区，经常遭受东北大风袭击，产生的温带风暴潮，使得大片土地受淹，居民生命及财产受到严重损失。中华人民共和国成立后全国较为严重的温带风暴潮灾多发生在渤海沿岸。1964 年 4 月 5 日，渤海西南部沿岸发生潮灾，山东省寿光县羊角沟水文站实测最高潮位 6.26m，超过当地警戒水位 1.26m。1969 年 4 月 23 日渤海西南部沿岸发生潮灾，山东省羊角沟水文站实测最高潮位 6.74m，是中华人民共和国成立以来该站的最高潮位记录，超过当地警戒水位 1.74m。1980 年 4 月 5 日莱州湾沿岸发生潮灾，山东省羊角沟水文站实测最高潮位 6.01m，超过当地警戒水位 1.01m。莱州湾沿岸被海水淹没数百平方公里。1987 年 11 月 26 日莱州湾沿岸发生潮灾，山东省寿光县羊角沟水文站实测最高潮位 5.83m，山东省东营市、寿光县及昌邑县沿海地区遭灾。2003 年 10 月 11～12 日渤海湾、莱州湾沿岸发生了近 10 年来最强的一次温带风暴潮。天津塘沽潮位站最大增水 1.60m，最高潮位 5.33m，超过当地警戒水位 0.43m；山东羊角沟潮位站最大增水 3.0m，其最高潮位 6.24m，超过当地警戒水位

0.74m。此次风暴潮造成天津市、河北省、山东省直接经济损失约 13.1 亿元。

朝鲜、日本也很容易遭受温带风暴潮灾害。在欧洲，最易遭受温带风暴潮灾害的是地处北海和波罗的海沿岸的一些国家，如英国、比利时、荷兰、德国、丹麦、挪威、波兰、俄国等。特别是荷兰，温带风暴潮引起的灾害极其惨重，1953 年 2 月的温带风暴潮，水面高出平均水位 3m 多，使得荷兰 30 万 hm² 的土地被淹，洪水冲毁了防护堤坝，死亡 800 多人。这次温带风暴潮也给英国带来了极大损失，致使英国 300 多人死亡。在美洲，易遭受温带风暴潮灾害的国家主要是美国和加拿大。

2. 主要发生时间

台风引起的风暴潮从晚春 5 月到深秋 11 月份都有可能发生，多见于夏秋季节，即 7、8、9 三个月份。其特点是来势猛、速度快、强度大、破坏力强。台风在其所路经的沿岸带都可能引起风暴潮，经常出现这种风暴潮灾的地域非常之广，包括北太平洋西部、我国的南海、东海、北大西洋西部、墨西哥湾、孟加拉湾、阿拉伯海、南印度洋西部、南太平洋西部诸沿岸和岛屿等。我国东南沿海也频受台风风暴潮的侵袭，台风风暴潮每年主要发生在 6～10 月，以 7、8、9 三个月最为集中，其多年平均发生次数的年内分布见图 6-4。

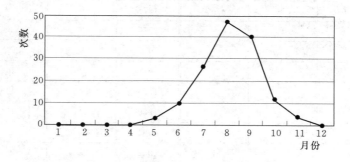

图 6-4　台风风暴潮发生次数的年内分布

据统计，影响我国近海的温带气旋每年平均约 50 个，最多的年份可超过 100 个，如 1989 年就有 115 个。虽然温带气旋浪全年都能发生，但温带气旋造成的风暴潮多发生在春秋季节，夏季也时有发生，其特点是增水过程比较平缓，增水高度低于台风风暴潮。温带风暴潮的成灾地区集中在渤海和黄海沿岸，其南界到长江口，但莱州湾沿岸和渤海湾沿岸地区最易受灾。

3. 台风风暴潮传播过程

由台风所引起的风暴潮在传到沿海大陆架或港湾的过程中，大致可分为三个阶段。第一阶段在台风或飓风还远在大洋或外海的时候，即风暴潮尚未到来以前，在验潮曲线中可以觉察到潮位受到影响，表现为海面的微微上升或缓缓下降。这种在风暴潮来临前的趋岸波，谓之"先兆波"。第二阶段是风暴已逼近或过境时，该地区将产生急剧的水位升高，潮高能上升数米，谓之主振阶段，是风暴潮致灾的主要阶段，持续时间一般为数小时至 1d。第三阶段是在风暴过境以后，即主振阶段之后，往往仍然存在一系列的振动，称为余振阶段，持续时间可达 2～3d。余振阶段的最危险的情形在于它的高峰若恰巧与天文高潮相遇时，实际潮位仍可能超出该地的警戒水位，从而再次泛滥成灾。

4. 我国风暴潮历史记载

据统计，自汉代至公元 1946 年的 2000 年间，我国沿海共发生特大潮灾 576 次，一次潮灾的死亡人数少则成百上千，多则上万至数十万之多。中华人民共和国成立后，全国多次遭到风暴潮的袭击，造成了巨大的经济损失和人员伤亡。在 1949～1993 年的 45 年中，共发生最大增水超过 1m 的台风风暴潮 263 次，其中风暴潮位超过 2m 的 48 次，超过 3m 的 10 次（表 6-2）。共造成了特大潮灾 14 次，严重潮灾 33 次，较大潮灾 17 次和轻度潮灾 36 次。另外，我国渤海和黄海沿岸 1950～1993 年共发生最大增水超过 1m 的温带风暴潮 547 次，其中风暴潮位超过 2m 的 57 次，超过 3m 的 3 次。造成严重潮灾 4 次，较大潮灾 6 次和轻度潮灾 61 次。

表 6-2　　　　　　　我国历年台风风暴潮位统计（1951～1993 年）　　　　　　单位：次

年份	风暴潮潮位			年份	风暴潮潮位		
	≥1m	≥2m	≥3m		≥1m	≥2m	≥3m
1951	3			1973	10	2	
1952	6			1974	9	3	
1953	6			1975	6		
1954	6	1		1976	5		
1955	2			1977	9	1	
1956	6	2	1	1978	8	1	
1957	6			1979	7	1	
1958	3			1980	9	1	1
1959	7			1981	11	1	
1960	6	3	1	1982	3	2	
1961	6	1		1983	7	1	
1962	9	4	1	1984	5		
1963	5	3	1	1985	9		
1964	8	3	1	1986	7	1	1
1965	4	2		1987	5	1	
1966	4	1		1988	7		
1967	7			1989	11		
1968	5	1		1990	4		
1969	5	2	1	1991	3	1	1
1970	3			1992	3	1	1
1971	9	2		1993	4	1	
1972	5	3		合计	263	48	10

二、灾害性海浪时空分布

1. 灾害性海浪的时空分布

根据 1966～1993 年的资料统计，我国近海和邻近外海波高不小于 6m 的灾害性海浪

（即狂浪以上）的海域分布见表 6-3。其中波高不小于 9m 的狂涛过程 162 次，平均每年 5.8 次，70％都是台风引起的。

表 6-3　　1966～1993 年我国邻近各海区狂浪（波高≥6m）分布区出现次数统计表　　单位：次

海区	台风浪	寒潮浪	温带气旋浪	总次数	年均次数
渤海	2	10	12	24	0.9
黄海	23	86	55	154	5.5
东海	115	104	47	266	9.5
台湾海峡	77	85	11	173	6.2
台湾以东及巴士海峡	193	105	—	298	10.6
南海	218	176	—	394	14.1
合计	628	566	125	1309	46.8

渤海是个面积不大的浅水内海，因风区小，波高不小于 6m 灾害性海浪区出现的频率也小，平均每年仅 0.9 次，主要是温带气旋和寒潮大风造成。在渤海海峡，因水较深，且当吹偏东风或偏西风时，有足够长的风区，加上狭管效应，风浪易于成长，曾出现过 13.6m 的最大波高。

黄海范围远大于渤海，年平均出现波高不小于 6m 灾害性海浪区为 5.5 次。台风、寒潮、温带气旋均对该海区灾害性海浪的形成产生影响。在山东省成山头外海的黄海中部，受沿岸流和黑潮支流影响，出现狂浪时容易发生海难。

东海灾害性海浪的次数较多，年平均出现波高不小于 6m 灾害性海浪区为 9.5 次。台风、寒潮对该海区灾害性海浪区的形成影响比较明显，温带气旋影响相对较小。

台湾海峡面积很小，但灾害性海浪频繁发生，年平均出现波高不小于 6m 灾害性海浪区 6.2 次。冬季北至东北风时，因狭管效应，极易出现 4m 以上的巨浪。

台湾省以东洋面及巴士海峡，由于与太平洋相通，水深浪大，其灾害性海浪区的频率也较大，年平均出现 10.6 次。该海区是台风浪最严重的海区之一，而温带气旋浪影响不大。

南海面积广阔，具有大洋海浪的特征，是我国近海灾害性海浪出现频率最大的海区，年平均为 14.1 次。该海区也是受台风浪最严重的海区之一，温带气旋浪对该海区基本无甚影响。

2. 灾害性海浪的年际变化

1966～1993 年我国近海及其邻近海域 $H \geqslant 6m$ 海浪各年发生次数见表 6-4。我国近海及其邻近海域灾害性海浪发生次数具有明显的年际变化，每年发生次数在 10～38 之间，年平均为 26.3 次，并有 2～3 年的连续高、低频次年组现象。如 1980～1981 年、1989～1990 年的灾害性海浪高频发生年组，1991～1993 年的灾害性海浪低频发生年组。灾害性海浪年际变化与产生灾害性海浪的大气环流和气候变化有关，而影响大气环流和气候变化的因素既多且复杂。目前，对灾害性海浪发生频次的年际变化只能作为随机现象看待。

表 6－4 　　　　1966～1993 年我国海狂浪和狂涛分布区历年形成次数

年份	各类海浪总计			台风浪			寒潮浪			温带气旋浪		
	≥6m（次）	≥9m（次）	最大波高（m）	≥6m（次）	≥9m（次）	最大波高（m）	≥6m（次）	≥9m（次）	最大波高（m）	≥6m（次）	≥9m（次）	最大波高（m）
1966	17	6	11.1	9	4	11	8	2	9.5	0	0	—
1967	23	5	9.8	8	3	9.5	15	2	9.8	0	0	—
1968	27	0	8.8	10	0	8.8	14	0	8.55	3	0	7.3
1969	32	10	15	11	5	15	15	4	10	6	1	11
1970	27	9	12	13	4	12	10	5	10.0	4	0	8.5
1971	33	11	11	13	5	11	28	6	10	12	0	7.5
1972	29	4	15	6	2	15	18	1	9	5	1	9
1973	25	6	11	12	4	11	11	2	11	2	0	7.3
1974	23	8	12	12	5	12	10	3	10	1	0	7.3
1975	20	3	15	6	1	9	13	2	15	1	0	7.3
1976	22	9	10	8	4	10	12	4	10	2	1	10
1977	24	8	10	7	4	10	15	4	10	2	0	7.3
1978	27	3	11	14	3	11	9	0	8	4	0	8
1979	22	2	9.6	9	2	9.6	8	0	8	5	0	7
1980	38	5	13	16	4	13	7	0	7.5	15	1	9
1981	36	4	10	12	3	10	16	1	10	8	0	7
1982	23	6	14	11	4	14	11	1	10	1	0	6.5
1983	26	5	12	8	3	12	18	2	10	0	0	—
1984	33	3	10	13	3	10	18	0	8	2	0	7
1985	28	5	12	15	5	12	9	0	8	4	0	7.5
1986	28	4	12	15	4	12	9	1	9.8	4	0	7
1987	20	5	12	11	4	12	8	0	8.5	1	0	7.5
1988	29	4	12	13	4	12	16	0	6	0	0	—
1989	34	8	10	16	7	10	16	1	9	2	0	7
1990	34	13	12	16	12	12	14	1	9	4	0	7.5
1991	14	8	12	6	7	12	8	1	9	0	0	—
1992	11	2	12	7	2	12	3	0	8	1	0	6
1993	10	6	12	5	5	12	5	1	9	0	0	—
合计	735	162		302	114		344	44		89	4	
均值	26.3	5.8		10.8	4.1		12.3	1.6		3.2	0.1	

3. 灾害性海浪的年内分布

表 6－5 统计了 1966～1993 年在我国近海及其邻近海域各月发生 6m 以上海浪的总频

次。我国近海虽全年都有灾害性海浪发生，但各月间的差别较大，11 月最多，为 125 次，而最少的 5 月份只有 11 次。11 月～次年 2 月为冬季，共发生狂浪 391 次，占全年总数的 52%，其中 75% 的狂浪是寒流形成。3～6 月共发生狂浪 89 次，仅占全年总数的 12%，是全年灾害性海浪的低发季节。7～10 月是台风季节，共发生狂浪 271 次，占全年总数的 36%，其中 87% 的狂浪是台风造成。

表 6 - 5　　1966～1993 年我国邻近各海区狂浪（波高≥6m）各月发生次数统计表　　单位：次

海浪类型	1 月	2 月	3 月	4 月	5 月	6 月	7 月	8 月	9 月	10 月	11 月	12 月	合计
台风浪	2	1	0	1	8	20	57	66	54	58	41	8	316
寒潮浪	76	55	30	6	1	0	0	0	3	15	74	89	349
温带气旋浪	12	12	12	5	2	4	2	4	3	9	10	11	86
总次数	90	68	42	12	11	24	59	70	60	82	125	108	751

根据表 6 - 5，台风造成的灾害性海浪主要发生在 7～11 月；寒潮大风造成的灾害性海浪发生在 11 月～次年 3 月；温带气旋造成的灾害性海浪比重较小，与寒潮大风造成的灾害性海浪基本同步。

第四节　风暴潮预报

一、风暴潮预报的进展

风暴潮灾的严重情况已引起了世界上许多沿海国家和科研机构的重视。世界主要沿海国家早在 20 世纪 30 年代，就已经在天气预报和潮汐预报的基础上，开始了风暴潮的预报研究工作。国外开展风暴潮观测、研究和预报工作的有美、英、德、法、荷兰、比利时、俄罗斯、日本、泰国和菲律宾等国家。美英等发达国家，目前正以高科技装备实现了预警系统的自动化、现代化，对风暴潮的监测、通讯、预警基本做到高速、实时、优质。美国不仅由所属海洋站的船只、浮标、卫星等自动化仪器实现对风暴潮的自动监测，还通过世界卫星通信系统定时进行传输，有效地提高了时效，整个预警过程的时间间隔不超过 3h。

我国在这方面的工作开始得较晚，20 世纪 70 年代才较全面地开展风暴潮预报工作。国家海洋水文气象预报总台（现为国家海洋环境预报中心）自 1970 年开始对风暴潮预报技术方法的研究工作，经过 4 年试报和预报技术准备，于 1974 年正式向全国发布风暴潮预报和警报。1978 年经国家海洋局主管部门审定，正式批准作为国家级预报项目。从此，该台担负全国沿海主要港口风暴潮预报的发布工作，向我国沿海除台湾省以外的 11 省、市防汛指挥部门提供风暴潮预报和警报服务。在 1986 年 7 月 1 日，开始在中央电视台和中央人民广播电台向全国发布我国沿海主要港口和地区的风暴潮预报。

在海洋环境预报中心，24h 不间断地接收着通过卫星传来的气象数据，沿海各个海洋监测站实时捕获的海浪和水温信息也通过光纤网在这里汇总。在气象台发出强台风警报后，迅速根据海面上的台风位置测算出风暴潮到达各个沿海城市的时间，然后通过机要局的明传电报专线报送国务院，并分发给沿海的各个防汛指挥部。

此外，水利部所属的一些沿海省、市水位总站和地区水文分站，部分潮位站担负发布本省、自治区、直辖市县级范围的风暴潮预报。海军航海保证部所属三个舰队气象台也担负各舰队所管辖的军港风暴潮预报。交通部上海航道局为航海运输等任务的需要，发布长江口地区的风暴潮预报。国家海洋局所属三个分局（北海、东海、南海）和海南省海洋局的区台和部分中心海洋站相继开展和发布自己所管辖的沿海地区的风暴潮预报，有的海洋站还发布本站单站风暴潮预报。

实践表明，一次严重风暴潮灾害观测与预报的成功，可以减少人员伤亡 95％以上，减少经济损失 20％～50％。准确的海况预报和大风预报，再加上可靠的海上安全管理，能够基本免除海上灾害损失。例如，2004 年，在"云娜"台风登陆浙江省前，当地有 40 万居民提前安全转移；随后的"海马"台风，也未给温州带来重大伤亡，因为在台风登陆前的 5h，就安全疏散了 5 万人。

二、风暴潮预报的性质和要求

风暴潮预报分消息、预报、警报 3 种，这主要是以时效来划分的。风暴潮消息一般在该次风暴潮影响沿岸最严重时刻前 24～36h 发布，主要内容是告诫沿海某一岸段在未来 24h 内将受到风暴潮的影响，同时给出影响的范围和量值。风暴潮预报一般在 12～24h 内发布，主要是修正消息中的内容，给出更精确的量值和各种可能的发展变化。风暴潮警报是预计潮位接近或超过当地警戒水位并可能受灾时才发布，时效一般在 6～12h 之内，内容更为精确，一般包括具体时间和地点的潮位。

风暴潮的周期为数小时到数天不等，量值可达数十厘米到数米，它叠加在正常潮位之上，叠加后的潮位叫实测潮位或总体潮位。风暴潮预报就是要预报风暴条件下，沿岸风暴潮位随时间的变化，指出受影响的严重岸段，进而将其叠加在沿岸验潮站的正常潮位预报值之上，最终预报出将要出现的最高潮位与潮时。潮位预报应保证方案预见期不少于 6h。

风暴潮过程最大增水预报许可误差取增水值的 20％，并不得超过 0.75m；当此值小于 0.10m 时，取 0.10m。风暴潮最高潮位的许可误差按公式（6-1）计算，且不得超过 1.00m。

$$\delta = 0.2 \sqrt{\Delta t/12} H + 0.15 \qquad (6-1)$$

式中：δ 为许可误差，m；Δt 为预见期，h；H 为实测最高潮位时的增水，m。

对于半日潮和混合潮类型，预报风暴高潮出现时间和最大增水出现时间的许可误差均为±1.0h。对于全日潮类型，预报风暴高潮出现时间和最大增水出现时间的许可误差分别为±1.5h 和±2.0h。

三、风暴潮预报的方法

风暴潮预报，一般可分为两大类：一类为经验统计预报，简称经验预报；另一类为动力—数值预报，简称数值预报。

1. 经验预报

经验预报法主要用回归分析和统计相关来建立指标站的风、气压等要素与预报点风暴潮位之间的经验预报方程或相关图表，包括极值预报和过程预报两类。

（1）极值预报 风暴潮位极值预报是指风暴潮增水最大值预报。最简单的预报公式为

$$H_{max} = a + bV_{max}^2 \cos\theta \qquad (6-2)$$

式中：$H_{\max}$ 为岸边预报点风暴潮增水极值，m；$V_{\max}$ 为最大风速，m/s；θ 为最大风速时风向与岸线法线方向的夹角；a、b 为待定回归系数。

由热带风暴引起的增减水，含有较大低压的影响，在预报公式中常加入气压下降值因子，形式为

$$H_{\max} = a(P_0 - P) + bV_{\max}^2 \cos\theta \qquad (6-3)$$

式中：P_0 为预报地区最低气压，mb；P 为预报地区月平均气压，mb。

（2）过程预报　风暴潮增水极值预报不能预报出现时间，无法与天文潮预报值叠加推求最高潮位。若与天文潮最高值相加推求，则有可能产生偏大结果。如果能预报增减水过程就可以消除这一矛盾。但过程预报一般比极值预报麻烦，精度也会差一些，过程预报常见方程形式之一如下

$$H_t = a + b\Delta P_t \qquad (6-4)$$

式中：H_t 为 t 时刻风暴潮增水值，m；ΔP_t 为 t 时刻具有适当距离的两点气压差。

此时，预报潮位 Z 是天文潮预报值 Z'_t 与风暴增水 H_t 叠加之和，即

$$Z_t = Z'_t + H_t \qquad (6-5)$$

经验预报法的优点是简便易学，但它必须依赖于充分长的潮位、风向、风速、气压等有关历史资料，以便推求出一个在统计学意义上稳定的预报方程。对于那些没有足够长资料的沿海地域，由于子样较短，得出的经验预报方程可能是不稳定的。由于特大风暴潮是稀遇的，用历史上风暴潮的资料作子样回归出的预报方程，预报中型风暴潮精度较高，对于最危险的大型风暴潮，预报的极值误差往往较大。

2. 数值预报

随着计算机的普及，世界各国正在采用数值预报方法进行风暴潮预报。风暴潮数值预报系指数值天气预报和风暴潮数值计算二者组成的统一整体。数值天气预报给出风暴潮数值计算时所需要的海上风场和气压场。风暴潮数值计算是在给定的海上风场和气压场作用下，按适当的边界条件和初始条件，用数值求解风暴潮的基本方程组，从而给出风暴潮位和风暴潮流的时空分布，包括岸边风暴潮位分布和风暴潮位随时间变化过程线。

在国外已有不少台风风暴潮数值模型，并在很多地方得到了实际应用。我国上海市防汛指挥系统引进采用了美国国家海洋大气管理局和国家天气局最新一代台风风暴潮漫滩计算模型（SLOSH—Sea, Lake and Overland Surges from Hurricanes），建立了适合上海市及其临近海域的台风风暴潮漫滩预报系统。荷兰的 DELFT 将风暴潮计算模式与其他水流运动计算模型结合，形成了一套数值模拟计算系统 DELFT3D，可以根据台风资料和相应的土地利用信息，模拟风暴潮增水发生的位置和洪水可能淹没范围、台风登陆可能的致灾范围。丹麦的水力学研究所通过几十年的研究，开发出了一套可用于风暴潮预警预报系统，该系统将 GIS 技术与模型技术、数值处理技术相结合，提供了较好的人机对话、结果显示、决策支持等方面的系统特性，也在我国一些工程技术系统中得到了应用。

当然，风暴潮是一种很复杂的自然现象，它的预报受很多因素影响，预报不可能十分准确。首先，风暴潮是由异常大气扰动引起的，要想报准风暴潮，需先报准未来的气象条件，而气象预报也受很多复杂因素的影响，尤其灾害性天气更难报准，目前国内外常规气象预报的精度很难达到精确风暴潮预报的要求。再者，风暴潮的很多影响因素很难给出精

确的数学表达式，只能近似地计算。此外，作为潮位预报基础的天文潮预报本身有一定误差，对风暴潮预报结果的精度也有一定影响。但根据已经积累的经验和方法，预报部门仍能在多数情况下提供有用的预报和警报，从而减轻风暴潮灾害造成的人员伤亡和经济损失。

第五节 海 浪 预 报

一、海浪预报的进展

为了更好地战胜风浪，避免或减少海事的发生，自古以来，人们就不断探求和寻找海上风浪的规律。即使是科学技术发展迅速的近代，重大海难仍不断发生。因此许多国家都十分重视海浪生成机制和预报方法的研究，以提高海浪预报的准确率。尤其是 20 世纪 50 年代以后，人们基于对波浪的产生和发展的深入研究，特别是将谱方法应用于海浪预报，把海浪理论研究推向了新阶段。20 世纪 80 年代初，建立在海洋学、流体动力学和计算数学紧密结合基础上的海浪数值预报模式得到了迅速发展，成为海浪预报发展的新方向。到目前为止，世界上已有 50 多个国家和地区发布海浪预报。

1966 年 10 月 1 日，由国家海洋局海洋水文气象预报总台正式发布我国近海和西北太平洋 24～72h 的海浪预报。从 1982 年 9 月 27 日起，又由国家海洋环境预报中心每天用 4 个频率以无线传真方式向国内外海洋用户播放西北太平洋海浪实况分析图和 24h 海浪预报图。1986 年 7 月 1 日起，通过中央电视台和中央人民广播电台播放 36h 和 24h 中国近海和西北太平洋海浪预报。这为海上运输、渔业生产、海上石油开发和海上军事活动等提供了重要的信息，保障了海上生产的安全。与此同时，国家海洋局青岛海洋预报区台于 1979 年发布 1～3d 渤海、黄海海浪预报。1980 年国家海洋局广州海洋预报区台开始发布南海 1～3d 海浪预报，并于 1987 年 7 月 1 日起在广州市电视台和广东省人民广播电台播放 24h 南海海浪预报。1986 年国家海洋局上海区台开始发布东海、台湾海峡 1～3d 的海浪预报。1988 年 7 月 1 日海南省海洋局海洋预报台在海南省电视台和海南省人民广播电台播放 24h 南海海浪预报。

二、海浪计算的要素

用于描述海浪的要素主要是波高、波周期、波长和波速。波高是指相邻波峰（或波谷）和波谷（或波峰）间的垂直距离；波周期是相邻的两个波峰（或波谷）相继通过一固定点所经历的时间；波长是两相邻的波峰（或波谷）间的水平距离；波速是波峰（或波谷）在单位时间内的水平位移。用于计算海浪风要素的主要是风速、风区长度和风时。计算近岸浪和浅水区域波浪时还需考虑水深。风区是指在风作用的水域内，各处风速和风向近似一致的水域；风区长度是指风区上沿至计算点的距离；风时是指近似一致的风速和风向连续作用于风区的时间。风速越高、风区越大、风时越长，风浪就越发展。但这种发展不是无限制的，在一定风速作用下，当风浪能量输入等于能量消耗，这时即令风时、风区无限地增加，风浪也不再增长而处于所谓充分成长状态。海洋学上把处于这种状态的海浪叫做充分成长风浪。所以对于给定的风速就有达到充分成长所需的临界风时和风区。例如，当风速 20m/s，若风区 469 海里，则风吹 24h 后波高能成长到 6.5m；而若风区仅为

205 海里，则风浪成长 12h，波高达到 5.3m 后就停止增长。

三、我国海浪预报和警报制作及发布

制作海浪预报首先需要获得当天海上海浪和海洋气象监测资料，这些资料传到国家海洋预报台后，预报员根据这些资料分析出当天海上的海浪实况，再根据常规的天气预报方法预报出未来海上风场。有了未来海上风场条件，就可以应用海浪经验统计预报方法、半经验半理论波谱预报和能量预报等海浪预报方法计算海浪波高。由于我国发布的海浪预报是大面积的预报，所以不同海区要选用不同的计算方法。用上述方法计算出的波浪高度还需再根据不同海区海洋状况和影响海浪成长、发展、消衰的各种因子和经验进行综合分析和订正，以得出最佳预报结论。作出海浪预报后，再经声像技术处理，制成预报图、广播稿、录像磁带等产品，将这些产品分别传送至中央电视台、中央人民广播电台和无线传真发射台进行广播。

目前，我国的海浪预报通过邮送、电话、电报、电传、有线传真、无线传真广播、中央人民广播电台广播和中央电视台播放等 8 种途径发布，包括向国内外用户播发西北太平洋海浪实况、24h 海浪预报、36h 海浪预报等内容。这三项是根据世界气象组织和我国的要求向国内外用户提供的公益服务。

电传、电报、电话、邮送和有线传真发布的海浪预报，主要是对国内外用户在上述海区和世界其他大洋上的专项服务。例如海洋工程、海岸工程、海洋运输、海洋渔业、海上军事活动、海洋科学考察、海洋石油开发等提供专项海浪预报服务。

四、海浪预报方法

（一）经验方法

海浪是一种十分复杂的随机现象，至今尚没有理论上的严密和完善的海浪预报方法，在海浪预报中仍然广泛采用经验统计预报方法。经验方法虽然理论依据不够充分，但由于利用了足够多的实测资料，与实际结合较为紧密，在预报中起着重要作用。经验方法很多，这里仅介绍三种。

1. Bretschneider 方法

这是 Bretschneider 以 Sverdrup - Munk 有效波为基础，依据观测资料修订得出的海浪预报经验方法，预报结果与实测资料吻合较好，使用方便，应用广泛。这一方法主要预报公式为

$$\frac{gH}{V^2} = 0.283 th\left[0.0125\left(\frac{gF}{V^2}\right)^{0.42}\right] \tag{6-6}$$

$$\frac{gT}{2\pi V^2} = 1.20 th\left[0.077\left(\frac{gF}{V^2}\right)^{0.25}\right] \tag{6-7}$$

式中：H 为有效波高；T 为周期；g 为重力加速度；F 为风区长度；V 为 10m 高度风速。

2. Wilson 方法

主要预报公式为

$$\frac{gH}{V^2} = 0.3\left\{1 - \left[1 + 0.0004\left(\frac{gF}{V^2}\right)^{1/2}\right]^{-2}\right\} \tag{6-8}$$

$$\frac{C}{V} = 1.37\left\{1 - \left[1 + 0.008\left(\frac{gF}{V^2}\right)^{1/3}\right]^{-5}\right\} \tag{6-9}$$

式中：C 为波速。

3. 井岛方法

这是井岛等人以 Wilson 方法为基础，提出的适用于台风风浪的经验预报及计算方法，该方法被列入日本港湾建筑设计规范。主要公式为

$$\frac{gH}{V^2} = 0.004 \left(\frac{gF}{V^2}\right)^{0.4} \tag{6-10}$$

$$\frac{gT}{2\pi V} = 0.085 \left(\frac{gF}{V^2}\right)^{0.28} \tag{6-11}$$

（二）半经验半理论方法

1. 有效波预报方法

有效波预报方法也称为 SMB 方法，建立在风浪大小和周期决定于风速、风时和风区的基础上，以有效波高和周期作为海浪状态的参数，其基本方程是对海浪能量的求解，在风把传递能量至海浪的过程中，不仅考虑垂直的海平面压力，也考虑了切应力的效应。在预报海浪周期时，采用了经验方法建立了波陡与波龄的相关关系。这一方法计算结果与实况吻合较好，迄今仍然得到广泛应用。

2. 波谱预报方法

波谱预报方法也为 PNJ 方法，它是以谱概念为基础，其特点是直接通过谱得到海浪要素，而不是通过计算海浪能量变化来推求海浪要素。这种方法计算出的波高偏大，但计算涌浪则优于其他方法。

3. 能、谱综合预报方法

这种方法是我国科学家在 20 世纪 60 年代中期的研究成果，其特点是由能量平衡导出谱，然后由谱给出海浪要素，或者将谱引入能量平衡方程求得海浪要素随风速、风时和风区成长关系。此方法已经编入国家海洋局《海浪计算手册》和交通部《海港水文设计规范》。

（三）数值预报方法

目前近海海浪数值预报主要依据三类近岸海浪数值计算模型。第一类模型是基于 Boussinesq 方程，直接描述海浪波动过程水质点的运动；第二类模型依据缓坡方程（又称联合折射绕射方程），基于海浪要素在海浪周期和波长时空尺度上缓变的事实，着眼于海浪的宏观整体特性，描述海浪波动的能量、波高、波长、频率等要素的变化；第三类模型基于能量平衡方程，主要用于深海和陆架海的海浪计算，也可以用于近岸大范围波浪计算，在国际上具有代表性的是 SWAN 模型。有关海浪数值预报的计算比较复杂，详细描述请参阅海浪预报专门书籍。

第六节　风暴潮及灾害性海浪防治措施

21 世纪的我国海岸带，将受到海面缓慢上升、地面下沉、入海河流携带泥沙量减少和人类海岸带活动增强等多种因素综合影响。在这样的大背景下，未来风暴潮可能会越来越频繁，发生周期也会越来越短。减轻海洋灾害是一项复杂的自然—社会—经济系统工

程，必须以现代科学技术为依托，树立科技减灾的战略观念，把依靠科学技术作为海洋减灾的根本途径。

一、加强沿海防护工程

1. 海堤及防汛墙建设

50 多年来，国家采取了修筑防潮海堤、海塘、挡潮闸，准备蓄滞潮区，建立沿海防护林，加强海上工程及船舶的防浪设计等措施，取得了重大的减灾效益。但限于国力，现有的一些海堤、海塘标高仍然偏低，不少岸段工程质量不高，维护保养也跟不上。在渤海沿岸，共有 1000 余公里岸线为泥沙质海岸带；除了渤海湾和黄河三角洲，我国东部沿海经济带一半以上的地区属于泥质海岸带，重要的"珠三角"、"长三角"经济区带也处于泥质岸段范围。因此，修筑堤坝的重点岸段应放在泥砂质海岸带地区，这是降低风暴潮危害的最直接有效的措施。

沿海或河口城市地区采用沿岸修砌防汛墙工程是防灾的有效措施。上海市区自 20 世纪 20 年代以来，在黄浦江两岸 3 次加高了防汛墙，使防汛标准由只能抵御不足百年一遇的高水位提高到千年一遇的水平，形成了抵御台风、暴雨、天文高潮位和来自太湖流域的洪水的侵袭的屏障。天津等城市沿海地区也正在加修防汛墙，或防汛大堤，初步有效地遏制了环渤海地区因地面沉降和海平面上升加剧的风暴潮灾害。

位于欧洲西北部的荷兰，国土面积 3.394 万 km^2，西、北濒北海，海岸线长 1075km，全国 24％的面积低于海平面，超过 33％的面积仅高出海平面 1m，是一个被海水包围的国家。海水给荷兰人的生存带来很多挑战，风暴潮也是其中之一。数十年来，在地质工作者的建议和直接参与下，荷兰政府实施了著名的"三角洲"工程，在沿海岸线修筑大坝，有效抵御了风暴潮的危害。近十年来，荷兰地质学家本着人与自然协调发展的理念，将原先修筑堤坝的防御方式改变为在海岸线以外浅水区铺设人工水下沙带。风暴潮发生时，沙带不断向岸边迁移，不但保护了海岸不受到进一步侵袭，还保持了海岸线的原始地貌景观。荷兰的经验值得我们借鉴。

2. 建立海岸防护网

在适宜海岸地区建立海岸带生态防护网，在海滩种植红树林、水杉、水草等消浪植物。减轻风浪的淘刷作用，保护海堤，降低台风风暴潮和灾害性海浪给海岸带地区带来的灾害损失。

实行退耕还海政策，把近期沿海地区所进行的过度围垦的外围部分垦区回归自然，建立海岸带缓冲区，削弱台风风暴潮和灾害性海浪的能量，减缓其向沿海陆地推进的速度。

利用洼地、河网（有水闸控制）、圩区等调蓄库容纳潮，降低沿海高潮位，保护城市及重点保护区安全。

对海岸侵蚀最好的治理是减少人为破坏，限制沿岸地下水开采，调控河流入海泥沙等。国家有关部门必须对沿海沙源进行全面调查，区分可采区域和不可采区域，在不可采区域严禁采砂活动。划定海岸侵蚀预警线，在预警线至海的范围内不得建筑人工构筑物。

二、加强海洋减灾科学研究，保持人与自然的和谐相处

各种海洋自然灾害的发生和发展都有其复杂的背景和内在的联系。对海洋灾害规律、机理、群发和伴生特性以及它们在时间变化规律等方面的研究，涉及气象、水文、海洋、

地球物理、生物等学科的综合性问题，包括不同灾种之间的相互影响等，如风暴潮与天文潮的相互作用，浅水区域海浪运行模式、衍生灾害、次生灾害成灾规律等。

海岸带和近岸海域是各种动力因素最复杂的地区，同时又是经济活动最为发达的地区，随着人类对海洋资源的不断开发和利用，海上工程建设如果考虑不当，将会在一定程度上引发海洋灾害，如航道、港池开挖、疏浚引起的泥沙输运及其疏浚物抛放，深水港口水工建筑物、大型人工岛、超大型浮式结构，大型海岸工程、岸滩保护和整治工程引起的海域环境的变迁及海岸演变等。应该从海岸动力学、生态学、社会经济学及与环境关系的综合分析的基础上加以协调。

近年来，随着海岸带开发的迅猛发展，沿海的经济价值、经济密度迅速增大，原来的不毛之地和大片荒滩，已变成或将变成价值数十亿元的经济开发区。若此类地区遭受与过去类似强度的风暴潮袭击，其直接经济损失将数倍增长。因此，在沿海经济开发中，重大项目尽量不要建在频遭风暴潮侵袭的岸段，一般项目最好也要避开风暴潮灾的多发区。所有项目都要制定行之有效的应急防潮措施，包括工程措施与减灾预案。另外，海洋灾害一般发生的沿海地区，经济相对发达，开展防灾保险具有一定基础，所以，也有需要致力于研究建立风暴潮保险、风险分担与分散的机制。

目前，黄河三角洲、长江三角洲、珠江三角洲的海岸开发、滩涂围垦和岸滩保护及整治工程对水域影响所引起河口地区环境问题需要重点研究。从目前看，人类对海洋资源的无节制索取和不正确利用，是造成海洋灾害日益增加的重要因素。因此，约束人类的行为，保护自然环境，科学合理地开发利用海洋，是当务之急。

三、加强和完善海洋灾害的防御系统

1. 加强对海洋灾害的立体监视

由于海洋灾害多数带有突发性特点，在今后相当长的时间内，还不可能把预报的时效提得很高，有些则还不能预报，而只靠快速的电信手段取得某些地区灾害警报的时效。为适应海洋减灾以及海洋开发工作的需要，必须采用各种先进技术，对各类海洋灾害，尤其是风暴潮和灾害性海浪的发生、发展、运移和消亡，以及影响它们的各种因素进行连续的观测和监视。利用现代电信技术，尤其是现代卫星通信技术和计算机技术，把海洋灾害信息及必要的其他信息迅速集中到国家、海区和地方各级预报机构。逐步采用卫星数据采集平台收集海洋上的观测数据，以卫星通信为主的资料收集电信网将逐步取代现行网络，使获取的气象、海洋、水文等信息能满足海浪和风暴潮实时诊断分析、预报和警报的要求。

2. 建立海洋灾害防治指挥系统

以主要海域和海岸带区域经济发展为背景，将海岸和近海工程与网络技术、计算机技术、遥感技术、地理信息系统、全球定位系统相结合，建立数学物理模型，通过多媒体技术，形象化地描述灾害成因、发生机理、传播规律，模拟灾害破坏的过程，建成智能化的海洋灾害防治指挥系统。在严重风暴潮到来和灾害性海浪发生前，有足够的时间组织人员撤离疏散，使海上作业船只及人员等能及时回避或采取措施加强防护，灾情严重并超过工程防护能力时，能使重要物资及设施得以保护，把经济损失减小到最低限度。

在过去的 20 年中，我国已经初步建成了一个风暴潮监测预报系统，负责风暴潮的监测、预报和警报的发布，防潮指挥部门依据预报和警报实施恰当的防潮指挥，必要时按照

预案疏散人员和转移财产。这些非工程措施在减轻风暴潮的灾害中发挥了很好的作用。

3. 建立和完善海上及海岸紧急救助组织

根据海上交通、渔业、油气等开发利用活动的发展，建立一支装备精良、训练有素的现代化海上救助专业队伍，以实现快速、机动、灵活的紧急救助。实行由政府组织，群众与专业队伍相结合救助方针，在依靠群众的同时，发挥专业队伍的作用。同时，发展行业部门的自救能力，灾害发生时与专业队伍一起协同作战，最大限度地减少人员伤亡和财产损失。

四、减轻海洋灾害的行政性及法律性措施

在 50 多年的海洋减灾实践中，我国已经积累了大量的减轻海洋灾害的经验，也初步形成了一定的制度和规范，在已经由全国人大颁布的《中华人民共和国海洋环境保护法》及由国务院、国家海洋局颁布的海洋环境保护方面的一系列条例、规定、标准、制度中，也都内含减轻海洋灾害的内容，使海洋减灾工作中的某些工作有了行政和法律依据。但总体来讲，上述法律、法规中的海洋减灾观念仍相当薄弱，更未能把减轻海洋灾害作为海洋、海岸带管理的出发点和归宿。今后，需把减灾观念纳入海洋管理的基本点，并借鉴国际上的经验，制定专门的海洋减灾法律、法规和制度等，以适应我国海洋减灾工作的发展。

五、加强海洋减灾的教育和训练

在海洋灾害对人口和经济集中区域冲击愈来愈重的今天，海洋减灾的教育和训练具有十分重要的现实意义。对可能遭受海洋灾害袭击的群众，要充分利用广播、电视、报刊等传播媒介，使海洋减灾知识家喻户晓，人人皆知，尤其是风暴潮发生发展的基本条件、发生风暴潮灾害时的减灾措施等。此外，要进行公众减灾的基本技能训练，掌握防灾、救灾技能。在一些风暴潮灾害多发地区还应根据实际情况开展必要的备灾演习，真正做到有备无患，保证灾发时临危不惧，减少灾害损失。对从事海上作业和沿岸地区与海洋打交道的所有人员，把海洋减灾作为基础训练内容进行强制性培训；对海洋减灾专业人员和领导干部进行减灾决策训练，提高减灾的反应、决策和指挥调度能力。全社会减灾意识的强化，将有力地促进海洋减灾工作的发展。

泥 石 流

第一节 泥石流的特征与危害

在适当的地形条件下，大量的水体浸透山坡或沟床中的固体堆积物质，使其稳定性降低，饱含水分的固体堆积物在自身重力作用下发生运动，就形成了泥石流。泥石流是泥沙、石块与水体组合在一起并沿沟床运动的流动体，是介于挟沙水流和滑坡之间的一种特殊流体，是一种灾害性的地质现象。

一、泥石流的特征

1. 容重及粒度组成

（1）容重 泥石流容重是单位体积泥石流流体的重量，容重大小反映了泥石流结构，影响泥石流的物理力学性质，从而造成不同的侵蚀、输移和堆积。

一般稀性泥石流容重 $13\sim18kN/m^3$，粘性泥石流容重大于 $20kN/m^3$，过渡性泥石流在 $18\sim20kN/m^3$ 之间。不同容重的泥石流含沙量不同，一般在 $10kN/m^3$ 以上，最高可达 $21.8kN/m^3$。泥石流容重受固液相组成、固体物质特性及土体特性影响见表 7-1。泥石流容重在同一阵次中随时空不同而变化。一般从上游到下游，容重随固体颗粒的加入而增大；同一流域不同阵次泥石流，因降水不同和固体物质供给的差异，表现出不同的容重；对同一阵次而言，通常"龙头"容重较高，此后逐渐降低。

表 7-1　　　　　　　　泥石流体容重和固液相组成特征值

类　型	挟沙洪水	稀性泥石流	过渡性泥石流	粘性泥石流	低浓度粘性泥石流	中浓度粘性泥石流	高浓度粘性泥石流
容重（kN/m^3）	11.5	15.4	17.0	20.8	20.0	21.6	21.9
体积比浓度（%）	10.00	33.5	43.92	65.85	61.15	70.56	73.32
重量百分含量（%）	23	57	67	84	81	87	88
固体绝对含量（t/m^3）	0.26	0.91	1.39	1.77	1.68	1.90	1.94
>2mm 石块含量（t/m^3）	0.0	0.28	0.67	1.09	0.99	1.22	1.25
<2mm 石块含量（t/m^3）	0.26	0.63	0.72	0.68	0.69	0.68	0.69
<0.005mm 粘粒含量（t/m^3）	0.12	0.19	0.19	0.18	0.18	0.18	0.17
泥浆容重（kN/m^3）	10.3	13.7	15.4	16.4	15.9	16.8	17.2
结构紧密率	0.1	0.3	0.5	0.7	0.66	0.70	0.80
结构参数（cm）	0	0.02	0.10	0.31	0.16	0.40	0.87
结构类型	松散	较松散	过渡	紧密	较紧密	紧密	极紧密
水分含量（t/m^3）	0.90	0.66	0.34	0.35	0.36	0.30	0.29

注　摘自《云南蒋家沟泥石流观测研究》，科学出版社，1990 年。

（2）粒度组成　泥石流流体中固体颗粒粒度范围很宽，从几微米到几米。

一般挟沙洪水和稀性泥石流的粒度组成较均一，粒度范围窄，颗粒离散度小（离散度为未加分散剂与加入分散剂的粘粒累积百分数相比值），99％以上是小于2mm的泥沙，其中粗沙占14％～37％、粉沙和粘粒占82％～62％。粘性泥石流粒度组成范围宽，离散度大，其中大于2mm的石块占固体物质重量的65％以上，沙粒占18％左右，粉粘粒占18％左右（表7-2）。

表7-2　　　　　　　不同泥石流颗粒粒级组成的平均百分比

泥石流类型	＞2mm 石块	2～0.05mm 沙粒	＜0.05mm 粉粘粒
挟沙洪水	0	14.68	85.42
稀性泥石流	0.30	36.93	62.53
过渡性泥石流	41.11	27.60	28.10
粘性泥石流	65.32	18.32	18.04

2. 发生特征

（1）突发性　泥石流暴发突然，历时短暂，一阵次泥石流过程一般仅几分钟到几十分钟，给山地环境带来灾变。如1986年9月22～25日云南南涧县城周围9条泥石流沟暴发泥石流，城镇街道淤沙1m多，恶化了生活环境。

（2）周期性　波动性和周期性泥石流活动时强时弱，可划分活动期和平静期。如怒江自1949年以来，有明显三个活动期，分别是1949～1951年、1961～1966年、1969～1987年。它的活动周期取决于激发雨量和松散物的补给速度。周期长的数十年至数百年暴发一次。如云南东川黑山沟、猛先河泥石流重现期为30～50年，四川雅安陆王沟、干溪沟泥石流重现期为200年。

（3）群发性　由于降雨的区域性和坡体的稳定性差异，使泥石流的发生常具有"连锁反应"，表现出群发性和强烈性特征。例如，2005年6月30日凌晨5时许，四川省泸定县发生群发性山洪泥石流灾害，境内有磨子沟、金华沟、羊儿沟等9条山沟发生了山洪泥石流灾害，3个乡13个村受灾。泥石流冲毁耕地1208亩，损坏房屋4325间，倒塌房屋784间，死亡牲畜382头；共10516人受灾，其中4人死亡，5人失踪，230人受伤；泥石流还冲毁公路36km、桥梁10座、堤防10km、引水渠道26km。

（4）夜发性　我国泥石流还有夜发性特点。据统计，云南省、西藏自治区有80％泥石流集中在夏秋季节的傍晚或夜间，这正是阵性降雨和冰雪融化发生的时间。

3. 流态特征

泥石流是在径流冲刷和重力共同作用下的混合侵蚀，其流态多样。

（1）蠕动性　蠕动流泥石流暴发时在粗糙的沟床上"铺床"般前进，或因上游供给不足而蛇身般匍匐缓慢前进，流速一般在0.3～0.5m/s。

（2）层动性　层动泥石流在沟道平直、坡度不太大的情况下，高浓度的泥石流体呈整体运动，流体内无物质的上下交换过程，流速5～15m/s，具有极大浮托力。

（3）紊动性　紊动泥石流浆体较稀，或沟道比降大而导致流动湍急，浆体中石块相撞击、摩擦，发出轰鸣。

（4）滑动性　滑动泥石流近似层流般整体运动，是在高粘度泥石流"铺床"后，依惯性力作用在"润滑剂"上滑动前进。

（5）波动性　波动泥石流是一种特殊的自动形态流。当沟道泥石流残留层较厚时，在纵坡影响下，较厚浆体在重力作用下，向下形成一个波状流动体，并迅速下泄，与因堵塞形成的阵性流十分相似。

（6）侵蚀性　泥石流具有很强的侵蚀能力和巨大的侵蚀量，如金沙江大峡谷地段的上疙瘩大桥沟和中桥沟，在 1981 年暴发泥石流时，一次下切深度在 7～13m，莲地隧道 6 号沟（迤布苦沟）一次下切 13m。又如利子依达沟，在 1981 年 7 月 9 日暴发泥石流时，在很短时间内将 30 万～50 万 m³ 松散碎屑物质倾泻在大渡河内，形成短暂的天然堤。当日的泥石流侵蚀模数达 1.2 万～2 万 t/km²，其数量之大，是一般水土流失所无法比拟的。

4. 输移和搬运特征

（1）泥石流的输移特性

泥石流输移固体颗粒的形式为悬移、推移和整体输移三种方式。若按颗粒分可分为单粒输移和整体输移两种形式，其中单粒输移又分为悬移和推移两类。

泥石流的总输移能力由悬着质、悬移质、推移质三部分构成。悬着质的输移能力与泥石流的拖曳力和紊动强度有关，只要沟床有足够比降能使泥石流运动，则悬着质可全部输移至下游。悬移质的输移能力与泥石流容重和紊动有关。推移质的输移能力取决于拖曳力和浆体容重。泥石流因其特有结构，输移能力巨大，对不同性质泥石流，随搬运条件变化，输移能力和输移形式也在变化。影响泥石流输移的因素较多，但"流量大输沙大"的特点十分明显，在三类泥石流中以粘性泥石流输移最大。

（2）泥石流的输移和搬运特征

搬运的泥沙粒度广泛、浓度大，大致可归纳为两类：一类是构成泥石流的固相物质和液相物质紧密结合，液相物质已完全失去自由而不再是搬运介质，固相物质已成为流体的组成部分而不再是载体，二者构成一相流体（粘性泥石流）；另一类虽然也是构成泥石流的固相物质和液相物质的结合，并使液相物质失去水流的主要特性，但二者未构成一相体，细粒固相物质与液相物质构成的泥浆是搬运介质，而大石块是载体，搬运介质和载体之间的流速可以有差异（稀性泥石流）。泥石流以紊流连续流形态将流体搬运出沟，与这两种搬运形态相对应的搬运方式是不相同的。粘性泥石流的泥沙和水构成一相体，流速梯度只在流体与边界层之间的很薄一层流体内存在，其余流体则以同一速度前进，因此，粘性泥石流以整体方式搬运松散碎屑物质。稀性泥石流因泥沙和水尚未构成一相体，而是两相体，因此，不仅整个流体有流速梯度存在，而且粗粒固相物质与液相物质之间也存在流速差别，这就导致稀性泥石流以散体方式搬运松散碎屑物质。

5. 冲淤特征

泥石流的侵蚀和堆积是泥石流最大灾害的表现。上游的冲刷造成沟坡、沟床后退和下切，产生崩坍、滑坡；下游的堆积，摧毁建筑，淹没良田。

泥石流的冲淤方式具有挟沙水流和滑坡的特性。稀性泥石流的冲淤与挟沙水流较接近，呈单颗粒起动或淤积；而粘性泥石流接近滑坡，呈整体运动或堆积，过渡性泥石流介于上述二者之间，单颗粒起动、落淤和整体运动、堆积并存。

单颗粒的起动和落淤。稀性泥石流的冲刷随流速而增加，细颗粒被拖曳带走，使床面颗粒逐渐"粗化"，保护下部细颗粒免受冲刷。若流速减小，细颗粒落淤，形成较细的盖层。若再次暴发泥石流，流速很大（与流量有关），则可把粗化层揭走，沟床急剧冲刷。

层状冲刷和堆积。粘性泥石流的冲淤，除巨大石块之外，石砾、沙粒和浆体不发生分离，构成层状剥蚀和堆积。冲刷时无分选的成层被揭走，落淤时不以单粒形式进行，而是成层落淤。

整体侵蚀和堆积。当泥石流流体十分粘稠时，石块、沙、粉沙和粘粒互不分离，形成整体极紧密的格架结构。冲刷时整体下移，遇障碍可以停积，也可翻越障碍物连续前进，一般流体下部土体较稀，上部粘稠，堆积时整体堆积。

由于影响泥石流的诸因素在时空上的规律变化，导致了泥石流冲淤的时空变化。泥石流从上游到下游的冲淤变化，称沿程变化。鉴于规模由小到大，沟床条件由窄陡到宽浅，因此上游为冲刷段，中游为冲淤交替段，下游为堆积段。

泥石流冲淤变化与水流有关。在一次泥石流洪流过程中，表现为涨水冲、退水淤，先冲后淤，洪后堆积区淤高。在一年中，枯水期冲，洪水期淤；改道时冲，阻塞时淤；流路集中时冲，分散时淤；水流归槽时冲，漫滩时淤；水深时冲，水浅时淤；大水时冲滩，小水时冲槽；漫滩淤槽，归槽冲底；流量大，冲淤变化大；流量小，冲淤变化小。

泥石流冲淤变化与地形有关，表现为沟槽深窄的为冲，宽浅的为淤；尖底归槽带冲，平底散流带淤，沟槽卡口处常冲，突然放宽处常淤；弯道沟槽外侧冲，内侧淤；堆积扇扇顶淤积多，扇沿淤积少；沟床坡度大时冲淤变化大，以冲为主；沟床坡度缓时冲淤变化小，以淤为主；沟床坡度由缓变陡时易冲，由陡变缓时易淤。

泥石流冲淤变化与侵蚀基面有关。山区泥石流沟的侵蚀基面主要受河水位控制，当主河水位上升时，泥石流沟的临时侵蚀基准面随之上升，常发生淤积，反之则易冲刷下切。对准山前和山前区泥石流沟而言，其侵蚀基面不受主河水位的影响，堆积扇发育完整，泥石流冲淤变化幅度小，并多年积累，溯源延伸淤积。

泥石流的冲淤特征还与其发育阶段有关。泥石流发展期表现为淤多冲少，沟床逐渐展宽，坡度变缓，堆积区明显延长扩大，衰退期有冲有淤，由淤变冲，逐步形成固定的沟槽；出现叠置或滚嵌式堆积扇；停歇期以冲为主，沟槽下切较为稳定，冲淤特征近似山洪。

在泥石流沟的局部会因弯曲、支流交汇、谷身束窄等变化而引起小范围的局部冲淤。通常弯道下游、主流顶中段、束窄沟段、裂点下游、支流交汇口多出现冲刷，相应在弯道凸岸、沟谷宽段、束窄段上游多出现堆积。

若流域林草覆盖率高，则冲淤变化不明显且微弱。若裸露面积扩大，则冲淤变化明显，且加剧。一般规模大的泥石流冲刷，规模小的泥石流多淤积，有些泥石流处于冲淤交替的动态平衡中。

稀性泥石流每一次开始以冲刷为主，粘性泥石流多要"铺床"形成淤积，若规模很大，则可转为冲刷。过渡性泥石流初期以冲刷为主，中期冲淤交替出现，后期以淤积为主，其中细小颗粒被带至下游。

泥石流漫流改道是泥石流的普遍现象。泥石流出山口后，由于地形开阔变缓，流速减慢，泥石流沿程淤积。基于泥石流的直进性，它总是取道正对沟口堆积扇的轴部，首先在那里淤积。轴部淤高后，阻力增大，于是泥石流取道坡陡阻力小的扇体两翼漫流。两翼遇高压主流又回到轴部。如此往复，泥石流横流漫溢。

6. 泥石流地貌分区

典型泥石流沟上游有较大汇水面积，中下游沟床狭窄顺直，纵坡降 8°～15°以上，上游较陡下游较缓，沟源及沟床两侧谷坡 25°～40°左右。大多数泥石流沟长度不超过 10km，流域面积不超过 10km²。山坡型泥石流一般发育在陡于 35°的斜坡上，流域面积多小于 0.5km²。

泥石流地貌一般可划分为形成区（包括汇水动力区和固体物质补给区）、流通区和堆积区三部分（图 7-1）。

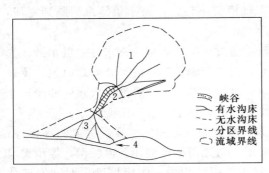

图 7-1 泥石流流域示意图
1—泥石流供给区；2—泥石流通过区；3—泥石流堆积区；4—泥石流堵塞河流形成深潭、宽谷

泥石流形成区的地表形态呈树冠状或羽毛状，有利于地表径流和固体物质的聚集，是泥石流中的固体物质和水流的供应区，这里的松散碎屑物在流水和重力的作用下被搬运到谷中。形成区在泥石流的流体动压力和个别石块的冲击力作用下侵蚀速度和数量均很大，使沟头后退，沟槽加深和展宽，例如云南省东川蒋家沟上游沟谷每年平均蚀深 2～3m，最大可达 8m。西藏自治区波密县古乡沟上游仅 10 年时间溯源侵蚀 500m 以上，下蚀加深达 140～180m。

泥石流流通区一般位于泥石流沟谷的中下游，沟槽地形较为顺直、稳定，沟槽坡度较大，多峡谷地形，以搬运为主，搬运泥沙和石块的量及速度十分惊人。如古乡沟，1953 年 9 月 29 日，4h 输送沙石 2700 万 t。

泥石流堆积区位于流域的下游或出口外坡度较平缓处，呈扇形、堆形或舌状堆积体，有些流域沟谷中下游的缓坡宽槽段呈葫芦状喇叭形堆积区。堆积区为泥石流固体碎屑的停积地，一般平缓开阔。

地形陡峻程度往往制约泥石流的形成和运动，影响它的规模和特性。地形因素通常包括沟床比降、沟坡坡度和坡向、集水面积和沟谷形态等。研究表明，泥石流沟床比降多在 50‰～300‰，尤其是 100‰～300‰。在平缓沟床中不易发生泥石流。流域沟坡坡度影响泥石流的规模和物质补给。统计表明坡度在 10°以上即可发生泥石流，尤以 30°～70°为甚，这是坡面不稳、相对补给增多的缘故。鉴于暴雨的区域性特点，0.5～10.0km² 的集水区是泥石流的多发区。我国受太平洋季风影响的东坡、南坡高山区能拦截大量降水形成泥石流。

二、泥石流的危害

泥石流经常瞬间爆发，具有突发性，来势凶猛，可携带巨大的石块，并以高速前进，具有强大的能量，因而破坏性极大。泥石流所到之处，一切尽被摧毁，是山区最严重的自然灾害。1949～1985 年我国西北铁路遭受了 170 次泥石流危害，中断行车 93 次，计 2151h，颠覆列车 4 起。1981 年 8 月宝成铁路的北段泥石流掩埋车站 5 处、堵塞桥涵和淤埋线路 50 多处，摧毁桥梁 8 座，漫灌隧道 4 座，造成严重的经济损失和人员伤亡。

我国泥石流的危害几乎涉及山区及其邻近地区的各个领域和部门。据泥石流危害对象不同，可概括为对城镇、交通、矿山、农田、工厂等 5 个方面的危害。

1. 对城镇和居民点的危害

泥石流最常见的危害之一是冲进乡村、城镇，摧毁房屋、工厂、企事业单位及其他场所、设施。淹没人畜，毁坏土地，甚至造成村毁人亡的灾难。山区山高坡陡，平地面积狭小，而平坦的泥石流堆积扇，往往成为山区城镇居民点的住址。仅川滇两省坐落在泥石流堆积扇上的县城便达 50 余个。当泥石流处于间歇期或潜伏期进行建设时，县城安全无恙；一旦泥石流暴发、复活或首次出现时，县城就将遭受严重危害。例如，四川省西昌市城镇建筑于东、西河泥石流堆积扇上，近 100 年来，多次遭受东、西河泥石流灾难，累计死亡 1000 余人。解放以来，四川省有喜德、汉源、宁南、普格，黑水、盒川、南坪、得荣、宝兴、穗格、泸定、乡城等 20 余座县城先后遭遇泥石流灾害，泥石流冲毁街道、房屋和其他建筑设施，死难人数少则几人，多则 100 余人，经济损失达几十万元至千余万元。全国有 92 个县（市）级以上的城镇有泥石流灾害，其中以四川省最多，约占 40%。2003 年 7 月 11 日 22 时 30 分，一场特大泥石流袭击四川省甘孜藏族自治州丹巴县巴底乡水卡子村，正在当地一个休闲山庄载歌载舞的 51 人瞬间被泥石流无情吞没，这次泥石流的最大速度已达到 9.4m/s，十分罕见，属百年一遇。

2. 对公路、铁路和航道的危害

泥石流可直接埋没车站、铁路、公路、摧毁路基、桥涵等设施，致使交通中断，还可引起正在运行的火车、汽车颠覆，造成重大人身伤亡事故。有时泥石流汇入河流，引起河道大幅度变迁，间接毁坏公路、铁路及其他构筑物，甚至迫使道路改线，造成巨大经济损失。

例如，2004 年 8 月 27 日，兰青铁路（青海境内）莲花台至老鸦城处发生泥石流，致使铁路中断运行。由于连日普降大到暴雨，2005 年 12 月 9 日，南昆铁路部分路段出现泥石流、水淹钢轨等灾害，总长 3km 的盘龙山隧道口塌下 1 万 m³ 的泥石流，导致近百米线路被掩埋，厚度达 6m，隧道内有 1km 多线路严重积水，造成南昆线从 9 日开始中断行车。

据 1985 年统计，1949 年以来全国铁路跨越泥石流沟的桥涵达 1386 处。其中遭遇泥石流灾害较重的有 291 起，一般成害的有 1173 次，19 个火车站桩淤埋 23 次。在我国铁路沿线泥石流分布密度最大的东川支线仓房以北线段，平均每 1.5km 长线路上就有一条泥石流沟，该线自 1988 年动工以来，因遭泥石流等破坏后维修线路所耗的工程费为原设计预算的 4 倍，现在仓房以北线路段年年雨季均有铁路桥或隧洞、路面多处被淤埋或冲毁，中断行车半年以上。

我国山区公路，尤其西部地区的公路，每年雨季经常因泥石流冲毁或淤埋桥涵、路基而断道阻车。川藏、川滇、甘青、中尼、川黔等山区公路断道中泥石流成灾的约占一半。如川藏公路浓密至东久段深受泥石流危害。1985 年培龙沟特大泥石流冲毁汽车 80 余辆，断道阻车长达半年以上。至今，培龙沟泥石流及其邻近路段的崩塌、滑坡和滚石等危害仍成为整条川藏公路的"盲肠"，一到雨季常常阻车断道。再如，2005 年 6 月 6 日，哥伦比亚西北部安蒂奥基亚省的一条公路发生泥石流，当时正在路上行驶的一辆公共汽车和一辆出租车被埋，造成至少 5 人死亡，11 人受伤，十余人失踪。

泥石流对山区内河航道造成的不良影响分为直接和间接两类。直接影响指泥石流汇入，泥沙石块堵塞航道或形成险滩；间接影响指泥石流注入江河，增加江河含沙量，加速航道淤积，致使江面展宽，水深变浅，直至无法通航。1949 年以来，滇、桂等省区的山区航运里程缩短一半，大部分是泥石流和水土流失等增加河床淤积速度所至。金沙江下游（金江街至新市镇）至今无法通航，便与 360 个险滩难以处理有关。其中 85% 的险滩均为泥石流（含水石流、山洪等）构成的溪口滩。由于泥石流不断补给泥沙石块，致使险滩的险情日益加剧。

3. 对工厂和工程的危害

为了少占或不占农田，山区许多新建或扩建的工厂和工程往往建于泥石流沟道两岸河滩上或堆积扇区，泥石流一旦暴发，就会造成厂毁人亡事故。我国西南现有大量工厂因遭山洪泥石流的危害，一直未能投入正常生产，造成了严重的经济损失。例如，1988 年 7 月上旬，四川省华蓥山地区连降暴雨，10 日下午 1 时 40 分，该山中段马鞍山发生滑坡型泥石流，体积达 100 万 m³ 的泥石流顿时吞没了华蓥市溪口镇马鞍坪村和南充地区溪口水泥厂汽车队等 6 个单位的 221 人和一些建筑物。1986 年 7 月 2 日，华蓥市枧子沟、撮箕沟、偏岩子沟和观音沟等均暴发灾害性泥石流。泥石流淤埋红光厂区面积达 8000m²，农田 729hm²，毁坏防洪河堤长 5.1km，直接损失达 2000 万元。1985 年 5 月 14 日凌晨，阎王沟暴发泥石流，毁坏红岩煤矿，直接损失达 23 万余元。

受泥石流危害的工程指跨越泥石流沟道的桥梁、渠道、输电、输汽、输油和通讯管线以及水库、电厂等水利水电工程建筑物。这些工程若按一般水工建筑物的标准设计、施工和管理，则泥石流一旦暴发，其流量、流速、冲击力均大于洪水的相应值，便会发生冲毁水电站、引水渠道及过沟建筑物，淤埋水电站尾水渠，并淤积水库、磨蚀坝面等。例如，成昆铁路的新基古沟的桥梁、东川铁路支线达德沟桥梁等均遭泥石流冲毁。1975 年四川省米易水陡沟爆发泥石流，泥石流冲毁中游一个小水库，增加了泥石流规模，在下泄中淤埋了成昆铁路弯丘车站。许多山区引水渠道不是遭泥石流冲毁，便遭泥石流淤埋而断渠，严重地影响着山区农田灌溉。

4. 对矿山的危害

主要是摧毁矿山及其设施、淤埋矿山坑道、伤害矿山人员、造成停工停产，甚至使矿山报废。在矿山建设和生产过程中，由于开矿弃渣、破坏植被、切坡不当、废矿井陷落引起的地面崩塌等因素，使沟内土量剧增，进入雨季在地表山洪冲刷下，暴发泥石流。此外，把矿山布设于间歇性或潜在泥石流沟道内或其堆积扇上，泥石流一旦暴发，便给矿山带来深重灾害。例如，1984 年 5 月 27 日凌晨四点半，黑山沟泥石流给东川矿务局因民铜矿矿区带来严重灾害，淤埋厂房等建筑物面积达 4.5 万 m²，毁坏矿区管线长 26.7km，包括进出矿坑的通风管道、排水管道、输电线路、通讯线路。全矿停产 14d，损失数百万元。通往东川矿区的公路、铁路屡遭小江沿岸泥石流危害，致使矿山生产成本不断提高。

此外，云南易门铜矿、个旧锡矿、四川攀枝花铁矿、石棉新康石棉矿和许多煤矿均有矿山泥石流发生，造成不同程度的损失。

5. 对农田的危害

绝大多数泥石流对农田均有不同程度的危害。泥石流危害农田的方式有冲刷（冲毁）与淤埋两种。泥石流冲刷危害往往出现在流域中、上游地区，下游的耕地往往易被泥石流淤埋或冲毁。例如，近百年来四川省凉山黑沙河泥石流先后淤埋或冲毁耕地 $200hm^2$，村寨 5 座；云南省东川大桥河先后淤埋耕地 $330hm^2$，村寨 5 个，被淤埋的耕地成为乱石滩或堆积扇。甘肃省武都白龙江、云南省小江、四川省汉源流沙河、凉山安宁河等流域内，泥石流沟道密集，每年均有数百至数千亩，乃至上万亩农田遭泥石流毁坏，其中约一半的堆积扇难以恢复耕种。

6. 泥石流的次生灾害

除上述 5 个方面的直接危害外，泥石流还有如下 3 个方面的次生灾害。

（1）堵断河道，回水淹没成灾。若泥石流流量成倍、数倍乃至数十倍于主河同期流量时，主河水流无力稀释、搬运汇入的泥石流体，便导致泥石流堵断主河，形成临时堤坝，坝内积水成湖，湖水位迅速上涨，造成大面积的淹没灾害。例如，云南省东川蒋家沟泥石流的最大流量可为主河（小江）流量的 5.3 倍，在 1903~1968 年的 65 年期间，曾 7 次堵断小江，堤坝高度超过 10m，回水长度约 10km，淹没上游铁路桥、公路桥、东川矿务局精矿转运站以及近万亩农田，造成严重的经济损失。

（2）主河床淤涨加速、缩短航道、扩大两岸农田洪涝灾区范围。由于支沟泥石流的汇入，主沟道迅速淤积上涨，随之出现航道废弃，引水工程、水库工程报废。例如，100 多年前四川省安宁河水面宽数十米，可撑船航运，但现今河床淤浅展宽，最宽处超过 1000m，不能行船，航道废弃；云南省盈江县境内大盈江河段，因有浑水沟等泥石流的汇入，增加了泥沙石块的输入量，致使河床年上涨速度增至 15cm，河面宽度由 200~300m 扩展到 2km，不少河段成为地上河，江道摆动不定，时常发生溃堤灾害。云南省小江两岸大量泥石流汇入，致使河床年上涨速度高达 20~30cm，河道迅速展宽，河堤常修常毁，仅能保存 3~5 年，现今小江两岸河滩农田遭受支流泥石流和小江河道摆动冲淤的双重危害，出现严重沙石化。

（3）破坏森林植被、降低保水保土能力，增强洪涝灾害。随着泥石流活动，流域中上游森林植被进一步破坏，流域保水保土能力下降，下游和干流江河河床淤浅，泄洪能力锐减，导致洪、旱灾害加剧。据云南、广西、四川等省区调查，近 40 年来，泥石流地区内水土流失严重流域的旱、洪灾害发生频率普遍增加 2~10 倍。

三、泥石流灾害程度的分类

1. 按危险度对泥石流的分类

泥石流一旦暴发，便危及沿程国民经济各个部门，包括城镇、村寨、林、农、牧、工矿、交通运输、水利电力、邮电通讯、文教卫生和旅游等各部门。泥石流的危害度宜采用经济指标"一次损失额（元）"进行。据此分为 5 类，即极重的（大于 10^8 元）、严重的（大于 10^6~10^8 元）、一般的（大于 10^4~10^6 元）、轻微的（大于 10^2~10^4 元）和微弱的（大于 10^2 元）。此外，还有无害的泥石流。

2. 按危害度对泥石流的分类

泥石流危害度可从不同角度进行研究。例如，从对社会的危害来说，可从伤亡人员、毁坏城镇、交通干线、厂矿设施等方面进行分类研究。就我国现阶段来看，宜采取相对危害程度，即泥石流所造成的人民币损失值与流域内全部社会资财折价人民币之比值来确定。据此分为 5 类，即毁灭性（大于 0.8）、严重（0.6~0.8）、中度（0.4~0.6）、轻微（0.2~0.4）和微弱（小于 0.2）。泥石流危险度与危害度的区别在于，前者是指它对社会、经济、环境等已经带来的损失，后者仅处于潜在状态。

3. 按防治能力对泥石流的分类

防治泥石流灾害的能力包含防灾意识、防灾财经能力和科学技术能力等。如果仅据防灾财经能力对泥石流分类，可把泥石流防治分为 7 级，即国际级、国家级、省区级、市区级、县级、乡区级和户村级。

防灾能力是可变的，它在时间上随着生产水平和经济发展而不断提高；在地区上随着区域经济发展速度的差距而不断扩大。

4. 按防治费用对泥石流的分类

据我国数十条泥石流防治费用统计，泥石流防治费分为 5 级：昂贵（大于 500 万元/km²）、贵（100 万~500 万元/km²）、中价（10 万~100 万元/km²）、便宜（1 万~10 万元/km²）和最便宜（小于 1 万元/km²）。

5. 按防治效益对泥石流的分类

据防治的经济效益和生态效益，可把泥石流治理分为 3 类，即高效、中效和低效三种（表 7-3）。我国泥石流防治的经济效益以城镇泥石流防治效益最佳。例如，四川省喜德县城泥石流防治，投资 1 元可保护 300~500 元的资财；以某些公路最低，例如西藏自治区浓密加马其美沟泥石流治理，但它具有重要国防意义。

表 7-3　据防治效益对泥石流的分类

治理效果等级	高效	中效	低效
经济效益（元）	>100	10~100	<10
林地覆盖率（%）	>60	30~60	<30

第二节　泥石流的时空分布

泥石流的活动和危害遍及世界约 50 个国家和地区，几乎遍及全球各山区，经常发生在峡谷地区和地震火山多发区，在暴雨期具有群发性。随着生态环境日益遭到严重的破坏，进入 20 世纪后，全球泥石流爆发频率急剧增加。

一、全球泥石流的空间分布

泥石流活动强烈、危害严重的国家有前苏联、日本、意大利、奥地利、美国、瑞士、秘鲁、智利、南斯拉夫、印度、哥伦比亚、中国和印度尼西亚等。据某些国家公布的泥石流分布面积资料，前苏联占总面积的 15%，共有泥石流沟 7000 多条，每年因泥石流造成的损失约 1 亿卢布；日本占国土面积 2/3 的山区几乎均有泥石流现象发生，共有泥石流沟 62272 条，每年因泥石流造成的损失平均为 2900 万美元；奥地利与日本一样，占国土面积 2/3 的山区差不多均有泥石流分布，全国有泥石流沟 4200 条，仅蒂罗尔省就发育有泥石流沟 627 条；美国约有一半国土是山区，大多有泥石流活动，每年因泥石流造成的损失约 3.6 亿美元。秘鲁也是一个泥石流频发国家，多次暴发灾难性泥石流，造成严重的损失。

二、中国泥石流的空间分布

我国是世界泥石流多发国家，泥石流分布广泛、活动强烈、类型齐全、危害严重、地区差异明显。我国泥石流空间分布特点有三方面：①沿断裂构造带密集分布；②在地震活动带成群分布，主要分布于烈度 Ⅶ 级以上地震区；③分布在深切的中、高山区，尤其三级阶梯间的过渡地带。经常出现在海拔 800～2500m、坡面 25°～35°、沟床比降 100‰～400‰、集水面积 0.6～50km² 的地区。

我国泥石流的区域分异和发育程度受控于地质构造和地貌组合；泥石流的暴发频率和活动强度受控于水源补给类型和动力激发因素；泥石流的性质和规模受控于松散物质的储量多寡、组构特征和补给方式。

构造体系对泥石流发育带的展布方向和范围具有宏观控制作用。例如泥石流较发育的天山、燕山、辽东南山地以及昆仑山、秦岭等，分别位于两条巨型纬向构造带上；泥石流很发育的喜马拉雅山、念青唐古拉山、横断山、哀牢山等，则位于歹字型构造体系、经向构造体系及两者的复合带上。东部地区泥石流较发育地带的展布方向大都受华夏、新华夏构造体系的控制。断裂密集带、尤其是第四纪活动断裂带地壳软弱、差异运动明显、地形崎岖、岩层破碎，有利于河流顺此侵蚀下切，沿岸支沟密集、崩塌滑坡十分发育，为发生泥石流密集带。例如金沙江、安宁河、小江、怒江等河谷断裂带，泥石流均十分发育。

从地形、地貌来看，我国泥石流几乎广布于各种气候带和各种高度带的山区，主要集中于 3 个地形阶梯间的 2 个过渡带，即青藏高原向次一级的高原或盆地（云贵高原、黄土高原、内蒙古高原，四川盆地、塔里木盆地、准噶尔盆地）的过渡带，包括昆仑山、祁连山、岷山、龙门山、横断山和喜马拉雅山，以及次一级高原盆地向我国东部低山丘陵或平原的过渡带，包括大小兴安岭、长白山、燕山、太行山、秦岭、大巴山、巫山、武陵山、南岭、云开大山和十万大山等。主要发育地带从横断山区向北至秦巴山区、黄土高原，然后向东西分为两支，大致以大兴安岭—燕山—太行山—巫山—雪峰山一线为界分为两部分，西部的高原、高山、极高山是泥石流最发育、分布最集中、灾害频繁而又严重的地区，尤其活动性大断裂带的软弱岩层地区，粘性泥石流的暴发频率最高，泥石流沟道分布最为密集；东部的平原、低山、丘陵，除辽东南山地泥石流密集外，其他地区泥石流分布零散，灾害较少。东支沿太行山、燕山到辽东山地，西支经祁连山到天山山地，总体展布形式受控于我国现代构造体系的展布格局，略呈 "Y" 形。

在行政区域上，泥石流在我国的分布北起黑龙江双鸭山市，南至海南岛石禄县，东起台湾的闵林，西到新疆喀什和慕士塔格山麓。据初步统计，全国有 29 个省（自治区、直辖市），771 个县（市）有泥石流活动，70 多座县城受到泥石流的潜在威胁，泥石流分布区的面积约占国土总面积的 18.6%，有灾害性泥石流沟 8500 余条，一般泥石流沟则更多，每年因泥石流造成的损失约 3 亿元。其中大多数分布在西藏自治区、四川省、云南省、甘肃省。四川省、云南省多是雨水泥石流，青藏高原则多是冰雪泥石流。

暴雨型泥石流受季风影响明显，在季风气候的山区呈片状带状分布，在非季风影响的西北、北部仅在最大降水带的一定坡向和高度上才会出现。暴雨型泥石流是我国分布最广泛、数量最多、活动也最频繁的泥石流类型。其主要分布地区为我国东部和中部人口较集中、经济较发达的地区，因而造成的危害最大，与人民生活、国家建设的关系也最密切。冰川型泥石流分布于海拔很高的青藏高原及周围山地，融水型泥流主要分布在青藏高原腹地和东北大兴安岭北段的多年冻土地区。

在山地灾害中，泥石流与气候的关系比滑坡、崩塌等与气候的关系表现得更为密切。泥石流形成的三要素中，水源是最活跃的因素，而水源状况主要取决于气候。此外，气候还影响着岩石的风化形式和速度，影响着地貌形态、植被情况等，从而直接或间接地影响泥石流发育的其他两项因素。不同气候条件下，泥石流的类型、密度、发生频率、规模等，都具有明显差异。气象要素中，与泥石流关系最密切的是降水量、降水强度和气温。

我国多年平均降水量由东南向西北递减，从大于 2000mm 降到不足 50mm，相差十分悬殊。泥石流分布数量与多年平均降水量的关系如表 7-4 所示。

表 7-4　　　　　　　　　泥石流分布与年降水量关系统计表

年降水量 （mm）	<100	100～400	401～600	601～800	801～1000	1001～1400	>1400
泥石流数量 百分比（%）	2	8	16	18	24	22	10

随着年降水量的增加，泥石流数量开始呈现上升趋势，而后又转为下降趋势。约 80% 的泥石流出现在年降水量 400～1400mm 的地区，年降水量少于 400mm 或多于 1400mm 的地区泥石流数量都明显减少。由此可见，半干旱、半湿润到湿润的气候条件都有利于泥石流发育，而干旱气候不利于泥石流发育。

降雨强度对于暴雨型泥石流的发生有着决定性意义，在各种地质环境下，降雨强度都要达到相应的临界才会导致泥石流暴发。多暴雨是我国气候特点之一，而日暴雨量、年暴雨日数等的区域分布及季节变化规律均与年降水量的变化基本一致。日暴雨量和年暴雨日数是影响泥石流发育的重要因素，但数十分钟，甚至数分钟的瞬时雨强往往与泥石流的暴发有着更直接的联系。我国北部和西部一些地区虽然出现日降雨量不小于 50mm 的日子不多，但瞬时高强度的降雨却经常出现，其降雨分配的不均匀程度、集中程度比多雨的东部地区要高得多。东部地区虽然年降雨量大、日暴雨量多、暴雨日数也最多，但泥石流并不很发育，除了地质地貌条件不利于发育泥石流外，降雨分配相对其他地区较为均匀，瞬时雨强并不比其他地区大，也是原因之一。

地震活动对泥石流发生发展有着深远的影响。一次强烈的地震不仅可以直接触发泥石流，而且由于地震引起大量岩体松动、产生许多崩滑体，也为泥石流准备了丰富的固体物质来源，从而使地震后相当长时期内泥石流都很活跃。我国一些著名的山区地震带，也正是泥石流的主要发育带。例如 1976 年龙陵、松潘、唐山等地震都对当地山区泥石流活动产生了明显的促进作用。

总之，我国泥石流主要分布在断裂构造发育、新构造运动活跃、地震剧烈、岩层风化破碎、山体失稳、不良地质现象密集、地形高差悬殊、山高谷深、坡陡流急、气候干湿季分明、降雨集中，并多局地暴雨，植被稀疏、水土流失严重的山区及现代冰川发育的高山地区。

三、中国泥石流分区及概述

为了概括反映泥石流灾害生成、发育的区域大环境条件及灾害总体特征的异同，我国学者对我国泥石流进行了灾害分区。根据大区域的地貌、气候条件，以及由此决定的泥石流基本类型和总体特征的异同，共分为4个大区；由次级地貌、构造、地层岩性、泥石流物质结构类型、发育程度及灾害程度的差异，再分为18个"亚区"（表7-5）。

表7-5　　　　　　　　　　　　　泥 石 流 灾 害 分 区 表

大　区		亚　区	
I	东部湿润低山丘陵暴雨泥石流灾害区	I₁	长白山—太行山暴雨水石流较发育的中度灾害亚区
		I₂	山东丘陵暴雨水石流弱发育的轻度灾害亚区
		I₃	江南—沿海岛屿低山丘陵暴雨水石流弱发育的轻度灾害亚区
II	北部半干旱—半湿润高原暴雨泥石流灾害区	II₁	大、小兴安岭冻融暴雨泥流弱发育的轻度灾害亚区
		II₂	内蒙古高原暴雨泥石流弱发育的轻度灾害亚区
		II₃	黄土高原暴雨泥流发育的重度灾害亚区
III	西南湿润高中山暴雨泥石流灾害区	III₁	东秦岭—大巴山暴雨泥石流较发育的中度灾害亚区
		III₂	四川盆地丘陵暴雨泥石流弱发育的轻度灾害亚区
		III₃	巫山—大娄山暴雨泥石流弱发育的中度灾害亚区
		III₄	云贵高原暴雨水石流弱发育的中度灾害亚区
		III₅	西秦岭—横断山东部暴雨泥石流发育的重度灾害亚区
		III₆	横断山西部—哀牢山暴雨泥石流发育的重度灾害亚区
IV	西部寒冻高原高山冰川泥石流灾害区	IV₁	天山冰川、暴雨泥石流较发育的中度灾害亚区
		IV₂	祁连山冰川、暴雨泥石流发育的中度灾害亚区
		IV₃	昆仑山冰川泥石流较发育的轻度灾害亚区
		IV₄	藏北高原冻融泥流较发育的轻度灾害亚区
		IV₅	喜马拉雅山冰川泥石流较发育的中度灾害亚区
		IV₆	念青唐古拉山东段冰川泥石流发育的重度灾害亚区

I 东部湿润低山丘陵暴雨泥石流灾害区

该区地跨我国地势第三级阶梯及第二级阶梯东侧的部分斜坡地带，以大平原和低山丘陵为主，少数山峰高程在1000～2000m左右。总体而言，尽管本区发育泥石流的水源条件充足，但由于固体物质补充不足，地形较平缓，因此泥石流发育程度较弱，暴发频率较低，较严重的泥石流灾害一般数年到十几年才出现一次。在物质结构类型上以水石流和稀性泥石流为主。由于数量多、范围大，区内工农业发达、人口集中，所以一旦暴发泥石流，很容易造成严重损失。例如，受台风"云娜"影响，浙江省温州市乐清市北部山区3个乡镇于2004年8月13日4时至5时许，发生特大泥石流地质灾害，至少造成25人死亡、22人失踪、9人受伤。

I₁长白山—太行山暴雨水石流较发育的中度灾害亚区

该亚区泥石流比较发育，灾害程度以较严重和严重为主，也有部分地带极严重。例如1977～1981年间，辽东南地区共出现4次群发性泥石流灾害，总计冲毁耕地16万亩，破坏房屋1.5万间，造成720人丧生，直接经济损失数千万元。

Ⅰ₂山东丘陵暴雨水石流弱发育的轻度灾害亚区

该亚区泥石流零星偶然发生，主要出现在沂蒙山区，危害轻微。

Ⅰ₃江南—沿海岛屿低山丘陵暴雨水石流弱发育的轻度灾害亚区

本亚区泥石流以较大范围的群发为主。低山及部分中山山麓地带泥石流较发育，矿渣泥石流分布较普遍。广大丘陵地区很少发生泥石流。广西九万山、海洋山、江西井冈山、九岭山，两广交界的云开大山以及台湾中央山脉的山麓地带灾害较严重。

Ⅱ 北部半干旱—半湿润高原暴雨泥石流灾害区

本区包括黄土高原、内蒙古高原和大小兴安岭等地区。疏松固体物质来源丰富，但水源不够充足，地形一般起伏不大，切割微弱，故除黄土高原地区外，泥石流不发育。

Ⅱ₁大、小兴安岭冻融暴雨泥流弱发育的轻度灾害亚区

本亚区春夏有零星冻融泥流发生，对道路交通产生轻度危害。东南部小兴安岭地区偶有暴雨型泥石流出现。

Ⅱ₂内蒙古高原暴雨泥石流弱发育的轻度灾害亚区

本亚区在山麓地带有少量泥石流发生，危害轻微。

Ⅱ₃黄土高原暴雨泥流发育的重度灾害亚区

本亚区泥流十分发育，除黄土为主地区泥流发育外，基岩出露的河谷、山麓地带泥石流也较发育。兰州地区、陇东地区（含宝天线、天兰线）灾害特别严重，晋西、陕北、湟水河谷及黄河上游河谷地带灾害也较严重。例如2003年8月29日，陕西宁陕发生特大泥石流，石头和沙土在原来道路的位置上堆积4～5m高，多个县机关办公场所被掩埋或遭受严重损坏，并有数人丧生。

Ⅲ 西南湿润高中山暴雨泥石流灾害区

本区跨青藏高原的东南边缘、横断山、龙门山、秦岭、大巴山、陇南山地、云贵高原及四川盆地等，既有适宜的地形条件和丰富的物质供应，又有充足的水源补充，具有发育泥石流的完备条件，致使本区成为全国暴雨型泥石流分布最广泛、数量最多、暴发频率最高、规模最大、类型也最齐全的地区。泥石流最密集的山区河谷地带，又正是人口和工农业、交通线集中的地带，所以，总的灾害程度也居全国之首。例如1981年6～8月，四川省西部和北部先后出现4次大暴雨、特大暴雨，在50多个县的广大地区共暴发泥石流1060多条，造成310多人死亡、经济损失数千万元。

Ⅲ₁东秦岭—大巴山暴雨泥石流较发育的中度灾害亚区

本亚区泥石流灾害以南部的米仓山、大巴山、东部的汉江紫阳—白河段沿岸及东北部华山北坡较为突出。1982年7月31日，华山北坡孟塬至华县地段，暴雨引发多处水石流，埋没陇海铁路，冲毁不少农田、民房和桥梁。

Ⅲ₂四川盆地丘陵暴雨泥石流弱发育的轻度灾害亚区

本亚区在盆地边部深丘地带和龙泉山等低山区零星出现过泥石流灾害，但泥石流造成灾害的危险性大。

（第七章　泥石流　◀▮▮　169）

Ⅲ₃ 巫山—大娄山暴雨泥石流弱发育的中度灾害亚区

本亚区容易受到泥石流危害，灾害较严重的地带主要在工矿、人口密集的重庆—华蓥地带和长江云阳—秭归河谷段。长江沿岸泥石流对航道有一定危害。

Ⅲ₄ 云贵高原暴雨水石流弱发育的轻度灾害亚区

本亚区泥石流零星出现在有非碳酸盐岩夹层地带，以水石流为多。以危害小水利工程和农田为主，偶尔造成重大灾害。

Ⅲ₅ 西秦岭—横断山东部暴雨泥石流发育的重度灾害亚区

本亚区泥石流十分发育，是我国泥石流灾害最突出的地区。以暴雨型泥石流为主，局部高山、极高山地区也有冰川型泥石流发育；稀性、粘性泥石流经常出现，也有少量泥流和水石流分布，废渣泥石流问题相当突出。西汉水上游、白龙江上游（含甘川公路）、嘉陵江上游（含宝成铁路）、涪江上游、岷江上游、大渡河中下游（含流沙河及川藏公路东段）、安宁河及孙水河谷（含成昆铁路）、金沙江下游及小江流域（含东川铁路支线）等地区，都是我国有名的泥石流重灾区。此外，雅砻江中下游、鲜水河中下游以及滇东北昭通地区、黔西六盘水和毕节地区，泥石流灾害也较严重。

Ⅲ₆ 横断山西部—哀牢山暴雨泥石流发育的重度灾害亚区

本亚区泥石流发育条件良好，除暴雨型泥石流外，北部高山、极高山尚有少量冰川泥石流分布。大盈江流域是最著名的泥石流发育区之一，在 6600km² 范围内计有较大的泥石流沟 116 条，活动十分频繁。如梁河县浑水沟泥石流已有 100 余年活动史，每年暴发 50 多次，输入大盈江的泥沙平均每年 110 余万 m³，河床逐年抬高，经常造成河堤决口冲埋两岸农田村寨的灾害；又如盈江县弄障区南拱 1969 年 8 月暴发泥石流，冲毁两座村庄，死亡 97 人，经济损失 100 多万元。怒江、澜沧江中游段泥石流灾害也相当严重，两江沿岸共有泥石流沟 220 余条，贡山、六库、兰坪等县城均遭受过泥石流侵袭。兰坪县城 1977 年被泥石流冲毁，被迫搬迁到数十公里外的金顶镇。北部川藏公路沿线泥石流危害也较严重，巴塘—竹巴笼段 100 余公里计有泥石流沟 80 多条，泥石流活动强烈，经常中断交通。

Ⅳ 西部寒冻高原高山冰川泥石流灾害区

本区是我国冰川型泥石流的主要分布区域，此外还有暴雨型和冻融型泥石流分布。但因本区是我国人口最稀少，经济发展较晚的地区，除局部地区外，泥石流灾害较轻。

Ⅳ₁ 天山冰川、暴雨泥石流较发育的中度灾害亚区

本亚区天山地区泥石流较发育。深山区以冰川泥石流为主，多发生在 6、7 月午后高温天气，主要危害公路。天山南北麓以暴雨引发的泥石流为多。如 1984 年 5 月 23 日，昌吉三屯河上游大洪沟出现局地性暴雨，历时仅 1h，中心降雨量高达 100mm，形成一次典型的暴雨型泥石流，摧毁了沿途一切建筑，破坏了下游水利工程；兰新铁路也多次遭受泥石流袭击，造成运输中断。

Ⅳ₂ 祁连山冰川、暴雨泥石流发育和中度灾害亚区

本亚区指祁连山东北坡及河西走廊一带山地。变质岩、火成岩为主，黄土分布也较普遍，断裂密集，暴雨型和冰川型泥石流较发育。1987 年 6 月 10 日，甘肃金昌市和民勤县昌宁一带暴雨引起群发泥石流灾害，死亡 24 人，大量民房被毁、农田被淹。

Ⅳ₃ 昆仑山冰川泥石流较发育和轻度灾害亚区

本亚区包括昆仑山、阿尔金山及祁连山西南部等地区，冰川泥石流较为发育，山麓地带偶有暴雨型泥石流发生。例如，中巴公路自 1959 年通车以来，几乎每年都要发生冰川泥石流冲毁路基、桥涵或淤埋路面的事故。

Ⅳ₄ 藏北高原冻融泥流较发育和轻度灾害亚区

本亚区为青藏高原腹地多年冻土分布地区，冻融泥流分布较普遍，也有少量冰川泥石流分布。由于本区人烟极为稀少，故造成的危害轻微。青藏公路沿线泥流较多，对公路养护造成不利。

Ⅳ₅ 喜马拉雅山冰川泥石流较发育的中度灾害亚区

本亚区位于雅鲁藏布江中上游一带，山地地区冰川型泥石流较发育，雅鲁藏布江河谷地带暴雨型泥石流较发育。喜马拉雅山北坡以冰湖溃决型泥石流较多为特征。例如 1981 年 7 月 11 日，聂木拉县次仁玛错冰湖溃决形成泥石流，冲毁中尼边界处的桥梁、公路、驻军营房及其他设施，并冲入尼泊尔境内，造成 200 多人死亡。

Ⅳ₆ 念青唐古拉山东段冰川泥石流发育的重度灾害亚区

本亚区位于藏东南，泥石流发育条件有利，其中，川藏公路段是泥石流灾害最严重的地段，然乌—鲁朗间长约 280km 的公路沿线计有规模较大的泥石流沟 140 余条，年年都有泥石流暴发，酿成严重灾害。例如，迫隆沟 1983 年 7 月 29 日、1984 年 7 月 27 日、1985 年 5 月 29 日暴发泥石流，历时长，破坏大，经济损失严重。其后 1986～1988 年又连续暴发了泥石流，每年阻断交通都在半年以上。

四、泥石流分布的时间特征

总体上，泥石流大都发生在较长的干旱年之后（物质积累阶段），出现多雨或暴雨强度大的年份及冰雪强烈消融的年份；就季节变化而论，降水量的季节性变化决定着泥石流暴发频率的季节变化。泥石流多发生在降雨集中期和冰川积雪强消融期的 6～9 月；就日际变化而论，泥石流多发生在午后至夜晚。

我国绝大部分地区干、湿季节分明，一般 6～8 月为湿季，年降水量的 60%～90% 集中在这三个月，12 月至次年 3 月雨量稀少，其余几个月为过渡期。据统计，约 80% 的泥石流灾害发生在 6、7、8 三个月内，以 7 月份暴发频率最高，12 月至次年 3 月基本无泥石流发生，最早出现泥石流灾害的时间在 4 月下旬，最晚时间在 11 月下旬（表 7-6）。

表 7-6　　　　　　　　泥石流暴发频率与月份关系统计表

月份	1	2	3	4	5	6	7	8	9	10	11	12
暴发频率（%）	0	0	0	2	9	18	34	24	10	1	1	0

气温对于冰川型泥石流和冻融型泥石流的形成是决定因素之一。冰川型泥石流暴发频率又与月平均气温的变化有关，6、7、8 三个月不仅是降水量最多的月份，也是月平均气温最高的月份，故冰川型泥石流也集中在这几个月暴发。冻融型泥石流主要分布在年平均气温低于 0℃ 的地区。冰川型泥石流都分布在年平均气温低于 10℃ 的地区。藏东南海洋性冰川泥石流分布地区年平均气温 6～10℃，年降水量 400～800mm；其余大陆性冰川泥石

流分布地区年平均气温低于6℃，年降水量少于400mm。

第三节　泥石流的形成条件

一、泥石流的形成条件

泥石流是在一定的地理条件下形成的由大量土石和水构成的固液两相流体，泥石流的形成需具备三项必要条件，即特定的地形形态和坡度、丰富的疏松土石供给以及集中的水源补充。而这些条件又受控于地质环境、气候、植被、水文条件等诸因素及其组合状况。地质环境因素中以地貌形态、地层岩性、地质构造、新构造活动、地震等对泥石流形成的影响最大。形成泥石流灾害系统的诸要素及其相互关系可概括如图7-2所示。

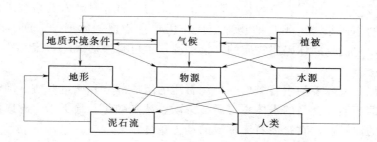

图7-2　与泥石流灾害形成的相关要素及其相互关系

1. 地形、地质条件

泥石流暴发区的地质条件一般较为复杂，诸种地质营力的强烈作用为泥石流提供了丰富的固体物源。地层、地质构造和新构造运动（含地震）对地形、地貌和疏松固体物质的产生起着控制作用，从而也控制了泥石流的分布状况。根据不同岩性（为主）地区出现泥石流数量的比例，并考虑不同岩性分布面积的差异，可以得出：变质岩和黄土区泥石流最发育，岩浆岩和碎屑岩地区次之，碳酸盐岩地区泥石流最不发育（表7-7）。地形条件是自然界经长期地质构造运动形成的高差大、坡度陡的坡谷地形。

表7-7　　　　　　　泥石流分布与岩性关系统计表

主要岩性	变质岩	碎屑岩	岩浆岩	碳酸盐岩	黄土
泥石流数量百分比（%）	42	31	9	7	11

地形地貌是泥石流形成的空间条件，对泥石流的制约作用主要表现在地形形态和坡度是否有利于积蓄疏松固体物质、汇集大量水源和产生快速流动等方面。地势高亢，地形陡峭，河流深切，沟谷比降大的地形极有利于暴雨径流汇集，造成大落差，使泥石流获得巨大的能量。从区域地貌形态类型来看，只有相对高差较大、切割较强烈的山区才具备发育泥石流的基本条件。统计表明，我国海拔1000～3500m的中山区，泥石流最发育（表7-8）。分布在中山区的泥石流数量占我国泥石流总数的一半以上，平原、沙漠及部分低缓的丘陵地带没有泥石流出现。中、低山和黄土高原是暴雨型泥石流的主要分布区，而冰川型泥石流则几乎都分布在高山、极高山地区。

表 7－8　　　　　　　　　泥石流分布与地貌形态关系统计表

地貌形态	平原	沙漠	丘陵	低山	中山	高山	极高山	黄土高原
泥石流数量百分比（％）	0	0	2	15	56	9	7	11

2. 固体碎屑物质

充足的固体碎屑物质是泥石流发育的基础之一，通常决定于地质构造、岩性、地震、新构造运动和不良的物理地质现象。固体碎屑物来自于山体崩塌、滑坡、岩石表层剥落、水土流失、古老泥石流的堆积物，及由人类经济活动（如滥伐山林、开矿筑路等）形成的丰富碎屑物。在地质构造复杂、断裂皱褶发育、新构造运动强烈和地震烈度高的地区，岩体破裂严重，稳定性差，极易风化、剥蚀，形成碎屑物质，为泥石流提供固体物质。在泥岩、页岩、粉沙岩分布区，岩石容易分散和滑动；岩浆岩等坚硬岩石易被风化成巨砾，成为稀性泥石流的物质来源。不良的物理地质作用包括崩坍（冰崩、雪崩、岩崩、土崩）、滑坡、坍方等，它们是固体碎屑物质的直接来源，也可直接形成泥石流。

3. 充足的水体

水是激发泥石流爆发的主要条件，是泥石流的组成部分和搬运介质。随着自然地理环境和气候条件的不同，充足的水体主要源自暴雨、冰雪融化、地下水、湖库溃决等，最多的是降雨发生的泥石流。它是泥石流形成的动力条件。

特大暴雨是泥石流爆发的主要动力条件。我国东部处于季风气候区，降水量大而集中，一般中雨、大雨、暴雨和大暴雨均可激发泥石流发生，尤其 1h 雨强在 30mm 以上和 10min 雨强在 10mm 以上的短历时暴雨，如黄土高原的连阴雨及高强度暴雨泥石流。

连续性降雨后的暴雨是泥石流爆发的又一主要动力条件。由于前期降水使山坡上土体和破碎岩层含水饱和，弧度降低，松散储备物质已不稳定，再在暴雨激发下极易形成泥石流。如成昆线三滩泥石流在 1976 年曾连续两次发生泥石流。第一次在 6 月 29 日，当天有效降雨 55.1mm，10min 降雨强度达 12.2mm，但因前期未降雨，泥石流的规模和强度不大。第二次是在 7 月 3 日，日有效降雨量 86.7mm，10min 最大降雨量 11.8mm，由于有前期降雨的影响，泥石流强度高达 50 年一遇。

在青藏高原积雪的高山上，若日均温上升（即与月均温差为正），多为无雨日或晴日，冰雪迅速融化，最易发生泥石流；相反，泥石流频率降低在 20％ 以下。冰雪融化有时导致冰湖溃决，或其他原因造成水库溃坝，都会诱发泥石流。在石灰岩发育地区，地表水转化为地下水，不利于泥石流的形成。

除上述地质、地貌、气象和水文等方面的因素外，泥石流的发育还与人类的不合理活动有关。人类社会既是泥石流灾害作用的客体，又是直接或间接改造泥石流形成条件的重要动力之一。人类对于泥石流灾害的发生和发展有着截然相反的两种作用，一方面不自觉地破坏生态环境，促进了泥石流灾害的发生、发展。另一方面，主动采取措施抑制泥石流灾害的发生和扩大。在促进泥石流灾害加重方面，主要表现在给泥石流形成提供固体物质来源、水源、创造地形条件、破坏天然植被以及疏于防范等。采矿、采石、修路、水工建设等产生的大量弃渣随意堆于斜坡上、倾于沟谷中，大规模开挖形成人工边坡，破坏了山体平衡，引起崩塌、滑坡、或毁林开荒、陡坡垦殖和过度放牧等加重了水土流失等，都直接、间接地为泥石流提供了疏松固体物质来源，促使泥石流的形成与发展。据不完全统计，四川、云南、贵州、广东、广西、海南、湖南、湖北、江西、福建、山西、辽宁等省区均发生过矿碴泥石流。水利工程的渗漏或溃决，为泥石流提供水源，有时演变成突发性大灾。例如 1973 年 4 月 27 日，甘肃庄浪县发生水库溃决引起的泥石流，死亡 580 人。另外，由于对泥石流的特征和活动规律认识不够，人们往往疏于防范，将自己的生活区或经济活动场所置于泥石流危险区的范围内，这也是造成灾害严重的主要原因之一。例如川、滇两省有 50 余座县级城镇坐落在古代泥石流堆积扇上，一些泥石流沟重新恢复活动后就对城镇产生直接危害。

二、泥石流的形成过程

在上述固体物质来源、水源以及沟谷条件均具备的情况下，就会导致泥石流的形成发育。泥石流的形成过程一般有以下三种形式：①地表水在沟谷的中上段浸润冲蚀沟床物质，随冲蚀强度加大，沟内某些薄弱段块状岩石等固体物松动、失稳，被猛烈掀揭、铲刮，并与水流搅拌而形成泥石流；②山坡坡面土层在暴雨的浸润击打下，土体失稳，沿斜坡下滑并与水体混合，侵蚀下切而形成悬挂于陡坡上的坡面泥石流；③滑坡土体触发沟床物质，带动沟床固体碎屑物的活动形成泥石流。

第四节　泥石流的预报

泥石流预测、预报和警报的目的是预测泥石流的发生、发展变化和暴发时间，以便提前采取措施，保护生命财产的安全。随着各国山区经济的日益发展，人类活动的日趋频繁，泥石流的危害不断加剧，现已成为许多多山国家主要自然灾害之一，对山区铁路、公路的危害尤为突出。因此，鉴别泥石流，掌握其发生、发展与活动规律，预测预报其发展趋势是防灾减灾的重点内容。准确预报和有效防治泥石流灾害已成为发展山区经济，保障山区人民生命财产安全的一项重要任务。

泥石流预报是在泥石流预测的基础上，选择那些极重度和重度危险地区或单条泥石流沟进行预报。做好降雨量预报是提高泥石流预报的可靠性的前提条件。对降雨型泥石流的预报，首先要确定预报范围内激发泥石流发生的降雨临界值，它主要是根据已有泥石流暴发前的降雨量观测值，进行统计获得；然后，根据地区气象预报的降雨量与临界降雨量进行对比，预报近期内泥石流发生的情况。

泥石流警报是在泥石流沟谷的形成区、流通区和堆积区分别设置监测点，对泥石流的活动过程进行监测，将泥石流开始起动、流动的情况，及时利用电话或无线电设备，传送到监测预报中心，发出警报，通知主管部门和政府，组织泥石流区人员及时撤离。

一、泥石流预报的原理和方法

（一）泥石流预报的基本原理

泥石流在发育区域分布上有显著的地区性和地段差异性，在活动时间系列上有明显的周期性和阶段活跃性，在演化成灾过程中又表现出普遍的群体性和局地灾情严重性等规律，这是泥石流预测和预报的理论基础。

泥石流的发育形成因素主要受特定的地质地貌、自然生态环境以及异常降雨量的控制。暴雨泥石流发生的直接激发因素是降雨，通常将暴雨泥石流预报简化为泥石流发生与降雨量的简单判别关系，从而便于运作和实施预报分析。泥石流预报是依年、月、旬、日或时的降雨量的区域平均预报信息为依据的。

（二）泥石流预报方法

泥石流预报方法主要有监测降雨量预报法、降雨量分析预报法、根据气象雨量预报法、测雨雷达监测预报法、传感器预报法、超声波泥位预报法和遥测地声预报法等几种。

1. 监测降雨量预报法

诱发泥石流发生的外界触发因素有降雨、融雪、溃坝、地震等。其中以降雨引起的泥石流（称降雨型泥石流）分布最广，活动最频繁，因此是泥石流预报研究的主要对象，以监测的实际降雨量为预报依据。

2. 降雨量分析预报法

对于某条沟或相邻几条沟的小规模地区的泥石流临近预报均采用地面降雨数据方法。在广泛设置自记式雨量计基础上，对历次泥石流发生或未发生对上游形成区降雨资料进行统计分析，建立预报图。首先是确定泥石流的临界雨量线（CL 线或称安全线），其方法是在平面直角坐标图上，纵坐标代表时雨强、10min 雨强或有效雨量强度，横坐标代表实效雨量（考虑 14 天的前期雨量与连续雨量之和）或连续雨量，对降雨过程泥石流发生和不发生进行雨量资料绘图。画出一条对应泥石流发生的最低雨强和最低实效雨量的下限外包络直线，定为临界雨量线 CL。此线的物理意义是，当降雨强度和实效雨量的坐标点超过这条线时，该沟就有发生泥石流的危险，不超过这条线则不发生泥石流。该线与气候类型、沟的物质供给方式、发生频次、周期都有密切关系，对各条沟不可能有统一的标准，这条线是建立预报图的基础。在防灾体制中，为了保护生命财产，必须在临近泥石流发生之前作出警戒和避难的安排，为此在预报图中还需设定警戒雨量线 WL 和避难雨量线 EL。当未来的降雨达到警戒信号，要求提高警惕并做好行动准备。当达到避难雨量线时则发布避难信号，要求立即采取避难撤离措施。泥石流预报的成功率和预报图中 CL、WL、EL 三条线的设定正确与否有很密切的关系，而后者只有通过大量的雨量资料的收集才能不断修正和完善。

3. 根据气象雨量预报法

根据气象台发布的雨量预报进行泥石流预测。设置传真接收装置，提供未来 24h 的暴雨可能性预报，大雨洪水实况监测和短时间降雨预测等，将这些数据结合预先设定的危险雨量标准等进行综合判别处理，并将结果传送给那些即将受到威胁的城镇与村庄。

4. 测雨雷达监测预报法

将测雨雷达装置小型化，设置在能瞭望数条泥石流沟广大地区的某个制高点上，当雷达天线作水平搜索时，可在极坐标系统的平面屏幕上显示出测站周围的云雨分布区域，雨区移动情况，雨势的兴衰和降雨量、降雨强度，作为泥石流防灾管理部门发布泥石流预报的依据。

5. 传感器预报法

接触型泥石流报警传感器的工作原理是通过量测传感器（安装在泥石流断面侧壁的盆型凹槽里）被泥石流体淹没之前的高电位 V_{ko}，以及传感器被泥石流体淹没后沟通的电流从变压器流经限流电阻、传感器、泥石流体、接地极又回到变压器的回路电压 V_{ky}（$V_{ky} \ll V_{ko}$），借助于 V_{ky} 与 V_{ko} 的显著差异，来判断传感器是否被淹没，从而确定和发报泥石流是否发生及其发生的规模。

6. 超声波泥位预报法

超声波泥位报警的原理：考虑到泥石流流深能直观地反映泥石流规模大小和可能危害的程度，利用回声测距的原理，测得传感器断面的泥石流流深 h_2

$$h_2 = \left(\frac{n_2 I_1^{1/2} b_1}{n_1 I_2^{1/2} b_2} \right)^{3/5} h_1 \qquad (7-1)$$

式中：h_1、h_2 分别为上、下两个断面的泥石流流深；n_1、n_2 分别为上、下两个断面的泥石流糙率系数；b_1、b_2 分别为上、下两个断面宽度；I_1、I_2 分别为上、下游断面的沟床纵比降。

7. 遥测地声预报法

泥石流运动过程中摩擦、撞击沟床和岸壁而产生震动，并沿沟床方向传递，称之为泥石流地声，其信号具有一狭窄的频率范围，频率较环境噪声至少高出 20dB。另外，地声信号的强度与泥石流规模成正比。利用泥石流地声的这些特点，通过信号接收与转换，对泥石流实施报警。报警装置自收到泥石流地声信号开始报警，泥石流停歇，信号消失。

二、泥石流预报类型

（一）根据预报灾害的孕灾体分类

所谓孕灾体就是产生泥石流灾害的地理单元，这个地理单元可以是一个行政区域，也可以是一个水系区域或地理区划区域，还可以是具体形成泥石流的泥石流沟（坡面）。根据孕灾体的不同，将泥石流预报分成区域预报和单沟预报。

区域预报是对一个较大区域内泥石流活动状况和发生情况的预报，宏观地指导泥石流减灾，帮助政府制定减灾规划和减灾决策。区域预报一般是对一个行政区域进行预报，但铁路和公路等部门往往只关注线路沿线区域的泥石流灾害情况而只对线路区域进行预报，称为线路预报。因线路预报仍是对某线路区域内的所有泥石流活动进行预报，所以线路预报包括在区域预报中。单沟预报是针对具体的某条泥石流沟（坡面）的泥石流活动进行预报，指导该沟（坡面）内的泥石流减灾，这些沟谷（坡面）内往往有重要的保护对象。

（二）根据预报的时空关系分类

根据泥石流预报的时空关系，可以将泥石流预报分成空间预报和时间预报。

1. 泥石流发生空间预测

宏观上国内外对泥石流分布和分区规律已基本掌握，并编制了不同比例尺的灾害分布、分区图。

从中观到微观尺度，泥石流空间预报包括单沟空间预报和区域空间预报。泥石流空间预报对经济建设布局、工程建设规划、山区城镇建设规划和土地利用规划等都具有重要的指导意义。目前国际上主要侧重于泥石流发生空间的小尺度预测，即泥石流冲出沟口后可能堆积的几何尺寸，又称危险范围。

2. 泥石流发生时间预测（频度预测）

泥石流预报的时段是泥石流预报的核心。结合到泥石流发生的条件，把泥石流的预测时段同水文气象部门的天气预报尺度相联系，以基本要素的信息变化为依据，将泥石流预报分为长期预报、中期预报、短期预报和临灾警报 4 大类 12 种。

长期预报是数月到数年的趋势预测，作为规划和防治工程设计的依据，它属于重现期预测，即发生频率预测；中期预报分季、月、旬、候几种尺度，主要依据气象部门对气候的相同尺度预报信息，属于险情预报，可以在较大范围内提醒人们提前做好防灾工作；短期预报指数小时到 3d 内的预报，对城镇、工矿和交通运输部门的泥石流临灾避难与救助有重要意义；临灾警报指零小时到数小时内的预报，是依据每小时的雨量图、雨势情报、危险前兆、监测数据判定预测泥石流的发展和发生，属临灾预警，是实施紧急避险措施的关键环节。

（三）根据预报的性质和用途分类

根据泥石流预报的性质和用途可将泥石流预报分成背景预测、预案预报、判定预报和确定预报。背景预测是根据某区域或沟谷内的泥石流发育环境背景条件分析，对该区域或沟谷内较长时间内泥石流活动状况的预测，目的是指导该区域或沟谷内经济建设布局和土地利用规划等。预案预报是对某区域或沟谷当年、当月、当旬或几天内有无泥石流活动可能的预报，指导泥石流危险区做好减灾预案。判定预报是根据降水过程判定在几小时至几天内某区域或沟谷有无泥石流发生的可能，具体指导小区域或沟谷内的泥石流减灾。确定预报是根据对降水监测或实地人工监测等确定在数小时以内将暴发泥石流的临灾预报，预报结果直接通知到危险区的人员，并组织人员撤离和疏散。

（四）根据预报的泥石流要素分类

根据预报的泥石流要素可将泥石流预报分成流速预报、流量预报和规模预报等。流速和流量预报都是对通过某一断面的沟谷泥石流的流速和流量进行预报，一般是针对某一重现期的泥石流的要素进行预报，主要为泥石流减灾工程的设计和计算泥石流泛滥范围和危险区的划分服务。泥石流发生规模预测是对泥石流沟一次泥石流过程冲出物总量和堆积总量的预报，对泥石流减灾工程设计、泥石流堆积区土地利用规划等都有重要意义。泥石流规模即泥石流冲出量，目前只能凭经验估计或用统计公式估算。泥石流发生规模的预测是泥石流预测研究中的重点，也是各国泥石流学者致力于攻克的世界性难题。

（五）根据预报的灾害结果分类

根据预报的灾害结果可将泥石流预报分为泛滥范围（危险范围）预报和灾害损失预报。泥石流泛滥范围预报是泥石流流域土地利用规划、危险性分区、安全区和避难场所划定和选择的重要依据。灾害损失预报是对泥石流灾害可能造成损失的预报，是政府减灾和救灾部门制定减灾和救灾预案的重要依据。

（六）根据预报方法分类

泥石流预报方法种类繁多，归纳起来可以分成定性预报和定量预报两大类。定性预报主要是通过对泥石流发生条件的定性评估来评价区域或沟谷泥石流活动状况，一般用于中、长期的泥石流预报。定量预报是通过对泥石流发育的环境条件和激发因素进行定量化的分析，确定泥石流的活动状况或发生泥石流的概率，一般用于泥石流短期预报和临灾预报中，给出泥石流发生与否的判定性预报和确定性预报。定量预报又可以分为基于降水统计的统计预报和基于泥石流形成机理的机理预报。统计预报主要是根据对发生的泥石流历史事件进行统计分析，确定临界降水量，并以此作为泥石流预报的依据。它是目前研究和应用最多的一种预报方法。机理预报是以泥石流形成机理为基础，根据流域内土体的土力学特征变化过程预报泥石流的发生与否。由于泥石流形成机理的研究尚不成熟，基于泥石流形成机理的机理预报尚处于探索阶段。

从以上的泥石流预报分类可以看出，不同类型的预报之间存在相互交叉和包容关系。根据这一特点进行综合分析，建立了泥石流预报的分类树（图7-3），综合反映泥石流预报的类型及其相互之间的关系。

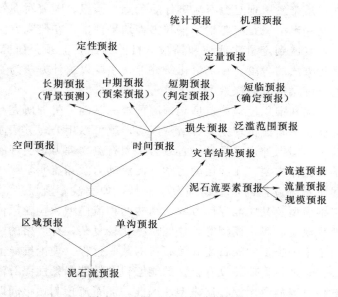

图7-3　泥石流预报分类结构

三、泥石流预报中存在的问题及展望

1. 存在问题

泥石流预测存在着不确定性。由于泥石流发生背景的复杂性以及对其形成机理和汇流规律的认识不深，激发泥石流的雨量和雨强尚不能准确定量。泥石流预报精度也只能限定在气象部门对降雨天气过程预报的前提下，因而，泥石流预报的准确程度依赖于降雨预报的准确率。暴雨出现属随机事件，暴雨预报是概率性预报。所以泥石流预报也具有随机性。泥石流监测预报精度的提高除取决于天气预报精度的提高外，还有赖于泥石流形成条件与形成机理研究的深化程度。

预报模式推广尚有难度。较准确的泥石流预报模式，大多是建立在长系列观测资料基础之上，多为黑箱式经验性模式，没有包含泥石流形成背景条件与机理的信息。由于泥石流形成背景条件因沟而异，在不同地区差异更大，将这些模型用于缺乏观测资料的沟谷泥石流预测是不适宜的。泥石流预测中计算机和新技术方法的应用，是一种有益的尝试和探索，是对传统预测方法的补充，但基本上也属于"黑箱式"的思维（如神经网络），加上泥石流现象本身的复杂性，所建立的模式与可靠地解决实际减灾问题还有一定距离。泥石流发生机理的预测预报理论和方法的研究仍是今后泥石流研究的主要问题。

灾害规模预报难度大。泥石流在运动过程中具有大冲大淤的特点，沿途山坡和沟道中的松散固体物质往往加入到泥石流中，使得泥石流的规模和破坏力很难预测。尽管遥测泥位计和超声波警报器可以对泥石流发生规模做出监测和预报，但其影响范围和程度复杂，预测预报方式与方法中较少考虑危险区社会经济和土地利用状况，迄今还缺少泥石流成灾规模和灾害损失的预报。

2. 泥石流预报前景展望

泥石流预报是一个十分年轻的学科方向，在整体上还处于探索阶段。起初是对区域和沟谷泥石流的评估，后来发展到对泥石流事件的预测、预报。随着对泥石流认识的深入和科学技术的发展，又提出了泥石流要素预报和灾害结果预报。在研究方法上从初期的定性评估、半定量评估，发展到定量化评估和预报，目前的泥石流预报研究处在 3 种方法并存、侧重发展定量化方法的阶段。在定量化研究上，主要以统计方法为主，正在向以泥石流形成机理为主的机理预报方向探索。

泥石流形成、运动和堆积过程的机理是预测预报的基础。机理研究有新的突破，预测预报才会有大的进展。泥石流机理完全弄清楚以后，就可以用公理方法简单而又精确地对泥石流进行预测预报。国内外许多学者一直致力于泥石流物理力学机理的研究，借用了诸如水力学、水文学、流体力学、泥沙运动力学、河流动力学和流变学等相邻学科的理论和方法，提出了描述泥石流过程的众多物理数学模型，如宾汉塑流模型、拜格诺膨胀体模型、一维模型、二维模型及其质能守恒方程、结构两相流模型、颗粒散体流模型、流团模型、欧拉—拉格朗日模型、流变模型等。这些模型比较复杂，有严格的边界条件和参数要求，并且只能适用于某一类型的泥石流和泥石流的某一过程。理论推导上比较成熟，推广应用上还比较困难。总之，目前还没有公认的能够包含粘性和稀性泥石流类型以及泥石流的形成、运动和堆积过程的通用泥石流模型。因此，泥石流预测预报问题的最终解决，有赖于对泥石流机理的透彻认识，这是需要攻克的世界性难题。

由于目前泥石流机理的研究还没有实质性的突破，在进行预测预报模型研究的同时，泥石流灾害评价的研究将是现阶段甚至今后相当长一段时期内灾害预测学中的一项重要工作。灾害评价首先是识别灾害，引起人们对灾害的警觉和危险意识，然后给出灾害发生规模和频率的综合预测，即危险度判定，进而转到灾害可能造成损失的预评估，然后提出防灾优先行动预案，从而达到最大限度地减轻和避免灾害的目的。为了提高评价结果的准确性，应当在日益成熟的遥感和 GIS 技术支持下重点发展后两种方法，为区域泥石流减灾提供更准确的区域空间预报结果。例如，我国已研制出了第一个针对泥石流危险区，集荒溪分类与危险区制图、动态降雨预报处理、暴雨泥石流判别等功能为一体的泥石流灾害预警信息发布系统。运用该系统能全面收集、管理、存储有关山区山洪泥石流灾害的静、动态信息，分析灾害的潜在发展趋势，准确判断即将发生的泥石流灾害，并能及时向管理决策层及当地群众发出预警信息。该系统在北京市已得到成功应用。另外，由中国地质大学专家研制开发的"浙江省突发性地质灾害预警预报系统"将气象部门的信息通过互联网实时传送，降雨预报和降雨量资料图立刻到达"浙江省突发性地质灾害预警预报系统"平台，从浙江各地的灾害监测点搜集的信息同时传来，基于 GIS 技术的平台迅速开始灾害分析，随即发出地质灾害预报。由于预警及时，抗灾预案措施得力，危险区的人员撤离及时，于 2004 年 8 月发生的 14 号台风"云娜"及其引发的强暴雨和泥石流没有造成人员伤亡。

第五节　泥石流防治措施

一、泥石流的预防

泥石流的防治必须以防为主，因为泥石流一旦形成，就要耗费大量的人力物力进行较长时间的治理，因此与治理比较，预防更为节约。预防的最好途径是保护原有的森林植被和人为扩大林草地的覆盖面积。

泥石流暴发突然猛烈，持续时间不长，通常在几分钟至 1～2h 结束。由于泥石流较难准确预报，易造成较大伤亡，因此，除根据当地降雨情况来估测泥石流暴发的可能性外，还要掌握其发生过程中的特有现象，采取快速、正确的应急措施。

泥石流是水与泥砂石块相混合的流动体，由于含有大量固体碎屑物，其运动过程产生巨大动能，而不同于一般洪水，常有以下一些特有现象，可供定性判别。

1. 短暂的断流现象与巨大的轰鸣声

很多泥石流暴发之初常可听到由沟内传出的犹如火车轰鸣或响雷声，地面也发出轻微的震动，有时在响声之前，原在沟槽中流动的水体突然出现片刻断流。仔细倾听是否有从深谷或沟内传来的类似火车轰鸣声或闷雷式的声音，如听到这种声音，哪怕极微弱也应认定泥石流正在形成，此时需迅速离开危险地段。沟谷深处变得昏暗并伴有轰鸣声或轻微的振动感，则说明沟谷上游已发生泥石流。所以，出现断流、响声等现象时，已经预告了泥石流的发生。

2. 强劲的冲刷、刨刮与侧蚀

泥石流在沟谷的中上游段具有强烈的冲刷、铲刮沟道底床的作用，常使沟床基底裸露，岸坡垮塌。另外，在中下游段常侧蚀淘刷河岸阶地，使岸边沿线的道路交通、水利工程、农田及建筑物受到破坏。

3. 弯道超高与遇障爬高

泥石流运动时直进性很强，当处于河道拐弯处或遇到明显的阻挡物时，泥石流不是顺沟谷平稳下泻，而是直接冲撞河岸凹侧或阻碍物。由于受阻，泥石流体被迫向上空抛起，这一冲击高度可达几至十几米。甚至有时泥石流龙头可越过障碍物，爬背越岸摧毁各种目标。例如 1991 年 6 月 10 日北京市密云县杨树沟泥石流就是在弯道处越过阻挡其前进的小土梁，将土梁另一侧房屋摧毁，据实地测量，其冲起高度达 10 余米。

4. 巨大的撞击、磨蚀现象

快速运动着的泥石流动能大、冲击力强。泥石流中的大量泥砂在运动中不断磨蚀各种工程设施表面，使一些工程丧失其应有的作用而报废。

5. 严重的淤埋、堵塞现象

在沟内及沟口的宽缓地带，由于地形纵坡度减小，泥石流流速会骤然下降，大量泥沙石块停积下来，堆积堵塞河道、淤埋农田、道路、水库、建筑物等目标。一些大规模泥石流的冲出物质堆堵在河道，构成临时性的"小水库"，致使上游水位抬高，然而这种堵坝一旦溃决又会形成洪水泥石流，再次对下游造成危害。例如我国四川利子依达沟泥石流冲出山口，毁桥覆车后又在几分钟内将大渡河拦腰堵截，断流 4h，向上游回水 5km，淹没工矿设施等。

6. 阵流现象

这种现象主要发生在粘性泥石流中。其特征是自泥石流开始到结束，沿途出现多次泥石流洪峰，即多次泥石流龙头，各次龙头出现间隔时间长短不一。当发现河（沟）床中正常流水突然断流或洪水突然增大并夹有较多的柴草、树木，即可确认河（沟）上游已形成泥石流。

避让措施主要包括在泥石流发育分布区，工矿、村镇、铁路、公路、桥梁、水库的选址、旅游开发等要在查明泥石流沟谷及其危害状况的情况下进行，尽量避开造成直接危害的地区与地段，例如泥石流沟的中、上游段及沟口，主支沟交汇部的低平地，靠近河床的低缓阶地或坡脚处，河道弯道外侧等。实在无法避开时应考虑修建防护工程或采取其他措施。

在每年 7～8 月份泥石流易发时段采取泥石流应急避防措施。首先要避开泥石流危险地，尽快在泥石流到来之前采取防范行动。在泥石流发育地区进行必要的搬迁、防护措施后，对一些受泥石流严重威胁的工矿、村镇提前做好应急部署。主要包括：普及泥石流知识、汛期有组织地演习，有纪律地疏散撤离。选择附近安全的地带修建临时避险棚，如较高的基岩台地，低缓山梁等。切忌建在沟床岸边、较低的阶地、台地及坡脚、河道拐弯的凹岸或凸岸的下游端边缘。长时间降雨或暴雨渐小后或刚停，不应马上返回危险区。泥石流常滞后大暴雨。例如 1991 年 6 月 10 日北京市密云县降雨一天，晚 8 时许雨停，口门村外出躲避山洪的部分村民回家，结果遭泥石流袭击，造成 5 人死亡。另外，具有阵流的粘性泥石流，其阵流间隙有时会被误认为泥石流结束。总之，只有当确认泥石流不会发生或泥石流已全部结束时才能解除警报。

密切注视泥石流的发生发展，减少、避免次生灾害发生。当出现泥石流体堵塞河流，形成堵坝时，应尽快采取毁"坝"措施，使上游水体尽快下泄，避免次生洪水灾害，同时通知上、下游受害的地区，做好防灾避险。当公路、铁路、桥梁被冲毁后应及时采取阻止车辆通行的行动，以免车辆被颠覆，造成人员伤亡。

采取正确的逃逸方法。泥石流不同于滑坡、山崩和地震，它是流动的，冲击和搬运能力很大，所以，当处于泥石流区时，不能沿沟向下或向上跑，而应向两侧山坡上跑，离开沟道、河谷地带，但注意不要在土质松软、土体不稳定的斜坡停留，以免斜坡失稳下滑。另外，不应上树躲避，因泥石流不同于一般洪水，其流动中可沿途切除一切障碍，所以上树逃生不可取。应避开河（沟）道弯曲的凹岸或地方狭小高度又低的凸岸，因泥石流有很强的淘刷能力及直进性，这些地方很危险。

二、泥石流的治理

在泥石流预测预报基础上进行工程选址、道路选线、采用生物与工程治理措施可有效地减轻泥石流灾害。就一般情况来说，凡大面积的泥石流形成区应以生物措施为主，局部的泥石流源地和流通沟段，宜以工程措施为主，但综合治理的效果最佳。

1. 泥石流防治的生物措施

植被具有调节地表径流，削弱洪水动力，减轻片蚀、沟蚀、风蚀和风化速度，控制固体物质供给等作用。泥石流综合治理的生物防治措施主要指保护与营造森林、灌丛和草本植被，采用先进的农牧业技术和科学的山区土地资源开发、管理等措施，固结表土，保持水土，使流域坡面得到保护免遭侵蚀，减少水土流失，削减地表径流和松散固体物质补给量，进而防止泥石流活动，降低泥石流发生几率与规模，并可恢复流域生态平衡，增加生物资源产量和产值，故生物措施是治理泥石流的根本措施之一。生物措施是一种长期的有助于减缓泥石流形成达到一定防御目的的治理性手段。生物措施收效较慢，但减灾效益显著，它是泥石流治本的关键措施。生物措施又可分为林业措施、农业措施和牧业措施。林业措施包括水源涵养林、水土保持林、护床防冲林和护堤固滩林等。农业措施包括农业耕作措施、农田基本建设措施。牧业措施包括适度放牧、改良牧草、改放牧为圈养、分区轮牧以及选择保水保土性强的牧草等。

恢复林草植被有多种不利的自然因素，如果管理不善则难以成功，需要因地制宜，合理规划，采取与工程措施相配合选择不同的植树种草方法，根据立地条件配置林型。要解决好农、林、牧、薪之间的矛盾，采取裸露贫瘠地封山育林，以草护苗；陡坡停耕还林种草，轮封轮牧；坡耕地实现梯田化，辅以截水坑、水簸箕、水平防冲沟等方法保持水土。

2. 泥石流防治的工程措施

对于一些局地环境恶化、造林措施一时难以见效的泥石流流域或某些地段，必须先采取工程防治措施，然后再进行生物防治。一般对轻度泥石流地区和沟谷宜采取水土保持、排水、减少固体物质积累，削弱水流汇聚和对固体物质的冲刷、侵蚀等措施来防治泥石流暴发；对中度和重度地区和沟谷泥石流，在技术、经济可行的情况下，原则上都会采取工程措施进行治理，以保证整个地区的社会、经济持续发展，环境得到改善；对极重度地区和沟谷泥石流一般采取避让措施进行预防，只有在技术、经济可行，十分必要的情况下才采取工程措施进行治理。

工程措施主要是为保护危害对象免遭破坏而采取的防护、排导、拦挡及跨越等工程措施，如护坡、挡墙、顺坝、丁坝等工程；为改善泥石流的流向与流速修建的排泄沟、导流堤、急流槽、渡槽等工程以及为了拦截下泄物，削弱泥石流冲击能量而修建的拦砂坝、储淤场、截流工程等。主要工程措施包括如下几类：

（1）治水　在泥石流形成区的上游，选择适宜的地点建造水库、水塘或其他形式的蓄水池来减少流域江水量和洪峰流量，减弱泥石流形成的水动力条件，减少泥石流危害。也可在滑体上缘沿等高线修截水沟，将部分地表径流引出滑体导入沟道或灌溉农田。

（2）治泥　通过平整坡地和沟头防护，防止沟壁坍塌及沟床下切，治理滑坡等措施，减少流域中松散泥沙来源，减小泥石流流量。对山坡坡度大于 25° 的坡耕地应弃垦还林还牧减少坡面侵蚀，通过建梯田减少水土流失。对沟头防护用封埂，修建跌水，在沟底修建消力池等方法。防止沟壁坍塌和沟床下切主要采用修建护坡、挡土墙、谷坊、护堤等工程。

（3）排水工程　将上游清水区来水用渠道从泥沙堆积区引开，使水流与泥沙不相接触，即水土隔离。排水工程的功能与蓄水工程类同，其差别在于后者能调蓄洪水，前者对水源的控制仅限于工程本身的泄洪能力。排水工程多兴建于泥石流形成区的上方或侧方，有排水渠、泄水隧洞等形式。

(4) 拦挡坝 拦挡工程是用以控制泥石流的固体物质和雨洪径流，削弱泥石流的流量、下泄总量和能量，以减少泥石流对下游经济建设工程的冲刷、撞击和淤埋等危害的工程设施。拦挡措施包括拦渣坝、储淤场、支挡工程、截洪工程等，其作用有两方面，一是拦渣滞流，在泥石流沟口以上筑坝拦截固体物质，形成泥石流库，特别是在一条沟内修建多道低坝，形成梯级泥石流库。通过低坝拦挡固体物质，减缓沟床纵比降，降低泥石流运动速度，从而减少下泄洪峰流量和固体物质总量，对泥石流起削弱作用，同时降低泥石流容量，对泥石流沟下游淤积起控制作用；二是护床固坡，利用坝前回淤物，不仅可以防止沟床继续下切而发生山坡坍滑和沟岸侧蚀，而且因沟谷侵蚀基面提高，使山坡和沟床稳定，延滞固体物质的形成和供给，对泥石流的发展起抑制作用。

(5) 停淤场 泥石流堆积扇上的停淤场是根据泥石流在缓坡上落淤的特性，利用天然有利地形条件，采用一些简易的工程措施，如导流堤、截流坝、挡泥坝、改沟等，人为地将泥石流引向开阔平缓地带，使泥石流停积在这一开阔地带，从而达到保护农田及各种建筑物的目的。采用这一措施一定程度上可以让泥石流固体物质在指定的地段停淤，这不仅能削减下泄固体物质总量及洪峰流量，而且能使大量土石不致汇入江河。甘肃省靖远县境内王家山铁路专线即采用停淤场工程制止泥石流破坏铁路。

(6) 排导工程 排导工程的作用是改善泥石流流势、增大桥梁等建筑物的泄洪能力，使泥石流按设计意图顺利排泄。排导工程包括导流堤、急流槽、束流堤等类型。排导可以改善泥石流在堆积扇上的流势和流向，防止漫流改道危害，使泥石流按指定的道路排泄，避免其淤积。排导工程在泥石流治理中占有重要位置，因它能直接保护某一工程设施或建筑群，如城镇、村寨、农田、铁路、公路、灌渠、电站、矿山等。

(7) 穿越工程 穿越工程指修隧道、明硐和渡槽，从泥石流沟下方通过，使泥石流从其上方排泄，这是铁路和公路通过泥石流地区的主要工程形式之一。对铁路、公路线穿过泥石流区，标高低于沟底宜于暗进施工的可采用深埋隧道；对线路在堆积扇底穿过，标高略低于硐顶，不具备暗进施工条件且泥石流淤涨漫流不太严重，或其淤涨漫流可以控制的，可以采用浅埋明硐。明硐是渡槽的一种，但明硐的工程量远比一般渡槽的工程量大，它的线性长度远远超出它的跨度。

(8) 跨越工程 跨越工程指修建桥梁、涵洞，从泥石流沟上方凌空跨越通过，让泥石流在其下方排泄，用以避防泥石流，保障线路的安全。桥涵跨越工程是线路通过泥石流区的主要工程，这是铁道部门和公路交通部门为了保障交通安全常用的措施。

(9) 防护工程 防护工程指对泥石流地区的桥梁、隧道、路基、其他设施及泥石流集中的山区变迁型河流的沿河线路或其他重要工程设施如铁路和公路等，作一定的防护建筑物，用以抵御或消除泥石流对主体建筑物的冲刷、冲击、侧蚀和淤埋等的危害。防护工程主要有护坡、挡墙、顺坝和丁坝等。

在实际工作中，对于防治泥石流，常采取多种措施相结合，比用单一措施更为有效。在已发生泥石流的沟谷，在种草植树的同时要配以挡淤坝、截引水沟等工程，截流蓄水与防止沟谷冲蚀，起到工程保生物，生物保工程的互辅作用，这对稳定山坡，抑制泥石流发展有良好的效果。泥石流暴发历时短、成灾快，是突发性极强的灾害种类，故其危害性极大，预测与预防难度大，特别是泥石流低频地区，人们难于掌握其活动规律，就更难于对其进行预报，更应加强预防与治理。在与泥石流做斗争方面，我国取得了很大成就，创造了许多工程治理、生物治理或综合治理的方法和经验，效果显著。

水 生 态 环 境

第一节 水生态环境现状

水体是由水生生物群落和水环境构成的复杂的水生生态系统，随着工业化程度的提高、城市化进程的加快和世界人口的不断增加，人类产生的大量废水排入河流、湖泊和海洋，造成水体的严重污染，恶劣的水环境条件影响水生生物的生存，造成水体中生物死亡，物种多样性下降，反过来，又影响了水体对人类的服务功能，如供水、灌溉、景观功能等。

一、水环境污染

1978 年在进行全国水资源评价的河流长度中，有 34％的水资源达到一类标准，可用于饮用；有 89％的水质符合农业灌溉的要求，有毒物质的含量超过污水排放标准或受有机物污染而达到黑臭程度的水资源只占 6％。但是，随着工农业生产的发展和人口增加，大量的生活用水、工业污水未经处理就直接排入了江河湖泊，使水体污染不断加重。

根据全国环境统计公报，2004 年，全国废水排放总量为 482.4 亿 t，其中工业废水排放量为 221.1 亿 t，占废水排放总量的 45.8％；城镇生活污水排放量为 261.3 亿 t，占废水排放总量的 54.2％。废水中 COD 的排放量为 1339.2 万 t，其中工业废水中 COD 的排放量为 509.7 万 t，占排放总量的 38.1％；城镇生活污水中 COD 的排放量为 829.5 万 t，占排放总量的 61.9％。废水中氨氮排放量为 133.0 万 t，其中工业氨氮排放量 42.2 万 t，占氨氮排放量的 31.7％；生活氨氮排放量 90.8 万 t，占氨氮排放量的 68.3％。工业废水排放达标率和工业用水重复利用率分别为 90.7％和 74.2％。

2003～2004 年水利部公布的调查结果表明，在对全国评价的近 100000km 长的河流中，被污染（相当于Ⅳ、Ⅴ类标准）的河长占半数以上，主要污染指标为氨氮、五日生化需氧量、高锰酸盐指数和石油类。其中有 40000km 河长不符合渔业水质标准，2400km 河长鱼虾绝迹，90％以上城市水域污染严重。131 个大型湖泊中，达富营养化程度的湖泊占51.1％。城市近郊水体普遍呈富营养状态，如杭州西湖、南京玄武湖、云南滇池、合肥巢湖及武汉东湖等均达到高度富营养化程度。而有关部门近年对 100 余座水库的水质评价表明，13 座水库为富营养性，22 座水库受不同程度污染，而这些受污染的水库往往是城市供水的重要水源地。

河流和湖库的严重污染，使城市的饮用水安全受到威胁。在全国 46 个重点城市的饮用水源地中，仅有 28.3％的城市水质良好，26.1％的城市水质较好，45.6％的城市水质较差。饮用水源地水质差不但增加了自来水处理成本，而且有一些难以处理的有毒有害污染物，直接危及人体健康。农村饮用水安全状况更令人担忧，其卫生合格率仅为 62.1%。

根据《中国海洋环境质量公报》，2004 年，我国近岸中度和严重污染海域范围增加；近海大部分区域水质良好，但局部海域污染程度加重；远海海域水质保持良好状态。全海域未达到清洁海域水质标准的面积由 2003 年的 14.2 万 km² 增加到 16.9 万 km²。其中：较清洁海域面积 6.6 万 km²，减少 1.4 万 km²；轻度污染海域面积 4.0 万 km²，增加 1.8 万 km²；中度污染海域面积 3.1 万 km²，增加 1.6 万 km²；严重污染海域面积 3.2 万 km²，增加 0.7 万 km²。严重污染海域主要分布在渤海湾、长江口、江苏近岸、杭州湾、珠江口和部分大中城市近岸局部水域。近岸海域海水中的主要污染物为无机氮和活性磷酸盐，部分海域沉积物受到滴滴涕、多氯联苯、砷、镉和石油类等的污染。监测结果显示，近岸海域镉、铅、砷等污染物在部分贝类体内的残留水平较高，部分地点贝类体内石油烃、六六六、滴滴涕和多氯联苯的残留量有超标现象。2004 年共发现赤潮 96 次，赤潮累计发生面积约 26630km²。其中，在赤潮监控区内发现赤潮 56 次，累计面积近 14510km²，分别占到全海域赤潮累计发生次数和面积的 58% 和 55%。全海域共发生 100km² 以上的赤潮 34 次，其中，500km² 以上的赤潮 16 次，接近或超过 1000km² 的赤潮 10 次，均比上年有所增加。大面积赤潮集中在渤海、长江口外和浙江沿海。有毒赤潮生物引发的赤潮 20 余次，面积约 7000km²。主要有毒赤潮生物为米氏凯伦藻、棕囊藻等。

陆源污染物排海严重，是我国海洋环境污染的主要原因，由黄河、长江、珠江等河流携带入海的主要污染物总量约 1145 万 t。受陆源排污影响，约 80% 的入海排污口邻近海域环境污染严重，海洋生物普遍受到危害，约 20km² 的监测海域成为无底栖生物区。河口区域比海洋其他区域有较强的生产力，含红色素的甲藻大量繁殖会形成"赤潮"现象，由于周期性的出现，并蔓延到沿岸区域，在鞭毛藻产生的大量毒素作用下，鱼类和其他自游生物会中毒大量死亡。河口区域的水生动物包括地方性的半咸水动物、海洋动物和淡水动物。例如，牡蛎、泥蚶和蟹等都是完全在河口湾生活的，而油鲱只是幼年期在河口区生活，几种重要虾类的成年个体在近海生活和产卵，而幼体进入河口湾中。鲑、鳗鲡等由海水向淡水洄游，在河口湾停留时间相当长。有如此多的鱼类依靠河口区域生活，而在河口湾挖泥、污染、填塞，都将使经济鱼类的栖息环境受到破坏，特别是各种有机物质的污染增加了赤潮的出现频率和严重程度。因此，无论在经济上还是生态上，保护这些河口栖息地以维持物种的多样性都具有重要意义。

二、水域环境退化对生物的影响

由于水环境及水域生态系统遭受破坏，我国水域生产系统中的重要鱼类资源遭到极大威胁，近百种濒临灭绝。原来经常在长江口通过或栖息的白鳍豚、江豚、中华鲟、白鲟、松江鲈鱼、胭脂鱼和鲸类等，目前仅能发现少量的中华鲟和白鲟，其余的物种几乎已灭绝或濒临灭绝。长江中下游湖泊中，原生活有许多种野生鱼类，现在一般仅有二三十种，而且已经显出了小型化。以往长江支流嘉陵江盛产鳊鱼和青波鱼，但是随着江水水质恶化，鱼的捕获量逐年锐减，目前的产量仅为 20 世纪 50 年代的 30%。由于水质污染和水利枢纽的建设等因素，鱼的产量大幅度下降。黄河水系接纳的废水与日俱增，局部河段污染十分严重，破坏了鱼类赖以生存的环境。例如，黄河兰州段由于受污染影响，与 20 世纪 60

年代初相比，已有 8 种鱼类消失。

在湖泊水域中，洞庭湖水产资源日趋衰竭，据调查原有的 114 种鱼类，已经灭绝了 8 种，另有 15 种已成稀有种类。过去每年的鱼产量可达 5000t，现降至不足 1000t。武汉东湖在 20 世纪 70 年代共有鱼类 67 种，由于富营养化加强及江湖通路隔绝等影响因素，鱼的种类下降到仅 38 种。湖北的洪湖，由于围湖造田及生态环境的恶化，水域生态系统已明显退化，导致生物多样性下降和鱼类资源小型化，20 世纪 50 年代有不少于 100 种鱼类，目前仅剩下 31 种，天然鱼产量也由 20 世纪 50 年代的 10000t/a，下降到目前的 3000～4000t/a。

在黄河流域，由于水资源匮乏、时空分布不均以及水量供需失衡等原因所造成的流量减少甚至断流，严重影响流域生态系统的稳定性和多样性。主要危害表现为：河道水体的自净能力明显下降，加之沿河城市工业的发展，向黄河的排污量不断加大，造成水质恶化，鱼类种群数量急剧减少；水利工程建设及上游水资源的过度开发利用，使非汛期水的下泄量和入海量减少，增加了污染物在河道中的滞留时间，将对水生生物产生不良影响；使本来均一性就很差的河道生态系统进一步恶化，严重破坏生物的生活习性和生存状态，最终导致多种水生生物种群的灭绝。

第二节　水生态环境恶化的成因

一、水生态系统

水体为地球水圈的重要组成部分，是以相对稳定的陆地为边界的天然水域，包括海洋、河流、湖泊、堰塘、水库等地表水体，以及地下水体，水生态系统是以水体作为主体的生态系统，水生态系统不仅包括水，还包括水中的悬浮物、溶解物质、底泥及水生生物等完整的生态系统。与人类最为密切的水生态系统主要分为河流生态系统和湖库生态系统。

（一）河流生态系统

河流最显著的特点是具有流动性，这对河流生态系统十分重要。河川径流的产生与汇集，地表物质的侵蚀、搬运与沉积等物理过程，各种化学元素的释放、迁移与再沉积等化学过程，均与河流流动特性不可分割。河流从上游到下游，流经不同区域，历经各种水文、气候、季节变化，形成复杂多样的生态环境，进行丰富多样的生物学过程。

河流生态系统包括生产者、消费者和分解者三个部分。生产者包括高等水生植物（挺水植物、漂浮植物、浮叶植物和沉水植物）、浮游植物和附着植物等；消费者包括浮游动物、底栖动物和游泳动物；分解者主要为细菌和真菌。

正常的河流生态系统需要适当数量的有机碳化合物，但太多的废物可能会损害碳循环的正常进行。河流中有机废物浓度增高，必然导致细菌数量的显著增加，从而消耗水体中大量的溶解氧，当出现缺氧状态时，水中高等生物开始死亡，最后产生恶臭的厌氧环境。

（二）湖库生态系统

湖库生态系统包含从细菌、病毒到鱼、哺乳动物以及鸟类等多种生物，水域复杂的生物环境、非生物环境形成错综复杂的生态系统，包含非生物成分（如营养盐）、生产者

（如浮游植物）、消费者（如浮游动物）和分解者（如细菌）等。生物之间以及生物与物质之间的相互作用错综复杂且各具特点。

水生生物最主要的营养盐包括碳、氮、磷和硅。当然，其他元素如铁、锰、硫、锌、铜、钴和钼也是十分重要的营养元素。湖库生态系统食物链的初级生产者主要是个体很小的浮游藻类，也包括一些浅水带生长的高级水生植物。初级消费者主要是形体较小的各种浮游动物，另一条食物链是以细菌等微型消费者为起点的碎屑食物链。

湖泊水库面临的主要污染问题包括氮、磷等营养盐过量输入引起的水体富营养化，工业废水和生活污水排放导致的重金属、有机化合物等有毒有害物质污染，大气酸沉降和矿山废水导致的湖泊酸化，不合理的人为开发活动对湖泊和水库环境的不良影响等。这些问题都使得现有的湖泊和水库中的水体严重恶化。

外界污染物的输入和积累是导致湖泊和水库污染的重要原因。湖泊和水库通常是流域中主要的蓄水体，自然侵蚀和人为排放的污染物都将进入湖泊和水库，从而引起严重的水环境污染问题。其中人为活动的污染排放，是导致湖泊和水库污染问题的主要原因。

二、水环境承载能力

水环境泛指水体所处的环境，水环境承载能力是指在一定水域，其水体能够被继续使用并仍保持良好生态系统的条件下，所能够容纳污水及污染物的最大能力。水环境承载能力具体体现在纳污能力上，纳污能力特指在满足水域功能要求的前提条件下，按照给定的水质目标值、设计水量及排污方式条件下，水体所能容纳的最大污染物量。进入水体污染物超过水环境承载能力，水体功能和水生态就会受到破坏。

水体具有一定的自净能力，可以通过物理净化过程、化学净化过程和生物净化过程使受污染水体尽可能地恢复到污染前的状况。但是，水体的自净能力是非常有限的。人们往往以为天然水体是具有无限纳污能力的理想场所，致使水环境中积累的污染物质数量或浓度大大超出水体承受能力，造成水环境质量严重恶化。

三、水污染类型

水体污染可分为自然污染和人为污染两大类。所谓自然污染是指因自然因素产生的污染，如雨水对大气的淋洗、地表径流挟带各种污染物质进入水体等。通常，自然污染只发生在局部地区，其危害往往具有地区性。

人为污染是指人类在生产生活中产生的"三废"对水体的污染，如工业废水、农田排水和生活污水等，造成水环境污染的有害物质多种多样，来源极其广泛，大体上可分为以下几种：

1. 耗氧污染物

生活污水、食品加工厂、造纸和纺织工业废水中含有大量的碳水化合物、蛋白质、油脂、木质素等有机污染物。这些污染物质以悬浮或溶解状态排入水中，在化学分解和微生物分解过程中大量消耗水中的氧气。这类污染物质过多地排入水体，将造成水中溶解氧缺乏，从而影响鱼类和其他水生生物的正常生活。

2. 致病性污染物

水体中的微生物大多数是水中天然的寄居者，大部分来自土壤，少部分是和尘埃一起由空气降落下来的，它们对人类一般无致病作用。此外，尚有一小部分是随垃圾、人畜粪便等进入水体，其中某些是病原菌（细菌、病毒、寄生虫等病原微生物），如伤寒沙门氏菌、霍乱弧菌等，它们可以经水传播各种疾病。这些病原菌主要来源于生活污水、医院、屠宰厂、肉类加工厂、食品加工厂等排放的污水。

3. 富营养性污染物

氮、磷、钾是水生植物生长、繁育的营养物质。水体中保持一定的氮、磷、钾的含量可以刺激藻类生长、鱼类繁殖，对发展渔业是有利的，但过多的营养物质会使水体富营养化。

天然水中过量的营养元素主要来自农田排水、工业废水和生活污水，此外动物的排泄物中也含有一定数量的营养元素。

当富含氮、磷、钾等营养元素的物质大量进入流动缓慢的湖泊和水库时，就会促进水体中浮游生物的大量繁殖，而这些浮游生物死亡、腐烂，又引起水体中植物营养元素增多。这种恶性循环，造成了水体的"富营养化"，使水中溶解氧降低，鱼类死亡。

4. 合成的有机化合物

许多有机物质在自然环境中本来是不存在的，而是通过人工合成的方法产生的，其中不少是有毒的，即使是低浓度也多数有害，能杀死水中生物。而且，有些合成的有机化合物的化学性质在一定条件下比较稳定，不易分解，能在生物体内不断累积，对人类及其他生物造成危害，如有机氯、多环芳香烃类化合物，这些物质可经食物链的循环而被浓缩，一般难以分解，对人类及其他生物的威胁性很大。

5. 无机有害物质

无机有害物质主要是指有害的重金属元素、氰化物和无机盐类。重金属包括汞、镉、铅、铬等，砷虽然不是重金属，但其危害性与重金属相似，故也归入这一类中，重金属污染具有化学性质稳定性和生物体内累积性。氰化物是一种剧毒物质，特别是一价盐类如氰化钾毒效极快，但在地面水中不稳定，易被分解。

6. 放射性污染物

天然的地下水或地表水中会含有某些放射性同位素，如 U^{238}、Ra^{236} 等，但放射性一般都很微弱，只有约 $10^{-6} \sim 10^{-7} \mu Ci/L$，对生物没有多大危害。人工放射性污染主要来源于天然铀矿开采和选矿及精炼的废水、原子能工业和反应堆设施的废水、核武器制造和核试验的污染、放射性同位素应用时产生的废水等。含放射性污染的水体及农田灌溉可使水生生物、农作物等受到放射性污染，并通过食物链进入人体。放射性污染物主要是放出 α、β、γ 等射线损害人体组织，并可蓄积在人体内部造成长期危害，产生贫血、白血球增生、恶性肿瘤等各种放射性疾病，严重时可危及生命。

7. 油污染

水域附近石油的开发、油轮运输、炼油工业废水的排放等，会使水体受到油污染，特别在河口和近海水域，这种污染十分突出。油污染不仅有害于水源的利用，而且油在水面形成油膜后，影响氧气的进入，对生物造成危害；漂浮在水面上的油膜还容易填塞鱼的鳃部，使鱼窒息；这些油层还可以在风的作用下随着水体扩散很远，致使海滩、休养地、风景区遭到破坏，鸟类生存环境也受到威胁。

8. 热污染

热污染是指现代工业生产和生活中排放的废热物质所造成的环境污染。水体热污染是指天然水体接受废热物质而使水温升高的现象，可导致水体发生一系列的物理化学变化。目前火力发电站、核电站以及钢铁、炼油等使用的冷却水是产生水体热污染的主要污染源。水体热污染的影响表现为：水温升高降低了水的冷却效率，使工业运转率下降；水温升高降低水中溶解氧含量，加快有机污染物的分解，增大了耗氧作用；水体温度的升高将改变水生生物群落的生存状态，使原来的鱼类不适应高温水体而导致死亡。

以上八种污染源往往不是单独存在，而是联合对水体发生污染作用，综合影响水环境现状。

四、水污染的生态效应

水生生态系统是一个有机整体，污染物进入水生生态系统后，污染物与环境之间、污染物之间的相互作用，以及污染物在食物链间的流动，会产生错综复杂的生态效应。由于污染物种类的不同以及生态系统物种个体的差异，使生态效应产生的机理具有多样性。

（一）物理机制

物理机制是指外界的污染使生态系统中某些因子的物理性质发生改变，从而影响生态系统的物理环境（非生物环境），进而影响生态系统的生物环境和生态系统的稳定性，产生各种生态效应。

（二）化学机制

废污水中含有大量的污染物，包括有机污染物、无机污染物、重金属等。污染物与水体生态系统的环境各要素之间发生化学作用，同时污染物之间也能相互作用，导致污染物的存在形式不断发生变化，污染物对生物的毒性及生态效应也随之改变。污染物在水生生态系统的不同界面（底泥—水体、水体—大气、水体—植物等）发生一系列的物理化学变化，使污染物得到降解或形态发生改变，进而影响污染的迁移、转化途径。

进入水体中的有机物主要发生水解作用、光解作用等。在水解过程中，化合物减少程度不仅取决于有机化合物的性质，而且与介质溶液有关。许多溶解性有机质能够碱催化水解反应，而且加速酸催化水解反应，同时腐殖质对某些有机物的分配作用也影响水解速率。有毒有机污染物能发生光解反应，光强和光谱分布是决定光解速率的主要因素。

（三）生物学机制

污染物进入生物体后，对生物体的生长、新陈代谢、生化过程产生各种影响，如对植物的细胞发育、组织分化以及植物体的吸收机能、光合作用、呼吸作用、蒸腾作用、次生物质代谢等产生的影响。

根据污染物的作用机理，可分为生物体累积与富集机理，以及生物吸收、代谢、降解与转化机理。其中生物体累积与富集机理指污染物进入生态系统后被一些生物直接吸收而在生物体内累积。污染物通过不同营养级的传递、迁移，使顶级生物的污染物富集达到严重程度。生物吸收、代谢、降解与转化机理指污染物进入生物体后，在各种酶的参与下发生氧化、还原、水解及络合等反应。部分污染物经过上述反应，转化或降解成无毒物质。生物对污染物的吸收和累积与污染物性质、环境因素和生物因子有关。

1. 污染物性质与浓度

生物富集量的大小取决于污染物性质，即受污染物的物质结构、元素价态、存在形态、溶解度以及环境因子等控制。一般来说，水体中污染物浓度越高，生物体对污染物的累积量越大。太湖湿地生态系统的有机氯污染研究表明，在有机氯农药禁用近 20 年后，六六六的异构体和滴滴涕及其衍生物仍能在环境和动物体中不同程度地检出。例如，有机氯污染物能沿夜鹭食物链产生逐级富积，太湖湿地生态系统中夜鹭卵富积六六六数千倍、滴滴涕万倍以上。富集程度主要取决于污染物特性。

2. 生物特性

生物富集程度也与生物体本身特性关系密切，特别是生物体内存在能和有毒物质相结合的某类物质的活性和数量，此类物质能和毒物形成稳定结合物，从而增加生物富集量。

重金属元素能和生物体内许多成分结合形成稳定的化合物，如糖类分子中的醛基、蛋白质分子中的硫氢基等。生物体不同器官对毒物的富集程度具有较大差异性。水稻的投铅量与富集量关系试验表明，根和绿叶等生命旺盛部位的铅含量较高，而籽实、块根、块茎等营养物质的贮存器官含量较低。水生维管束植物体内重金属分布也服从上述规律，但器官间差异不明显，特别是沉水植物的器官都能吸收水体中的污染物，化学物质经离子交换或者主动运输等即可进入根组织中，部分物质还可通过根表层进行吸附。

（四）综合机制

污染物进入生态系统产生污染生态效应，往往综合了物理、化学和生物学过程，并且经常是多种污染物共同作用，形成复合污染效应。复合污染效应的发生形式与作用机制具有多样性，包括协同效应、加和效应、拮抗效应、保护效应、抑制效应等。

1. 协同效应

协同效应是指一种或两种污染物的存在，使另一种污染物的生物毒性增加的现象。

2. 加和效应

加和效应是指数种污染物共同作用时，毒性为其单独作用时毒性总和。一般化学结构接近、性质相似的化合物或作用于同一器官的化合物或毒性作用机理相似的化合物共同作用时，其污染生态效应往往出现加和作用。

3. 拮抗效应

拮抗效应指一种污染物因另一种污染物的存在而对生态系统的毒性效应减小的现象。生物拮抗效应主要是由于有机体内相互之间的化学效应、蛋白质活性基团对不同元素络和能力的差异、元素对酶系统的干扰以及相似原子结构和配位数的元素在有机体中的相互取代等原因造成的。

4. 保护效应

保护效应是指生态系统中存在的一种污染物对另一种污染物的毒性具有掩盖作用，进而减少其与生态系统组分相接触的机会，减轻生物学毒性。

5. 抑制效应

抑制效应是指一种污染物的存在，降低了另一种污染物的生物活性，即降低了污染物的生物毒性的现象。

第三节　水生态环境评价

一、河流和湖库污染的水质评价

河流和湖库污染的水质评价方法主要采用单因子指数法。单因子指数法是将每个评价因子逐项计算出指数值后，再根据指数值的大小评价其污染水平。这种方法能客观地反映水体的污染程度，明确判断出水体主要的污染因子、污染时段和污染区域，较完整地提供监测水域污染的时空变化。常采用的单因子指数法为标准指数，评价模式如下：

1. 一般水质因子

$$I_i = \frac{C_i}{C_{si}} \tag{8-1}$$

式中：I_i 为标准指数；C_i 为污染物实测浓度，mg/L；C_{si} 为评价标准值，mg/L。

2. 特殊水质因子

DO 的评价模式为

$$S_{DO,j} = \frac{|DO_f - DO_j|}{DO_f - DO_s} \quad DO_j \geqslant DO_s$$

$$S_{DO,j} = 10 - 9\frac{DO_j}{DO_s} \quad DO_j < DO_s \tag{8-2}$$

$$DO_f = \frac{468}{31.6 + T(\text{℃})} \tag{8-3}$$

式中：$S_{DO,j}$ 为 DO 的标准指数；DO_f 为某水温条件下的饱和溶解氧浓度，mg/L；T 为水温，℃；DO_s 为溶解氧的地面水水质标准，mg/L；DO_j 为溶解氧的监测值，mg/L。

pH 的评价模式为

$$S_{pH,j} = \frac{pH_j - 7.0}{pH_{su} - 7.0} \quad pH_j > 7.0$$

$$S_{pH,j} = \frac{7.0 - pH_j}{7.0 - pH_{sd}} \quad pH_j \leqslant 7.0 \tag{8-4}$$

式中：$S_{pH,j}$ 为 pH 的标准指数；pH_j 为监测值；pH_{sd} 为水质标准中规定的下限值；pH_{su} 为水质标准中规定的上限值。

二、河流和湖库污染的生物学评价

河流、湖泊等水域是由栖息生物和水共同组成的水生生态系统。

污染物进入水环境后必然引起生物种类组成和量的变化，打破原有平衡，建立新的平衡关系。所以，水体污染物质不同，生物种类和数量也不同。有些生物对某一特定环境特别敏感，叫做指示生物。例如，对于河流、海洋等水环境来说，细菌、原生动物、浮游植物和水生昆虫等需要一定的生存条件，从而可根据水中生存的生物种类来判断水体的污染程度。

污染物进入水体后，对水生生态系统中的细菌、真菌、藻类和高等水生植物、水生动物和鱼类具有不同程度的影响，使得水生态系统结构发生变化。因此，可以通过对某些物种的动态变化进行监测，据此预测污染程度以及辨别主要污染物，从而采取相应的对策。

（一）污水生物体系法

根据在污染水体中生物种类的存在与否，划分污水生物体系，确定不同污染程度水体中的指示生物；反之，根据水体中的指示生物的存在亦可确定水体污染程度。该方法叫做污水生物体系法，又称克尔威茨（Kolkwitz）和马尔森（Marsson）体系法。

当河流被污染后，在其下游相当长的流程内，水体发生一系列自净过程，一方面污染程度逐渐降低，同时出现特有的指示生物，形成多污带、α－中污带、β－中污带和寡污带等四级。主要根据不同生物种类对环境具有特殊的要求，只有在水环境满足的前提下，物种种类才能生存。根据河流污染特性，将自净过程划分为 4 个阶段，每一阶段均有代表性的生物种类（藻类、原生动物、轮虫、甲壳动物、底栖动物、鱼、细菌等）。此后，很多学者都对此进行了补充和修改，提出各种污染带中更为详尽的指示生物名录。由于涉及的生物种类之多，需要对生物种类进行仔细鉴定和识别，在实际中不便于应用。

（二）生物指数（BI）法

随着污染问题加重和环境保护要求的提高，生物参数被引入水生态系统的污染评价。污染水质的直接结果导致水生生物的变化，对污染物的反应可以发生在细胞、个体、种群、群落和生态系统等各个生物水平，生物学指标是衡量生态系统受损的重要标准，较为常见的生物指示方法包括指示种类、优势种群、藻类多样性、生物量、形态、生理生化指标等。下面介绍几种我国常用的生物指数法。

1. 培克（Beck）法

培克于 1955 年首先提出以生物指数来评价水体污染的程度。按底栖大型无脊椎动物对有机污染的敏感和耐性分成两类，并规定在环境条件相近似的河段，采集一定面积（如 $0.1m^2$）的底栖动物，进行种类鉴定。计算公式如下：

$$\text{生物指数(BI)} = 2n_I + n_{II}$$

式中：Ⅰ类为不耐污种类；Ⅱ类为能中度耐污（但非完全缺氧）的种类；n_I、n_{II} 分别为Ⅰ类、Ⅱ类的种类数。

这一方法表明生物指数值越大，水体越清洁，水质越好；反之，生物指数值越小，水体污染程度越重。指数范围在 0～40 间，当指数值大于 10 时代表为水体清洁，当指数值介于 1～6 之间时表示水体为中等污染，当指数值等于 0 时表示水体为严重污染。

2. 生物多样性指数法

生物多样性指数反映了群落的种类组成、数量和群落中种类组成比例变化等信息。在一般情况下，自然生物群落由具有较多个体数的少数种和具有较少个体数的多数种组成，但水环境受到污染后，群落中生物种类减少，相应耐污种类个体数增多，生物多样性指数下降。

国内外提出的生物多样性指数有很多种，在我国应用最多的是香农（Shannon）生物多样性指数法，这一方法是利用大型无脊椎动物评价水体污染状况。香农生物多样性指数方程为

$$H = -\sum_1^s (n_i/N)\lg_2(n_i/N) \tag{8-5}$$

式中：H 为生物多样性指数；n_i 为单位面积样品中第 i 种的个体数目；N 为单位面积样

品中所有种的个体总数；s 为样品中动物的种数。

生物多样性指数反映了种类和个数两个变量，种类越多，H 值越大，水质越好，反之水质越差；若所有个体属一种者，H 值最小，表明水体污染严重，水质恶化。

大型脊椎动物群落种类组成与河流污染有关，香农生物多样性指数基本上反映了河流受工业废水污染的程度及其变化趋势，H 值与河流污染关系见表 8-1。

（三）水体营养化的评价

1. 水体富营养化概述

富营养化是指湖泊等水体由于接纳过多的氮、磷等营养性物质，使生产力水平异常提高的现象。一般认为总磷和无机氮分别为 $20mg/m^3$ 和 $300mg/m^3$ 以上，就可以出现富营养化。富营养化现象通常表现为藻类以及其他生物的异常繁殖，水体透明度和溶解

表 8-1　　H 值与河流污染关系

H	水质状况
0	无生物，严重污染
0～1	重污染
1～2	中度污染
2～3	轻度污染
>3	清洁河川

氧等变化导致水质变坏，影响湖泊供水、养殖、娱乐等社会服务功能。水生植物的大量繁殖，加速湖泊淤积、沼泽化的过程。藻类代谢产生的藻毒素，具有较强的毒理作用，危害水环境和整个生态系统的安全。

水体富营养化是由于大量生活污水、工业废水及农田排水中的氮、磷等营养物质进入水体后，在适宜的温度、光照条件下，促进了藻类的生长，形成水华现象。表面覆盖的藻类（主要是蓝藻）影响了水体与大气之间的氧气交换和光的穿透作用，影响其他水生生物的生存。藻类死亡以后，在分解过程中，不但散发恶臭，破坏景观，而且大量消耗溶解氧，使鱼类窒息死亡，甚至释放生物毒素类次级代谢物，危害人类和其他生物的安全。

根据湖泊和水库中营养物含量的高低，可以把它们分为富营养型和贫营养型。贫营养湖泊和水库中养分少，生物有机体的数量不多，因此生物产量低。由于湖泊、水库中的有机物质含量低，耗氧速度低，水中溶解氧含量高，水体澄清透明。一般说来，高山地区和水温较低的深水湖和水库大多是贫营养型的。营养丰富、生物产量高的湖泊一般都有湖岸带，水浅且光照较强，为自养生物的生长提供了能源，扎根的水生植物可以大量繁殖。在水的中层和底部，由于浮游生物死亡之后分解耗氧，造成溶解氧下降，甚至缺氧。

从湖泊发展过程来看，由贫营养向富营养过渡是一个自然的过程，在自然状态下，这个过程进展非常缓慢，需要几千年甚至要通过地质年代来描述整个富营养化的过程。然而，在当今社会日益加剧的人类活动影响下，湖泊由贫营养到富营养的转化过程只需要在几十年或者更短的时间内就可以完成。进入湖泊的河水带来了大量沉淀物和溶解物质，沉淀物质沉积在湖泊底部，溶解物质中的营养物使水中的藻类大量繁殖，藻类的繁殖又造成营养物在湖泊中的积累，使得湖泊的生物生产力越来越高，营养越来越丰富。其结果是有机物生长繁茂，湖底堆积物增多，水深变浅，最后成为沼泽。

2. 富营养化的评价方法

（1）数学模型法　影响湖库中藻类生长的物理、化学和生物因素（如阳光、营养盐类、季节变化、水温、pH 值，以及生物本身的相互关系等）是极复杂的。因此，很难预测藻类生长的趋势，也难以定出表示富营养化的指标。目前一般采用的指标是：水体氮含量超过

0.2～0.3mg/L，磷含量大于 0.01～0.02mg/L，BOD_5 大于 10mg/L，在 pH 值7～9 的淡水中细菌总数每 mL 超过 10 万个，表征藻类数量的叶绿素-a 含量大于 0.01mg/L。

在其他营养成分供应充分时，湖泊水库中叶绿素-a 的浓度是氮和磷的函数。迪龙（Dillon）和瑞格勒（Rigler）研究了夏季湖泊、水库中的平均叶绿素-a 的浓度和氮、磷浓度之间的关系。

在氮、磷比例小于 4 时，迪龙和瑞格勒根据 8 组试验数据确定叶绿素-a 是水中氮浓度的函数

$$l_g[Ch1.a] = 1.4l_g C_N \cdot 1000 - 1.9 \tag{8-6}$$

在氮、磷比例大于 12 时，叶绿素-a 是水中磷浓度的函数

$$l_g[Ch1.a] = 1.45l_g C_P \cdot 1000 - 1.14 \tag{8-7}$$

式中：$[Ch1.a]$ 是叶绿素-a 的浓度（μg/L）；C_N、C_P 分别是氮和磷的含量（mg/L）。

沃伦威德尔根据实际的调查资料，建立了湖泊、水库的营养负荷与富营养化之间的关系，它们是湖泊、水库的平均水深的函数。

对于可接受的磷负荷（即保证贫营养水质的上限）L_{PA}：

$$l_g L_{PA} = 0.6l_g h + 1.40 \tag{8-8}$$

对于富营养化的磷的危险界限负荷（即发生富营养化的下限）L_{PD}：

$$l_g L_{PD} = 0.6l_g h + 1.70 \tag{8-9}$$

对于可接受的氮负荷 L_{NA}：

$$l_g L_{NA} = 0.6l_g h + 2.57 \tag{8-10}$$

对于氮危险界限负荷 L_{ND}：

$$l_g L_{ND} = 0.6l_g h + 2.87 \tag{8-11}$$

式中：营养负荷 L_{PA}、L_{PD}、L_{NA} 和 L_{ND} 的单位是 mg/a·m²；h 的单位是 m。

（2）参数指标法 由于富营养化主要与水体中氮、磷及有机物负荷有关，常用的反映水体富营养化程度的指标有 COD 和 P－N 浓度两类参数。有人提出的 COD 指标为：当水体中 COD 含量小于 1mg/L 为水质特别好的贫营养湖，3mg/L 为水质较好的贫营养湖，5mg/L 为一般富营养湖，8mg/L 为水质特别差的富营养湖。湖泊学家 Vollenweider 经过多年研究，得出了湖泊初级生产力与水体中磷和氮浓度的关系，见表 8-2。

表 8-2　　　　　　　　湖泊初级生产力与湖水氮、磷含量的关系

湖泊生产力水平	磷（mg/L）	无机氮（mg/L）	有机氮（mg/L）
超寡营养	<0.005	<0.2	<0.2
贫～中营养	0.005～0.01	0.2～0.4	0.2～0.4
中～富营养	0.01～0.03	0.3～0.65	0.4～0.7
富营养	0.03～0.1	0.5～1.5	0.7～1.2
重富营养	>0.1	>1.5	>1.2

（3）生理评价法 在贫营养水体中的真透光区内，光合：呼吸（P：R）＝1，即由异养生物生长利用藻类作基质的呼吸作用强度与初级生产率相平衡，这是正常水体的情况。

在富营养水体中的真透光区内，光合作用超过分解藻类的强度，P∶R>1。

当营养与光成为限制因素时，光合作用强度明显下降，异养生物降解有机物的作用加强，这时的比率为P∶R<1。

凡大幅度波动于P∶R>1和P∶R<1之间的情况，都属典型的富营养化水体。因为在这样的水体里经常出现富营养食料刺激高产，但紧接着又因营养用完和光线不足，而使藻类产量下降，微生物分解活动加强使氧耗尽，这两种现象的反复循环，就呈现出上述光合与呼吸比率的不断波动。

在稳定的非富营养化的水域中，生物群落是稳定的，生产者与消费者的活动（即光合与呼吸）达到平衡。

当富营养的湖泊产生分层现象时，在一个垂直平面上就出现表面藻类进行光合作用，藻类死后沉入湖底，则表面光合作用过剩，P≫R；而湖底呼吸作用强度过剩，R≪P，从而导致湖底厌氧。

第四节　水生态环境恢复

水域生态系统的退化与损害的主要原因是人类活动干扰的结果，其内在实质是系统结构的紊乱和功能的减弱与破坏，而外在特征表现为生物多样性的下降或丧失，以及自然景观的衰退。要进行受损水域的生态恢复与重建，就要恢复其自身的自我组织、维持的功能，借助生态演替和生态系统的自愈能力。因此，水域的生态恢复就是恢复生态系统的结构与功能特征，形成一个能自我维持和调节的生态系统并使之与周围的系统与景观融为一体。水域生态系统具有一定的抵御和调节自然和人类活动干扰的能力，只要干扰因素能得到控制并采取相应的改善措施，退化或受损的水域生态系统的正常结构与功能就会得到恢复。

一、河流水生态修复

（一）缓冲区域的生态修复

河流缓冲区域指河水—陆地交界处的两边，直至河水影响消失为止的地带，包括湿地、湖泊、草地、灌木、森林等不同类型景观，呈现出明显的演替规律。

由于全球气候的变化，特别是湿地损失、河流生物多样性的减少以及农业非点源问题，都使河岸带研究工作和保护工作尤其重要。缓冲区主要功能为：滞留泥沙等颗粒物质，为大型鸟类提供栖息地；保护河岸，同时可以作为泄洪区，减少农田损失；维持水陆交错带植被群落；保持生物多样性以及食物链结构。

人为活动对河流缓冲区的干扰以及大中型水库的修建，使得河床刷深、改变了河道的自然形态等；河道内的浅滩和深塘组合的消失，使河流连续的能量贮存和消能平衡失调，从而破坏了大型无脊椎动物、鱼类的栖息地以及产卵场所。河流两岸植被的破坏，使得水土流失严重，改变当地气候，增加了泥沙的入河量和入海量，同时，大量的水土流失以及水流对河岸的冲刷，使边坡和堤岸的稳定性和保护性变差。因此，河流缓冲区域的主要恢复措施包括稳定堤岸、恢复植被、改变河床形态等，通过改变河流的水力学和生物学特征，实现河流生态系统的恢复。

河流泥沙和养分输入的一个主要来源就是河道边坡周期性的塌方所致，目前主要通过降低边坡和稳定岸基等措施来实行控制。减少河道边坡的效应具有多方面，首先降低进入河流的泥沙数量；其次增加河道宽度对防洪有利，在洪水季节降低洪峰和洪水能量，减少水流对河岸的冲刷；同时降低了输沙能力，从而使泥沙沉积在边坡，减少泥沙的下泄量。但是泥沙的大量淤积会使河床抬高，甚至造成断流破坏生态，同时具有洪水风险。

根据河流的自然状态，进行河流恢复有助于使河流自然弯曲能力得到恢复，使河流拥有更复杂的动物和植物群落，增加水体的自净能力和纳污能力。同时，有助于河流交替出现浅滩深塘，一方面浅滩增加紊动，加强水流的充氧能力，同时底部砂石底层为水生无脊椎动物的主要栖息地，有助于河流生物多样性的恢复；缓冲区域植被恢复能够加速植物群落的形成和减少侵蚀泥沙进入河道的进程，减少河道的污染负荷量。河口区域的生态恢复与河岸带相类似，大量的泥沙入海有利于生物群落在河口区发育，形成大面积的湿地，增加了生物种群的多样性，但是大量的污染物入海将会使本地区的生态环境受到破坏，因此，恢复植被、减少上游来水中的污染物浓度是恢复河口生态系统的主要方式。

（二）河流水生生物群落恢复

河流生态系统的生物群落恢复包括水生植物、底栖动物、浮游生物、鱼类等的恢复。在河流水体污染得到有效控制以及水质得到改善后，河流生物群落的恢复就变得相对容易，可通过自然恢复或进行简单的人工强化，必要时采用人工重建措施。

1. 水生植物的恢复

大型水生植物在水污染治理中可以发挥多种作用。通过自身生长代谢可大量吸收氮、磷等营养物质，同时一些物种还可富集重金属或吸收、降解某些有机污染物。水生植物通过促进微生物的生长代谢，使水中大部分可生物降解的有机物（BOD）得到降解，同时抑制藻类的生长，从而控制水体富营养化。

在河流生态系统的重建过程中，首先建立生产者系统，主要指植被，由生产者固定能量，并通过能量驱动物质循环，改善生态系统的生境，促进消费者、分解者的出现，通过植物促进生物群落的多样性，使之形成完整、稳定的生态系统。

植物的修复技术主要有：植物萃取技术、根际过滤技术和植物固化技术。植物萃取技术是指利用金属植物或超积累植物将水体中的金属萃取出来，富集并运输到植物可收割部分；根际过滤技术是指利用超积累植物或耐重金属植物从污水中吸收、沉淀和富集有毒金属；植物固化技术是指利用超积累植物或耐重金属植物降低重金属的活性，从而减少因重金属扩散而进一步污染环境的可能性。在具体的植物与技术运用上要注意针对不同污染状况的水体选择植物；以重金属污染为主的水体宜选用观赏型水生植物；以有机污染为主的水体可选水生蔬菜；对混合污染源的水体常采用水葫芦、浮萍、紫背浮萍、睡莲、水葱、水花生等植物。在运用植物修复技术时应注意用于清除重金属功能的植物器官往往会因腐蚀、落叶等原因使重金属等污染物重反水体，造成二次污染，因此必须定期收割并处理植物器官。另外，由于超积累重金属的植物通常植株短小，生物量低，不易于机械化作业，加上生长缓慢，生长周期长，因而修复效率不高。

风浪对水生植物的生长以及底泥都有不利的影响。例如，云南滇池沿岸边人工修建了石质护岸，代替原来长有植物的土质斜岸。石质护岸垂直到底，虽然保护岸边不受侵蚀，但水浪冲到岸边经反射引起的驻波却把原来深1m的软质底泥完全淘空，直至深2~3m的硬质泥板。所以，在水生植物培育阶段，一般都修建消浪墙。同时水体中的营养盐浓度，尤其是氮磷等污染物与水生植物的生长关系密切，在适宜的浓度范围内能促进植物生长，但较高浓度会促进藻类的生长而抑制植物生长。

2. 底栖动物恢复

影响底栖动物的主要因素包括底质、流速、水深、营养元素、水生植物等。底质主要为底栖动物提供沉积物碎屑和栖息环境，而流速、水深等影响底栖动物以及碎屑的分布。营养元素通过影响食物和水环境条件影响底栖动物，水体中适量的总氮、总磷和有机物的增加均有助于底栖动物的增长，而水体中的有机物含量过高将导致底泥溶解氧含量降低，从而影响底栖动物的生长。因此，对上述因素进行研究，采取必要的控制措施，将上述因素降低到底栖动物能够接受的范围内，从而逐步实现底栖动物的恢复。

3. 鱼类恢复

河流生态系统破坏严重，导致鱼类的生活习性、栖息环境、繁殖条件等破坏，使得鱼类灭绝，即使水环境条件恢复，鱼类恢复也需要采取必要的人工措施进行强化。

首先，恢复河流生态系统的物理环境，包括河流水文、水动力学特性以及物理化学特性等；其次，根据河流中的土著鱼种，采取人工放养或者自然恢复的措施，促进鱼类繁殖和建立比较适宜的生物链，从而实现鱼类的恢复。

水生动物群落的恢复是水体生态系统恢复的重要内容，同时亦是维持重建水生植物群落结构和功能稳定的重要机制。在通常情况下，污染水体中动物修复技术采用包括周丛动物、底栖动物和鱼类修复等技术。

（三）河流曝气复氧

溶解氧含量是反映水体污染状态的一个重要指标，污染水体溶解氧浓度的变化过程反映河流的自净过程。溶解氧在河水自净过程中起着非常重要的作用，并且水体的自净能力与曝气能力有关。河水中的溶解氧主要来源于大气复氧和水生植物的光合作用，其中大气复氧是水体溶解氧的主要来源。有机物降解过程中耗氧速率大于大气复氧与水生生物光合作用的复氧速率之和，使溶解氧迅速下降，甚至消耗殆尽而出现无氧状态，有机物的分解便从有氧分解转为厌氧分解。细菌厌氧分解产生的二价硫和铁形成硫化亚铁，硫化亚铁沉淀造成黑色沉积，并产生臭味。使水生生态系统遭到严重破坏。如果在适当位置向河水中进行人工充氧，加速水体复氧过程，避免出现缺氧或厌氧段，使整个河道的自净过程始终处于好氧状态，提高水体中的好氧微生物活力，使水体污染物质得以净化，从而改善河流水质。

在曝气生物塘和人工湿地基础上发展起来的曝气生态净化系统，是一种将污水净化与资源化相结合的技术。曝气生态净化系统以水生生物为主体，辅以适当的人工曝气，建立人工模拟生态处理系统，降低水体中的污染负荷、改善水质，是人工净化与天然生态净化相结合的工艺。曝气生态净化系统中的氧气主要来源有人工曝气复氧、大气复氧和水生生物通过光合作用传输部分氧气等3种途径。

曝气生态净化系统能保证水体的好氧环境，提高水体中好氧微生物活性。人工曝气能在河底沉积物表层形成一个以兼性菌为主的环境，并使沉积物表层具备好氧菌群生长刺激的潜能。在采用曝气生态净化系统的黑臭河道内形成了一种有多种微生物和水生动植物共存的复杂生态系统，有细菌、真菌、霉菌、藻类、原生动物、后生动物、底栖动物、水生动植物等。通过物理吸附、生物吸收和生物降解等作用以及各类微生物和水生生物之间功能上的协同作用去除污染物，并形成食物链，增加生物多样性；同时，人工曝气还能及时将氧气输送到根区附近，保证水生根区周围的好氧环境，以发挥生态系统的最大净化功能。

二、污染湖泊的生态修复技术

（一）湖滨带生态恢复

湖滨带是湖泊水域与流域陆地生态系统间的生态过渡带，其特征由相邻生态系统之间相互作用的空间、时间及强度所决定。湖滨带是湖泊重要的天然屏障，不仅可以有效滞留陆源输入的污染物，同时还具有净化湖水水质的功能。湖滨带生态修复是湖泊修复的重要内容，其目的是恢复湖泊的完整性。湖滨带生态恢复是运用生态学的基本理论，通过生境物理条件改造、先锋植物培育、种群置换等手段，使受损退化湖滨带重新获得健康，并使之成为有益于人类生存的生态系统。

由于湖泊水体受到人为的干扰和影响，许多湖泊出现急剧退化的现象，如藻类大量增殖、水生植被衰退、生物多样性降低，水质迅速恶化，不能满足湖泊的生产与生活功能的要求。湖滨带生态恢复的基本目标为：建立过渡带结构、实现地表基底的稳定性、恢复湖滨带生态环境及动植物群落、保持湖滨带功能的多样性、增加视觉和美学享受。湖滨带生态恢复中，应尽可能维持较大的过渡带规模，发挥湖滨带的截污、过滤和净化功能；为土著动植物物种及因特殊需求而引进的外来物种提供适宜的生存环境，对湖滨带群落的生物生产过程进行控制，防止外来物种可能带来的危害。

湖滨带生态恢复应综合考虑物理基底（地质、地形、地貌）设计、生物种类选择、生物群落结构设计、节律（自然环境因子的时间节律与生物的机能节律）匹配设计和景观结构设计等重要内容。这些物理条件是湖滨带生态系统存在与发育的基础。退化的湖滨带生态系统通常表现为：植被物理生存环境受到破坏或改变，环境条件不再适合水生植被的生长。同时，风浪搅动使水体浑浊、透明度降低，沉水植物生长的光补偿深度大为减少。

湖滨带适宜植物生长繁殖基础环境的创建和修复，需要通过工程措施来实现。基础环境的创建应该考虑以下原则：①有效性。必须满足先锋生物群落生存和后续发展的最低环境需求；②充分利用湖泊自然动力学过程（自然淤积、生物促淤）设计水工设施；③经济合理性。通过修建临时或半永久的水工设施，如软式围隔、丁字坝、破浪潜体、木篱式消浪墙等，降低恢复区风浪对工程的影响。风浪的长期作用，使恢复区丧失了浅滩环境，需要用抽吸式清淤机械将被搬运到湖心的泥土运回，堆筑成人造浅滩；围隔作用可促进水体透明度增加，从而有利于沉水植物的生长。

水生植被在湖滨带中占据统治地位，水生植被恢复对湖滨带的恢复至关重要。植被修复首先是先锋植物的培育，在此基础上通过自然或人工群落置换，实现最终的恢复目标。先锋植物一般选择体型高大、营养繁殖力强、能迅速形成群落的挺水植物种类。我国湖泊湖滨带恢复中通常选用芦苇、茭草和香蒲等为先锋植物。自然状态下，湖滨带的植被群落由挺水植物、浮叶植物、沉水植物组成，先锋植物群落稳定后，根据生物的互利共生、生态位原理、生物群落的环境功能、生物群落的节律匹配以及景观美学要求等，使湖泊湖滨带植被群落结构趋向优化，逐步达到生物多样性要求。湖滨带严禁不合理的人为占用，已占用的应限期拆迁，退田还湖；湖滨带保护区应限制农村村落及工业、农牧业的发展；严禁破坏水下湖滨带的水生植被，收割水草要有计划。

（二）污染湖泊的水生生态恢复

湖库水生植物系统一般由沉水植物群落、浮叶植物群落、飘浮植物群落、挺水植物群落及湿生植物群落共同组成。应根据适应性、本土性、强净化能力及可操作性等原则确定其先锋物种，进行水平空间配置及垂直空间配置。应注重浅水区、消落区的植物群落和湿地的保护和恢复。水生植被随湖泊环境的变迁而演化，同时也能反作用于湖泊环境，在一定程度上影响湖泊环境的演变方向和速度。水生植被具有重要的生态功能，水生植被所组成的完整、生长茂盛的湖泊通常水质清澈、生态稳定；而水生植被受损的湖泊则水质浑浊、湖泊生态脆弱。湖泊水生生态系统的恢复是湖泊环境保护和治理的重要措施。

湖泊富营养化过程中，营养盐引起浮游藻类的大量繁殖，藻华的形成导致湖水透明度下降和沉水植物死亡，沿岸区挺水植物和部分浮叶植物可以继续生长，逐渐演化为"藻型"湖泊。巢湖、滇池和太湖梅梁湾的富营养化过程就属于这种类型。动物食性控制水生植被群落组成的演化，河蟹对苦草地下茎的取食，可造成湖泊中苦草减少和消失；武汉东湖放养草鱼后，草鱼喜食的苦草、黑藻、眼子菜科植物逐渐被不可食的狐尾藻、杏菜等代替。此外，不合理的收割、围垦也能影响湖泊水生植被。

湖泊水生生态系统两种演化方式的驱动力都是营养盐负荷，而导致分化的是物理化学条件和植物之间的竞争性等因素。人为扰动对湖泊生态系统状态变化影响很大，如放养草食性鱼类可能使湖泊"藻型化"。污染负荷超过湖泊环境自净能力时，剩余营养盐导致湖泊生态系统变化为"藻型浊水状态"。

通过大型水生植物的生态恢复，就是要在"藻型浊水状态"的基础上，建立草型、清水性的湖泊生态系统。由湖泊多态理论可知，实现这一过程的前提是先要削减外源营养盐负荷量，同时还要采取多种措施降低湖泊水体的营养水平。现实中对湖泊营养水平降低可能很困难，因此，可以在局部湖区进行水质改善。对已丧失自动恢复水生植被能力或自动恢复起来的水生植被不符合湖库水质保护需要的情况，可考虑通过生态工程措施重建水生植被，对于仍然保留适合于大型水生植物生长的基本条件、有一定残留水生植物面积或局部湖区出现自然恢复趋势的湖库，可以通过提高水体透明度、控制有机污染及氮、磷污染等人工措施改善水生植物生长的环境条件，协助恢复水生植被；湖库水生生态系统恢复的最终目标是恢复水生植被和生物多样性，恢复水生植被的同时应考虑尽可能为所有湖库本地的水生生物生存创造适宜的环境。鼓励合理利用大型水生植物资源以及发展生态水产养殖，利用鱼鳖和贝类等生物的滤食性特点，科学选择和合理搭配水产养殖种类，进行人工放流，调整湖库水生生物不合理的结构。

（三）生物操纵技术

1. 经典生物操纵法

Shapiro 等人 1975 年首先提出"生物操纵"概念，也就是以改善水质为目的的湖泊水生生物群落管理。现代研究认为，水体富营养化主要是由于外源营养物质的大量输入，引起藻类异常繁殖进而使水质恶化的过程。研究也发现捕食高密度浮游动物的鱼类有加速富营养化的倾向，因此，在湖泊管理中通过放养凶猛鱼类来逆转食浮游动物鱼类对浮游植物的影响，从而改善富营养化状况。

湖泊生态系统的结构和功能是"营养盐—浮游植物—浮游动物—鱼类"的"上行效应"和与之相反的"下行效应"共同作用的结果。"上行效应"或者说水体中营养盐的多寡决定湖泊系统可能达到的最大生物量，而生物量实现不仅与营养盐可得性有关，同时还受食物链下行效应控制。Shapiro 以及后来一些研究者，证明生物操纵作为下行效应力量可以改善水质的潜力。然而，"经典的"生物操纵治理湖泊富营养化受到许多因素的影响，包括食物链上自然群落的非线性关系、鱼类杂食性、建立稳定凶猛鱼类种群十分困难、浮游植物对牧食的抵御策略等。生物操纵成功运用还与湖泊营养水平密切相关：经典生物操纵在轻微营养化和中营养化湖泊中容易成功，而在富营养化和重富营养化湖泊以及寡营养湖泊中则难以成功。因此，很多时候"经典的"生物操纵往往不如预想的成功。

2. 非经典生物操纵法

"非经典"生物操纵与"经典"生物操纵不同之处在于，"非经典"方法的放养鱼类是食浮游食物的滤食性鱼类（鲢、鳙），通过鱼类的直接牧食减少藻类生物量，从而达到控制湖泊富营养化（藻华大面积爆发）的目的。其核心是控制过量繁殖的藻类，特别是控制蓝藻水华。该方法成功运用于武汉东湖，在面积 $28km^2$ 的实验湖区内通过控制凶猛鱼类及放养滤食性鱼类，在长达 16 年的实验期内完全消除蓝藻水华。

"经典的"生物操纵是依靠浮游动物（主要是大型枝角类）的牧食压力控制藻类生物量，某种意义上，营养盐只是从湖泊一个营养库暂时地转移到另一个营养库，而这些营养盐的一部分肯定将再循环而被光合作用利用。"非经典"生物操纵中用于控制藻类的主要是营养层次低的鲢、鳙鱼，这些鱼类生长周期短并且易于捕捞，通过捕捞可以从湖泊系统中移出营养盐。

三、水生态环境恢复的生态指导准则

生态恢复是把已经退化的生态系统恢复到与其原来的系统功能和结构相一致或近似一致的状态，因此，对于水域生态系统的恢复，需要从生态学的角度考虑以下问题。

1. 现有湿地与湖泊生态系统的保存与保持

现有相对尚未遭到破坏的生态系统对于保存生物多样性至关重要。它可为受损生态系统的恢复提供必要生物群和自然物质，由于生态恢复与修复是一项补救措施，因此只有把对生态系统的保存与保护结合起来，才有可能使整个国家的水域环境得到较大幅度改善。

2. 恢复生态完整性

生态恢复应该尽可能把已经退化的水生生物生态系统的生态完整性重新建立起来。生态完整性是指生态系统的状态，特别是其结构、组合和生物共性及环境的自然状态。一个完整的生态系统应该是这样的自然系统：能适应外部的影响与变化，能自我调节和持续发展，其主要生态进程，如营养物质循环、迁移、水位以及泥沙冲刷和沉积的动态变化等完全是在自然变化的范围内进行。因此，为使生态恢复能加速实现，在水域及流域的范围内，采取有利于自然进程和自然特性的计划方案，随着时间的推移可以维持、保护原有的生态系统。

3. 恢复或修复原有的结构和功能

在水域生态系统中，结构与功能两者都与河岸走廊、湖泊、湿地、河口及水生生物资源关系密切。适度地重新建立原有结构，可以有效地恢复其原有功能。比如，河道形态或其他自然特性发生一些不利的变化，这些不利变化又会带来诸如栖息地退化、流态变化等问题。在生态修复过程中，应优先考虑那些已不复存在或消耗了的生态功能。

4. 兼顾流域内生态景观

生态恢复与生态工程应该有一个全流域的计划。而不能仅仅局限于水体退化最严重的部分。通常局部的生态修复工程无法改变全流域的退化问题。比如新建都市与城市发展可能会增加径流量、下切侵蚀和河岸冲刷以及污染物荷载，考虑流域上下游的相关因素，应该制定出既有良好生态效益又经得住相邻土地使用对径流和非点源影响的方案。

5. 生态恢复要制定明确、可行的目标

在生态恢复与修复过程中，如果没有一个合适的目标，生态修复工程很可能无法取得成功。因此在制定生态修复、恢复的规划与方案中，要对各种不同选择与技术手段做出评价，从中选择出最为可行的工程目标。从生态学与效益角度来看，应是可能达到的，发挥区域自然潜能和公众支持。从经济学角度看，对于技术问题、资金来源、社会效益等各种因素必须加以综合考虑。应对修复工程的每一个具体目标有一个明确的认识与分解，如果退化之前的水文区域不能重新建立起来的话，那么生态恢复与修复很可能无法成功。

6. 自然调整与生物工程技术相结合

水域生态的自然调整与恢复也是非常关键的一个环节，在对一个恢复区进行主动性改造之前，应首先确定采用被动修复的方法。例如减少或限制退化源的发生扩展并让其有时间修复。有些河道和河流采用被动修复可以重新建立起稳定的河道和洪泛区，使岸边植被再生，从而改善河中动植物生存条件。但要注意的是尽管被动修复依靠自然进程，但仍然需要对必要条件加以分析，如何恢复本土物种，而避免非本土物种也是关键因素，众多生物入侵物种之所以能生存、竞争并战胜本土物种，是因为这些入侵物种是受困扰地区原有物种的克星。因此生态修复与恢复过程中应注意控制非本土物种的引入与入侵发生，否则一旦发生将逐渐损害修复工程的成果，并开始蔓延。

在生物修复与恢复中，也可以采取生物工程措施将有生命力的植物与残存植物或无机物质相结合，从而生成有活性的功能性系统，可以防止河道冲刷，泥沙沉积和污染物，为水生生物创造生存条件。也可利用一些特殊的生物工程技术用于雨水处理及湿地系统的建立、河岸植被再生等，促使流域水体的自净能力加强并得到提高。

参 考 文 献

1　国家防汛抗旱总指挥部办公室，水利部南京水文水资源研究室合编．中国水旱灾害．北京：中国水利水电出版社，1997

2　李健生主编．中国江河防洪丛书总论卷．北京：中国水利水电出版社，1999

3　程晓陶，尚全民主编．中国防洪与管理．北京：中国水利水电出版社，2005

4　赵绍华主编．防洪抢险技术．北京：中央广播电视大学出版社，2003

5　徐在庸编著．山洪及其防治．北京：水利出版社，1981

6　唐邦兴主编．山洪泥石流滑坡灾害及防治．北京：科学出版社，1994

7　李健生主编．中国江河防洪丛书总论卷．北京：中国水利水电出版社，1999

8　洪庆余主编．长江防洪与98大洪水．北京：中国水利水电出版社，1999

9　欧阳惠编著．水旱灾害学．北京：气象出版社，2001

10　赵春明，刘雅鸣，张金良等主编．20世纪中国水旱灾害警示录．郑州：黄河水利出版社，2001

11　曲达良主编．农田水利学，北京：水利电力出版社，1985

12　施成熙，粟宗嵩主编．农业水文学．北京：农业出版社，1984

13　河南省水利厅主编．河南省水旱灾害．郑州：黄河水利出版社，1998

14　许自达，关业祥主编．洪涝灾害对策及其效益评估．南京：河海大学出版社，1997

15　张英，李宪文主编．防汛手册．北京：中国科学技术出版社，1992

16　聂芳容编著．山洪灾害防治．长沙：湖南人民出版社，2002

17　王礼先，于志民编著．山洪及泥石流灾害预报．北京：中国林业出版社，2001

18　唐邦兴主编．中国泥石流．北京：商务印书馆，2000

19　李克让主编．中国干旱灾害研究及减灾对策．郑州：河南科学技术出版社，1999

20　国家防汛指挥部办公室，水利部南京水文研究所主编．中国水旱灾害．北京：中国水利水电出版社，1997

21　马秀峰主编．西北内陆河区水旱灾害．郑州：黄河水利出版社，1999

22　王俊等主编．长江流域水旱灾害．北京：中国水利水电出版社，2002

23　罗金耀主编．节水灌溉理论与技术．武汉：武汉大学出版社，1999

24　崔玉川主编．城市与工业节约用水手册．北京：化学工业出版社，2002

25　林三益主编．水文预报．北京：中国水利水电出版社，2001

26　张家诚、周魁一、杨华庭等著．中国气象洪涝海洋灾害．长沙：湖南人民出版社，1998

27　冯士筰、李凤岐、李少菁主编．海洋科学导论．北京：高等教育出版社，1999

28　孙湘平主编．中国的海洋．北京：商务印书馆，1995

29　钱志春编著．海浪及其预报．气象出版社，1991

30　吴积善，田连权，康志成等编著．泥石流及其综合治理．北京：科学出版社，1993

31　杨达源，间国年编著．自然灾害学．北京：测绘出版社，1992

32　费祥俊，舒安平著．泥石流运动机理与灾害防治，北京：清华大学出版社，2004

33　陈光曦，王继康，王林海编著．泥石流防治．北京：中国铁道出版社，1983

34　中国科学院成都山地灾害与环境研究所主编．泥石流研究与防治．成都：四川科学技术出版社，1989

35　刘希林，唐川著．泥石流危险性评价．北京：科学出版社，1995

36　周必凡，李德基，罗德富等编著．泥石流防治指南．北京：科学出版社，1991

37　杨京平，卢剑波主编．生态恢复工程技术．北京：化学工业出版社，2002

38　张合平，刘云国主编．环境生态学．北京：中国林业出版社，2002

39　周怀东，彭文启等编著．水污染与水环境修复．北京：化学工业出版社，2005

40　王焕笑主编．污染生态学．北京：高等教育出版社，2002

41　徐祖信编著．河流污染治理技术与实践．北京：中国环境科学出版社，2003

42　刘健康主编．高级水生生物学．北京：科学出版社，2002

43　叶常明，黄玉瑶，张景镛编著．水体有机污染的原理研究方法及运用．北京：海洋出版社，1990

44　张锡辉编著．水环境修复工程学原理与应用．北京：化学工业出版社，2002

45　谢平著．鲢、鳙与藻类水华控制．北京：科学出版社，2003

46　Edwar A. L. 著．余刚等译．水污染导论．北京：科学出版社，2004

47　水利电力部东北勘测设计院主编．洪水调查．北京：水利电力出版社，1978

48　周必凡，李德基，罗德富编著．泥石流防治指南．北京：科学出版社，1991

49　杨华庭，田素珍，叶琳，许富祥．中国海洋灾害四十年资料汇编．北京：海洋出版社，1994

50　罗元华．论自然灾害的基本属性与减灾基本原则．中国地质灾害与防治学报，1997（1）

51　李学举．中国的自然灾害与灾害管理．中国行政管理，2004（8）

52　朱尔明．中国水旱灾害防治．科学对社会的影响（中文版），1999（2）

53　王润，姜彤．20世纪重大自然灾害评析．自然灾害学报，2000（4）

54　刘惠敏，张业成，高庆华．世纪初自然灾害态势预测和综合研究．国土资源科技管理，2002（4）

55　徐良炎，高歌．近50年台风变化特征及灾害年景评估．气象，2005（3）

56　郑斯中，黄朝迎等编著．气候影响评价．北京：气象出版社，1989

57　冯佩芝，李翠金，李小泉主编．中国主要气象灾害分析（1951～1980）．北京：气象出版社 1985

58　王宏．作物水分亏缺诊断的研究．北京：中国科学技术出版社，1992．271－285

59　姜付仁，程晓陶，向立云．美国20世纪洪水损失分析及中美90年代比较研究．中国水利水电科学研究院第七届青年学术交流会论文集，2002

60　徐宪彪．以人为本抓好山洪灾害的防治，中国水利，2004（13）

61　马建华，胡维忠．我国山洪灾害防灾形势及防治对策．水利水电快报，2005（10）

62　赵士鹏，中国山洪灾害系统的整体特征及其危险度区划的初步研究．自然灾害学报，1996（3）

63　周金星，王礼先，谢宝元等．山洪泥石流灾害预报预警技术述评．山地学报，2001（6）

64　王威，何志芸．长江流域防御山洪灾害对策浅探．人民长江，2003（10）唐川，朱静．基于GIS的山洪灾害风险区划．地理学报，2005（1）

65　胡海涛，袁志梅．山地灾害山洪－滑坡（崩塌）－泥石流的成生联系．中国地质灾害与防治学报，1998（9增）

66　朱晓华，杨秀春．水旱灾害与我国农业可持续发展．生态经济，2001（7）

67　戴昌达，唐伶俐，王文等．我国洪涝灾害加剧的主要因素与进一步抗洪减灾应取的对策．自然灾害学报，1998（2）

68　李茂松，李森，李育慧．中国近50年洪涝灾情分析．中国农业气象，2004（1）

69　张业成．我国洪涝灾害的地质环境因素与减灾对策建议．地质灾害与环境保护，1999（1）

70　赵军凯，冷传明，焦士兴．近年来中国洪涝灾害分析及对策．当代生态农业，2004（1）

71　李俊奇，车武、李宝宏．城市雨涝问题及其对策．建设科技，2004（15）

72　魏子新、曾正强．上海洪涝灾害的地面沉降因素及其长期影响．上海地质，2001（2）

73　王建中等．黄河断流情况及对策．中国水利，1999（4）

74　王静爱等．近50年中国旱灾的时空变化．中国科技论文在线，2002

75　李克让，尹思明，沙万英．中国现代干旱灾害的时空特征．地理研究，1996（3）

76 郑剑非等. 我国干旱农业气候研究简述. 气象科技, 1984 (5)

77 安顺清, 邢久星. 帕默尔旱度模式的修正. 应用气象学报, 1986 (1)

78 石培华等. 相对蒸散用于冬小麦水分亏缺诊断及灌溉决策初步探讨. 中国农业气象, 1995 (3)

79 王石立, 娄秀荣, 沙奕卓. 华北地区小麦水分亏缺状况初探. 应用气象学报, 1995 (增刊)

80 董振国. 作物层温度与土壤水分的关系. 科学通报, 1986 (8)

81 张剑光. 四川盆地旱灾危险度分析. 灾害学, 1990 (3)

82 张浩, 李新亚. 降水量对作物产量影响的评价方法, 中国农业气象, 1991 (4)

83 叶琳, 于福江. 我国风暴潮灾的长期变化与预测. 海洋预报, 2002 (1)

84 叶雯, 刘美南. 珠海地区风暴潮灾害特点及防潮减灾措施分析. 海洋预报, 2003 (2)

85 富曾慈. 中国海岸台风、暴雨、风暴潮灾害及防御措施. 水利规划设计, 2002 (2)

86 黄金池. 中国风暴潮灾害研究综述, 水利发展研究, 2002 (12)

87 许富祥. 海浪的地理分布与季节变化, 海洋预报, 2002 (4)

88 王爱军. 近年来我国海洋灾害损失及防灾减灾策略. 中国地质灾害与防治学报, 2005 (2)

89 高建华, 朱晓东, 余有胜, 金波. 我国沿海地区台风灾害影响研究. 灾害学, 1999 (2)

90 殷跃平, 张作辰, 张开军. 我国地面沉降现状及防治对策研究. 灾害学, 1999 (2)

91 许富祥: 海浪预报技术及预报方法. 海洋预报, 2003 (1-3)

92 高庆华. 中国自然灾害的分布与分区减灾对策. 地学前缘, 2003 特刊

93 冯芒, 沙文钰, 朱首贤. 近岸海浪几种数值计算模型的比较. 海洋预报, 2003 (1)

94 韦方强, 崔鹏, 钟敦伦. 泥石流预报分类及其研究现状和发展方向. 自然灾害学报, 2004 (5)

95 高速, 周平根, 董颖等. 泥石流预测、预报技术方法的研究现状浅析. 工程地质学报, 2002 (2)

96 刘希林, 莫多闻. 地貌灾害预测预报的基本问题-以泥石流预测预报为例. 山地学报, 2001 (2)

97 姚云, 沈志良. 水域富营养化研究进展. 海洋科学, 2005 (2)

98 国家环境保护总局. 湖库富营养化防治技术政策. 自然生态保护, 2004 (8)

99 陆静依编译. 美国环保署水生生物资源生态恢复指导性原则. 上海水产, 2001 (1)

100 周杰, 章永泰, 杨贤智. 人工曝气治理黑臭河流. 中国给水排水, 2001 (4)

101 Bremle, G., Larsson, P. 埃姆河生态系统中的多氯联苯. AMBIO, 1998 (5)

102 The Federal Interagency Stream Restoration Working Group, Stream corridor restoration principles, processes, and Practices. USDA, 1998

103 Shapiro J., and D. I. Wright. Lake restoration by biomanipulations, Round Lake, Minnesotathe first two years. Freshwater Biol., 1984 (14)

104 Vollenweider R. A. The scientific basis of lake and stream Eutrophication, with particular reference to phosphorus and nitrogen as Eutrophication factors. Paris: OECD; Technical Report, DAS/CSI 68. 1968

105 Me yer S J, Kenneth G Hubbard and Donald A Wilhite. A Crop-Specific Drought Index for Corn: I. Model Development and Validation. Agronomy Journal. vol. 85, March-April, 1993